U0801427

核工程用材料的热物理性质

（第二版）

修订和增补

[俄]基里洛夫　主编
吴兴曼　郑颖　张玲　等译

中国原子能出版传媒有限公司

图字(2011)01-2011-6491

图书在版编目(CIP)数据

核工程用材料的热物理性质(第二版)修订和增补 /
(俄)基里洛夫主编;吴兴曼,郑颖,张玲等译.—北京:
中国原子能出版传媒有限公司,2011.9
ISBN 978-7-5022-5326-4

Ⅰ.①核… Ⅱ.①基… ②吴… ③郑… ④张…
Ⅲ.①核工程-工程材料-热物理性质-研究 Ⅳ.①TL34

中国版本图书馆 CIP 数据核字(2011)第 185635 号

核工程用材料的热物理性质(第二版)修订和增补

出版发行 中国原子能出版传媒有限公司(北京市海淀区阜成路 43 号 100048)
责任编辑 付 真
技术编辑 冯莲凤
责任印制 潘玉玲
印　　刷 保定市中画美凯印刷有限公司
经　　销 全国新华书店
开　　本 787 mm×1092 mm 1/16
印　　张 11.75 **字 数** 293 千字
版　　次 2011 年 10 月第 1 版 2011 年 10 月第 1 次印刷
书　　号 ISBN 978-7-5022-5326-4 **定 价** **45.00 元**

网址:http://www.aep.com.cn **E-mail:atomep123@126.com**
发行电话:010-68452845

УДК 621.039.53/54(031)
К43
ББК 31.46

审阅人：技术科学博士佛金、技术科学博士萨瓦金斯基、技术科学副博士鲁缅采夫（第 2 章）、技术科学博士波普科夫（第 3 章）、技术科学博士别特洛夫（第 4、第 5 章）、技术科学博士波波夫（第 6 章）。

基里洛夫，捷连切娃，德尼斯金娜
К43 核工程用材料的热物理性质：下列专业大学生用的教学参考教材：14.03.05——核反应堆和动力装置，14.04.04——核电厂及其装置/基里洛夫教授主编；第二版，修订和增补——М.：ИздАт，2007. ——200 с. ——ISBN 978-5-86656-207-7(в пер.)。

内容简介

列举了用于一般工程估算的核动力下列基本材料的热物理性质数据：核燃料（金属燃料和陶瓷燃料）、冷却剂（气体、水、重水、液态金属）、慢化剂、吸收剂、结构材料。给出了确定材料下列性质的计算关系式和方程：热力学性质（密度、比焓、比定压热容、熔点和沸点、熔解热和蒸发热、蒸气压力、热膨胀、表面张力）、输运性质（热导率、热扩散率、黏度、积分热导率、电导率）和发射率。

提交了固态和液态材料性质随温度变化的表。给出一些燃料（U，Pu，Th，UO_2，UC）、水和液态金属的临界参数值。在第 2 版中增添了某些金属蒸气的热物理性质的数据。此外，注意到并修正了发现的第 1 版中的打印错误。

本教材帮助核动力的大学生和动力工程人员完成课程作业、毕业设计和解决各种工程课程的教学任务。本版不是标准文件，只具有参考特性。

УДК 621.039.53/54(031)
ББК 31.46

参考教材手稿在俄罗斯基础研究基金和 Калуж 州政府的财政支持下完成（计划№ 05-02-96721）。

本教材中译本在中国原子能科学研究院快堆工程部经费支持下完成。

ISBN 978-5-86656-207-7(в пер.)

中文版序

世界上第一座可控自持裂变链式反应堆于70年前在美国芝加哥大学建成，对这一划时代的原子能技术成就，芝加哥市政厅树碑纪念，碑文曰："物理学家E. 费米(Enrico Fermi)和他的同事们于1942年12月2日在运动场正面看台下临时实验室里实现了第一次自持可控核反应，这个实验的成功，把我们带入到对于现代科学展现巨大潜力的原子时代。"

经过半个多世纪的民用核电站技术的开发，当前世界上各种反应堆装置数量早已逾千台，运行的核电站反应堆共有444座，2010年核电占世界总电力生产的14%，核电站已积累了上万堆年的运行经验。我国自2000年至2011年13个机组91堆年平均负荷因子高达86.94%，跻身世界先进水平。国内外核电站运行经验表明，核能是一种安全、可靠、经济，可作为基荷电站运行和大规模发展的清洁能源。

新世纪到来，主要核能国家提出发展第四代先进核能系统，最重要的目标是更高的安全性和核能的可持续发展。

随着经济的快速增长，我国需要加快核能的发展。

俄罗斯技术科学博士 П. Л. Кириллов 主编的《核工程用材料的热物理性质》一书，全面地收入了各种核燃料、慢化剂、冷却剂、结构材料和控制材料等的热物理特性及其他物理特性数据，书写格式亦便于查阅。对核动力专业大学生完成课程作业、教师准备讲课任务和反应堆工程技术人员考虑工程技术问题，是一本较好的参考资料。作者亦建议进行核工程正式设计时还应采用更有权威性的材料特性数据资料。

基于大量核工程专业学生亟待培养，核工业技术人员需对所从事的专业对象进行设计、运算、分析和论证，中文版译者为适应我国核能快速发展，抽空翻译了这本工具书，相信查阅本书的同志们会获得方便和收益。

中国实验快堆工程部总工程师

2011. 7. 14

中文版前言

从20世纪90年代开始，中国原子能科学研究院就与俄罗斯物理动力研究院以中国实验快堆(CEFR)为平台在快堆领域开展了大量的技术合作与交流。在此过程中，俄罗斯物理动力研究院及其专家以各种形式向我们介绍了众多核能及快堆领域先进的知识及经验。其中，Кириллов П. Л. 先生在交流的过程中，给我们推荐了他主编的《核工程用材料的热物理性质》一书。这是一本教材式的出版物，列举了用于一般工程估算的核动力相关的基本材料的热物理性质数据，给出了主要材料的性质的计算关系式和方程，提交了固态和液态材料性质随温度变化的表以及给出一些燃料、水和液态金属的临界参数值。这些材料的数据和经验关系式汇集了俄罗斯物理动力研究院多年来的实验研究成果，在俄罗斯核科学工程技术的发展过程中发挥了重要的作用。

此书翻译成中文后，我的同事们觉得这是一本非常好的书籍。他们同时也向我建议，正式出版以使我国更多的从事核专业的同事，或与核专业有关的学生和科研及设计人员参阅。于是，在征得 Кириллов П. Л. 先生及俄罗斯物理动力研究院同意后，我们重新对本书进行了认真的翻译和校对，衷心希望它的正式出版，能给此领域的中国同行们带来一些帮助。

感谢郑颖和张玲同志在第4章和第5章的翻译过程中对我的大力协助。感谢中国实验快堆原指挥长陈叔平教授在本书的翻译、译校和专业校对以及出版全过程中给予的大力支持、帮助和关怀。同时，还要感谢中国原子能科学研究院中国实验快堆工程部所有领导对本书出版的支持和帮助，特别是总工程师徐銤教授在百忙之中为本书写序。还要感谢我的同事江林、刘建、刘舒在翻译过程中给予的大力帮助。最后，对中国原子能出版传媒有限公司(原子能出版社)的辛勤工作表示感谢。

由于译者水平有限，书中难免存在不妥之处，恳请读者批评指正。

中国实验快堆工程部

吴兴曼

2011. 7. 14

前　言

在设计核动力装置时，要求知道各种材料的热物理性质。在俄罗斯研发核动力工程的最初 15 年(1950—1965 年)间材料热物性的研究成果都反映在国内参考文献[1]中。

奥布宁斯克核动力研究院在 1987—1994 年间出版了几版简短的针对大学生的材料热物性方面的教学参考书[2-4]。

尽管如此，根据对核动力装置所用主要材料的热物性领域目前的认识水平，出版这方面的参考书仍然是一项紧迫任务。编写的这本教材将帮助核动力专业的大学生和动力工程人员做课堂作业、毕业设计和解决各种工程课程教学任务。

本书的课题结构与国际原子能机构颁布的《水冷动力堆材料的热物性》报告[5]内容一致，也与美国阿贡国家实验室(ANL)国际核安全中心(INSC)在互联网上公布的“MATPROP”材料性质数据库的分类[6]一致。同时考虑了物理动力研究院热物理数据中心数据处理方法学和奥布宁斯克核动力大学的教学经验。

书中提供的数据取自编译的公开出版物(290 多篇参考文献)，它们以杂志上的论文、国际会议公报、专著、参考书、教学出版物、IAEA 报告和互联网等形式公布，为全社会共享的资料。材料的热物性不仅仅取决于温度，还取决于结构、孔隙率、热处理、制造工艺、辐照作用等其他通常难以确定的因素，这些因素会导致数据不一致，因而在解决具体问题时必须考虑这种情况。

本书给出各种材料在固态和液态下的数据，包括热力学性质(密度、比焓、比定压热容、熔点和沸点、熔解热和蒸发热、热膨胀、表面张力)、输运性质(热导率、积分热导率、热扩散率、电导率、黏度)和发射率。材料在相应温度范围内的热物性表根据本教材中给出的公式、用 EXCEL、MATHCAD 程序算得。

本书包括 6 章和 4 个附录。每章末尾给出该章的参考文献。第 1 章给出大多数广泛使用的材料在标准状况(20 ℃，0.1 MPa)下的物理常数[7-8]、电磁辐射谱范围[9]和热物性。在图和表格中给出了各种物质和金属热导率的对比特性。

第 2 章是核燃料的各种数据，包括易裂变材料和各类燃料的一般特性。本章汇总了金属燃料(铀、钚、钍)和陶瓷燃料(二氧化铀、二氧化钚、混合燃料 MOX、氮化物燃料和碳化物燃料)的热物性。

在第 3 章中研讨了各种冷却剂的热物性，包括某些气体、水(H_2O，D_2O)、液态金属、它们的蒸气和合金(Na、NaK、Pb、PbBi、Li 等)。液态金属和合金的特性数据取自参考文献[10]，蒸气的性质取自参考文献[11]。轻水的性质依据参考文献[12-13]中的表，重水的性质取自 Hill 表，该表由加拿大原子能有限公司(AECL)根据双方科技合作协议提供给俄罗斯物理动力研究院。编者认为，本教材中不适合包括高温有机冷却剂、熔融盐以及其他前瞻性冷却剂，虽然有人一直在进行研究，但是目前尚未在核工程技术中得到应用。

第 4 章简要研讨了石墨、铍、氧化铍等主要慢化剂类型的特性。

第 5 章介绍了在控制装置中使用的中子吸收体和各种可燃吸收体(硼、碳化硼、AgInCd 合金)的特性。

第 6 章研讨了常规动力和核动力工程中使用的结构材料的性质,包括各种金属、许多传统合金以及各种钢。

在第一个附录中给出了某些单位的换算因数表。后面三个附录则依据 IAEA 报告和某些专题报告[15-19],给出了主要类型反应堆(水冷动力堆、快堆、水冷石墨堆)的技术特性。

在"俄核电"康采恩的资助下,本书得以出版。作者对"俄核电"康采恩副总经理 В. Г. Асмолов 表示真诚感谢。同时,对 ZAO 核电传媒中心协助本书出版一并致谢!

基里洛夫

目　　录

表格清单

附录

符　　号

A	原子序数
a	热扩散率，m^2/s
b	透热性，$W^{1/2}s/(m^2 \cdot K)$
C_p	质量[定压]热容，$J/(kg \cdot K)$
g	重力加速度，m^2/s
h	比焓，J/kg
M	原子质量单位，u
p	压力，N/m^2
R	气体常数，$J/(kg \cdot K)$
r	蒸发热，J/kg
T	温度，K
t	温度，℃
v	比容，m^3/kg
α	线胀系数，1/K
β	体胀系数，1/K
ε	[积分]发射率
ε_λ	波长 λ 的光谱发射率
λ	热导率，$W/(m \cdot K)$
	发射波长，nm
μ	动力黏度，$Pa \cdot s$
$\nu=\mu/\rho$	运动黏度，m^2/s
$\pi=p/p_c$	折算压力
ρ	密度，kg/m^3
ρ_e	电阻率，$\Omega \cdot m$
σ	表面张力，N/m
σ_0	斯忒藩-玻耳兹曼常量
τ	T/T_c——折算温度，或者 $T/1\,000$

第 1 章

概　　论

表 1.1　物理常数

真空中的光速	$c=2.998\times10^{8}\,m\cdot s^{-1}$
万有引力常量	$G=6.674\,2\times10^{-11}\,m^{-3}\cdot s^{-2}\cdot kg^{-1}$
普朗克常量	$h=6.626\times10^{-34}\,J\cdot s$
	$h/2\pi=1.055\times10^{-34}\,J\cdot s$
阿伏加德罗常数	$N_A=6.022\times10^{23}\,mol^{-1}$
法拉第常数	$F=96\,485\ C\cdot mol^{-1}$
通用气体常数	$R=8.314\ J\cdot mol^{-1}\cdot K^{-1}$
玻耳兹曼常数	$k=R/N_A=1.380\,7\times10^{-23}\,J\cdot K^{-1}$
斯忒藩-玻耳兹曼常量	$\sigma_0=5.670\times10^{-8}\,W\cdot m^{-2}\cdot K^{-4}$
第一辐射常量	$C_1=2hc^2=3.742\times10^{-16}\ W\cdot m^2$
第二辐射常量	$C_2=hc/k=0.014\,39\ m\cdot K$
韦恩(Wien)常量	$C_3=\lambda_{max}\cdot T=2.897\,8\times10^{-3}\ m\cdot K$
太阳常量	$S=1\,325\ W\cdot m^{-2}$
重力加速度(标准)	$g_0=9.806\,6\ m\cdot s^{-2}$
质子质量	$m_p=1.503\,302\times10^{-10}\ J=1.672\,622\times10^{-27}\,kg$
中子质量	$m_n=1.505\,374\times10^{-10}\ J=1.674\,927\times10^{-27}\,kg$
电子质量	$m_e=8.187\,241\times10^{-14}\ J=9.109\times10^{-31}\,kg$
电子电荷	$1.602\times10^{-19}\,C$
比值	$m_p/m_e=1\,836.153$
电子伏	$1\ eV=1.602\times10^{-19}\ J$

一些有用的常数

空气的相对分子质量	$M=28.96\ u$
水的相对分子质量	$M=18.015\ u$
空气中的声速	在 20 ℃,0.1 MPa 下,$a=343\ m\cdot s^{-1}$
原子质量单位	$1\ u=1.660\times10^{-27}\,kg$
理想气体的摩尔体积	$22.414\ dm^3\cdot mol^{-1}$

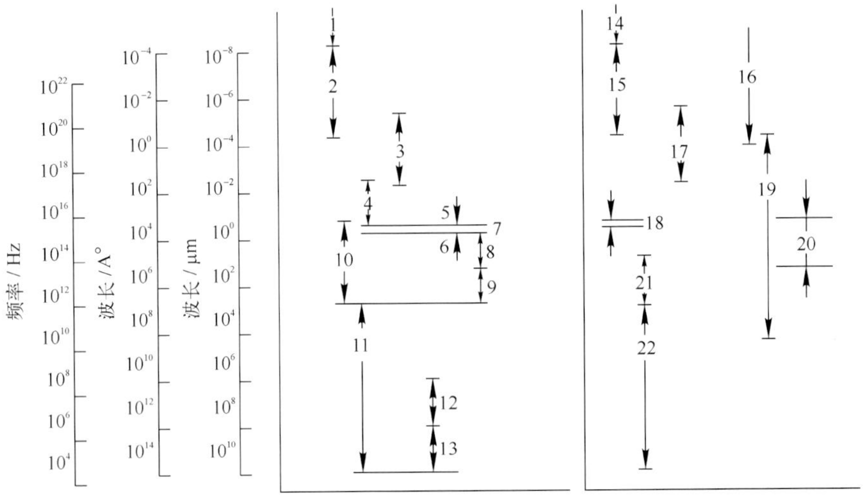

(a)辐射形式　　(b)辐射机理

图 1.1 电磁辐射谱[9]

1—宇宙射线；2—γ 射线；3— X 射线；4—紫外线；5—紫色；6—红色；7—可见光(0.4～0.7 μm)；8—近红外(0.7～25 μm)；9—远红外(25～1 000 μm)；10—热辐射；11—雷达、电视和无线电；12—超短无线电波；13—长无线电波；14—物质转化为辐射能；15—转化(辐射分解)；16—高能粒子加速；17—电子轰击；18—气体中电子跃迁；19—同步(加速)辐射；20—气体中的振动旋转跃迁，固体和液体中的分子振动，固体中的定向电子迁移；21—气体中旋转跃迁和固体晶格中的振动；22—电子线路中的受迫振荡

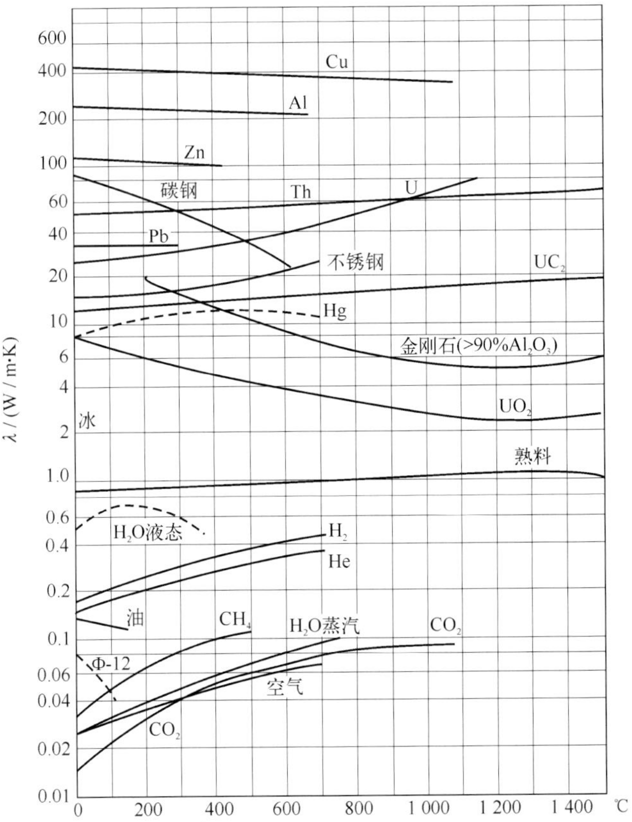

图 1.2 0.1 MPa 下不同材料的热导率

U，UC_2，UO_2的数据取自文献[7，20]；Th 和其他金属的数据取自文献[21，22]；钢和工业材料的数据取自文献[23-25]；饱和线上气体和液体的数据取自文献[26]。

表 1.2　固态纯金属在不同温度下的热导率

T (K)，λ(W/(m·K))[20-23]

T	λ	T	λ	T	λ	T	λ	T	λ
铝(Al)		铁(Fe)		铜(Cu)		铂(Pt)		钛(Ti)	
300	237	300	80.2	300	401	300	71.6	300	21.9
400	240	400	69.5	400	393	400	71.8	400	20.4
500	236	500	61.3	500	386	600	73.2	600	19.4
600	236	600	54.7	600	379	800	75.6	800	19.7
700	225	800	43.3	800	366	1 000	78.7	1 000	20.7
800	218	1 000	32.8	1 000	352	1 200	82.6	1 200	22.0
933.5	208	1 400	31.2	1 200	339	1 400	87.1	1 400	23.6
铍(Be)		1 500	32.1	钼(Mo)		1 600	91.9	1 600	25.3
300	200	金(Au)		300	138	2 000	99.4	1 900	27.9
400	161	300	317	400	134	钚(Pu)[21]		钍(Th)[21]	
500	139	400	311	600	126	300	5.2	300	35.6
600	126	600	298	800	118	400	5.8	400	33.3
800	106	800	284	1 000	112	450	6.1	500	31.0
1 000	91	1 000	270	1 200	105	500	6.4	600	28.6
1 200	79	1 200	255	1 500	98	550	6.6	800	24.0
1 400	69	钆(Gd)		1 800	93	600	7.0	1 000	19.3
钒(V)		300	96.8	2 000	90	700	7.6	1 200	14.4
300	30.7	400	94.7	2 200	88	800	8.2	1 500	7.5
400	31.3	500	92.0	钠(Na)		900	8.8	铀(U)[5]	
600	33.3	594.3	88.0	273	142	1 000	9.3	300	22.6
800	35.7	钾(K)		300	141	铅(Pb)		400	24.9
1 000	38.2	273	104	350	139	300	35.3	600	29.5
1 200	40.8	300	102	371.0	132	350	34.7	800	34.1
1 400	43.4	336.8	98.5	镍(Ni)		400	34.0	1 000	38.7
1 600	45.9	钴(Co)		300	90.7	500	32.8	1 200	43.3
1 800	48.4	300	71.6	400	80.2	600.7	31.4	1 400	47.9
2 000	50.9	400	98.2	500	72.2	银(Ag)		铬(Cr)	
铋(Bi)		500	111	600	62.7	300	429	300	93.7
300	7.9	600	119	800	67.6	400	425	400	90.9
350	7.4	800	126	1 000	71.8	600	412	500	86.0
400	7.0	1 000	114	1 200	76.2	800	396	600	80.7
500	6.6	1 200	92	1 400	80.4	1 000	379	800	75.6

续表

T	λ	T	λ	T	λ	T	λ	T	λ
544.6	6.5	1 500	43.7	1 500	82.6	1 200	361	1 000	65.4
钨(W)		锂(Li)		铌(Nb)		锑(Sb)		1 200	61.9
300	174	273	85.9	400	51.7	300	24.3	1 400	58.8
400	159	300	84.7	600	55.2	400	16.5	1 600	55.6
600	137	350	82.8	800	58.4	500	16.4	锌(Zn)	
800	125	400	80.4	1 000	61.2	600	17.2	300	116
1 000	118	453.7	77.2	1 200	63.6	700	18.4	400	111
1 200	113	镁(Mg)		1 400	65.4	800	20	500	107
1 500	107	300	156	1 600	66.8	900	24	600	103
2 000	100	400	153	1 800	68.0	钽(Ta)		692.7	99.3
2 500	95	500	151	2 000	68.9	300	57.5	锆(Zr)	
3 000	91	600	149	2 200	69.8	600	58.6	300	21.2
铪(Hf)		800	146	锡(Sn)		800	59.4	400	19.6
300	23.0	923.2	145	300	66.6	1 000	60.2	600	19.0
400	22.3	锰(Mn)		400	62.2	1 400	61.8	800	19.9
600	21.3	300	7.8	505.1	59.5	1 800	63.4	1 000	21.5
800	20.8	700	11			2 000	64.1	1 200	23.5
1 000	20.7	800	12			2 400	65.4	1 400	25.9
1 400	21.1	900	13			2 800	66.4	1 600	28.5
1 600	21.5	1 000	14			3 200	66.6	1 800	31.5
1 900	22.3								

表 1.3　一些气体和蒸气的热导率

p (MPa), t (℃), $\lambda\times10^3$ (W/(m·K)) [11, 26]

气体(蒸气)	p	t								
		0	100	200	300	400	500	600	800	1 000
氮 (N_2)	0.1	23.9	30.9	37.2	43.0	48.4	53.5	58.4	68.6	79.6
	20.0	34.0	39.4	43.3	48.1	52.4	56.6	61.6	70.7	81.5
	50.0	61.3	54.5	54.7	56.2	59.1	62.9	66.9	74.5	84.3
氨(NH_3)	0.1	21.1	33.9	48.8	65.5	84.0	104	124	—	—
氩 (Ar)	0.1	16.4	21.0	25.4	29.6	33.2	36.5	39.8	45.6	50.8
氢 (H_2)	0.1	169	214	256	290	332	368	403	477	557
	50.0	210	246	282	313	345	380	413	486	567
氦 (He)	0.1	143	174	209	242	270	297	323	372	423
	30.0	160	183	220	251	279	307	329	377	427
氧 (O_2)	0.1	24.4	29.8	38.6	45.6	51.3	57.4	63.4	74.5	85.7
	10.0	31.6	36.3	42.4	47.8	53.7	59.7	64.9	75.2	86.5
	30.0	51.9	48.3	51.3	55.1	59.3	64.1	69.1	78.4	88.6

续表

气体(蒸气)	p	t								
		0	100	200	300	400	500	600	800	1 000
氪 (Kr)	0.1	8.8	11.7	14.3	16.8	19.0	21.2	23.3	27.1	30.3
氙 (Xe)	0.1	5.2	7.7	8.6	10.2	11.7	13.1	14.5	17.2	19.7
甲烷 (CH_4)	0.1	30.4	45.0	62.0	80.1	99.2	—	—	—	—
	5.0	35.4	48.2	64.5	82.1	—	—	—	—	—
	10.0	43.8	52.0	67.1	84.0	—	—	—	—	—
氖 (Ne)	0.1	46.4	57.0	67.2	76.9	86.0	94.8	103	118	—
一氧化碳 (CO)	0.1	23.3	30.1	36.5	42.6	48.5	54.1	59.7	70.1	80.6
丙烷(C_3H_8)	0.1	15.0	27.4	41.7	57.9	76.0	95.8	—	—	—
汞 (Hg)	0.1			7.02	8.7	10.4	12.0	13.7	17.0	20.2
二氧化硫(SO_2)	0.1	8.4	12.3	16.6	21.2	25.8	30.7	35.8	46.3	57.6
二氧化碳 (CO_2)	0.1		22.2	30.2	38.5	46.1	53.3	60.0	72.7	84.6
	5.0		26.2	33.0	40.7	48.0	54.9	61.3	73.6	85.4
四氯化碳(CCl_4)	0.1		8.7	11.6	14.7	17.8	21.2	24.5	—	—
氟(F_2)	0.1	24.8	32.5	39.7	46.8	53.5	—	—	—	—
氯 (Cl_2)	0.1	7.9	11.4	14.9	18.0	20.8	—	—	—	—

表 1.4　一些材料的热物理性质

t(℃), p(kg/m^3), C_p(J/(kg·K)), λ(W/m·K), a(m^2/s), b(W·s$^{1/2}$/m^2·K) [2, 20-21]

材　　料	t	p	C_p	λ	$a\times10^6$	b 1)
金属和合金						
铝 99.99	20	2 700	945	238	93.4	24 700
铍	20	1 848	1 780	180	54.7	24 300
青铜(84 Cu,9 Zn,6 Sn,1 Pb)	20	8 800	377	61.7	18.6	14 300
钒	50	6 120	498	31.0	10.2	9 720
铋	20	9 800	129	8.4	6.6	3 260
钨	20	19 000	138	174	66.4	21 360
伍德易熔合金 (50Bi,25Pb,12.5Cd,5Sn)	20	9 730	147	12.8	8.96	4 280
镓	20	5 910	371	41	18.7	9 480
杜拉铝(95Al,4.5Cu, 0.5Mg)	20	2 790	912	165	64.8	20 490
铁	20	7 870	456	75	20.9	16 400
金	20	19 290	128	310	125	27 700
铱	20	22 400	133	147	49.3	20 900
铟	20	7 280	239	81.8	47.0	11 930
镉	100	8 640	246	94.2	44.3	14 100

续表

材　　料	t	p	C_p	λ	$a\times10^6$	b[1]
金属和合金						
钾	20	860	760	100	153	8 100
钴	20	8 780	427	69.1	18.4	16 100
康铜(60Cu,40Ni)	20	8 900	410	22.6	6.19	9 080
锂	20	534	3 570	85	44.5	12 730
镁	20	1 740	1 050	159	87.0	37 190
铜 99.99	20	8 960	385	401	116	37 190
铜 99.8	20	8 300	419	386	111	36 640
钼	20	10 200	272	147	53.0	20 200
钠	20	970	1 234	130	112	12 700
镍 99.9	20	8 900	450	92	23	19 200
铌	20	8 570	267	52.3	22.9	10 900
尼赫罗姆镍铬合金(80Ni,20Cr)	20	8 400	440	13	3.5	6 930
	700	8 130	615	24	4.8	10 950
锡	20	7 290	221	62.8	39.0	10 100
钯	20	11 970	242	71.2	24.6	14 400
铂	20	21 500	133	71.2	24.9	14 300
钚	20	19 840	130	6.7	2.6	4 170
铼	20	21 020	138	48.1	16.6	11 800
铑	20	12 500	246	151	49.1	21 500
铅	20	11 340	127	35	24.3	7 100
银	20	10 497	234	418	170	32 040
碳钢(S_T.20)	20	7 860	483	52	13.7	14 050
奥氏体钢(X18H10T)	20	7 900	470	14.5	3.9	7 340
低合金珠光体钢(X2M)	20	7 800	486	10.6	10.6	12 300
钽	20	16 500	142	57.5	24.5	11 600
钛	20	4 500	522	21.9	9.32	7 170
钍	25	11 720	118	37	26.7	7 150
铀 99.9	500	18 600	174	30	9.26	9 850
铬	20	7 100	474	88.6	26.3	17 300
铯	20	1 870	242	35.9	79.3	4 030
锌	20	7 130	385	113	41.2	17 600
锆	70	6 500	290	22.7	12.0	6 540
建筑材料和绝热材料(在干空气中)						
沥青	20	2 120	1 700	0.70	0.19	1 590
混凝土	20	2 200	879	1.28	0.66	1 570

续表

材 料	t	p	C_p	λ	$a \times 10^6$	b[1)]
建筑材料和绝热材料(在干空气中)						
木材(松木)	20	550	2 700	0.16	0.10	472
钢筋混凝土	20	2 200	840	1.5	0.81	1 660
红砖	20	1 800	890	0.77	0.49	1 100
硅酸盐砖	20	1 900	840	0.81	0.51	1 140
沙子	20	1 500	1 020	0.50	0.33	875
水泥	20	1 900	1 130	0.30	0.14	802
水泥砂浆	20	1 900	800	0.93	0.61	1 190
矿渣混凝土	0	1 500	750	0.87	0.77	990
石棉纤维	50	470	820	0.11	0.29	210
石棉纸板	20	900	816	0.16	0.22	340
矿渣棉	50	200	920	0.046	0.25	92
玻璃棉	0	200	660	0.037	0.28	70
熔渣棉	25	200	800	0.05	0.31	89
各种各样的材料						
电木	20	1 270	1 590	0.23	0.114	680
纸	20	700	1 200	0.12	0.14	320
酚醛胶木板	25	1 350	1 420	0.23	0.12	664
花岗石	20	2 750	890	2.9	1.2	2 700
(天然)石墨	20	1 700	710	100	0.83	10 990
(压实的)土壤	20	1 900	1 150	1.5	0.69	1 810
褐煤	20	1 200	1 260	0.26	0.18	630
石英	20	2 500	780	1.4	0.72	1 650
冰	0	917	2 040	2.25	1.20	2 050
白垩,粉笔	20	2 000	880	0.93	0.53	1 280
石蜡	30	925	2 260	0.27	0.13	750
聚氯乙烯	20	1 380	960	0.15	0.113	445
聚苯乙烯	20	1 050	1 250	0.14	0.107	430
聚氨脂	20	1 200	2 090	0.32	0.128	800
聚乙烯	25	930	2 500	0.28	0.12	810
白橡胶	20	1 100	1 670	0.16~0.23	0.087~0.095	540~650
多孔橡胶	20	250	2 050	0.06	0.12	17
硫黄	20	2 070	720	0.27	0.18	630
(新鲜的)雪	0	200	2 100	0.10	0.24	648
(压实的)雪	0	350	2 100	0.35	0.48	507
窗玻璃	20	2 480	800	1.16	0.58	1 520

续表

材　　料	t	p	C_p	λ	$a\times10^6$	b[1)]
各种各样的材料						
石英玻璃	20	2 210	730	1.40	0.87	1 500
铅玻璃	20	2 890	680	0.80	0.40	1 250
层压胶布板	20	1 350	1 500	0.28	1.38	753
陶瓷	25	2 200	900	1.0	0.5	1 400
棉花	30	80	1 150	0.059	0.63	74
石英	20	2 500	780	1.4	0.72	1 650

注:1—透热性 $b=\sqrt{\lambda\rho C_p}$,$\mathrm{Ws^{1/2}m^{-2}K^{-1}}$　　(1.1)

前言和第 1 章的参考文献

[1] Чиркин, В. С. Теплофизические свойства материалов ядерной техники: Справочник. -М.: Атомиздат, 1968.

[2] Кириллов, П. Л. Теплофизические свойства материалов ядерной техники: Методические рекомендации. -Обнинск: Издание ОИАТЭ, 1994.

[3] Кириллов, П. Л., Юрьев, Ю. С., Бобков, В. П. Справочник по теплогидравлическим расчетам (ядерные реакторы, теплообменники, парогенераторы). -2-е изд., перераб. и доп. -М.: Энергоатомиздат, 1990.

[4] Кириллов, П. Л., Богословская, Г. П. Тепломассообмен в ядерных энергетических установках. -М.: Энергоатомиздат, 2000.

[5] Thermophysical Properties of Materials for Water Cooled Reactors: Report IAEA-TECDOC-949. -Vienna: IAEA, 1997.

[6] INSC Material Properties Datebase: На сайте"Интернет"-http://www. insc. anl. gov/matprop.

[7] Физические величины: Справочник/А. П. Бабичев, Н. А. Бабушкин, А. м. Братковский и др.; под ред. И. С. Григорьева, Е. З. Михайлова. -м.: Энергоатомиздат, 1991.

[8] International Encyclopedia of Heat and Mass Transfer/Ed. By G. F. Hewitt, G. L. Shires and Y. V. Polezhaev. -New York: CRC Press LLC, 1997.

[9] Мякишев, Г. Я., Буховцев, Б. Б. Физика. -Изд. 10-е. -М.: Просвещение, 1989.

[10] Кириллов, П. Л., Денискина, Н. Б. Теплофизические свойства жидкометаллических теплоносителей: Обзор ФЭИ-0291. -М.: ЦНИИатоминформ, 2000.

[11] Handbook of Physical Properties of Liquids and Gases/N. B. Vargaftik, V. K. Vinogradov, V. S. Yargin;3-rd ang. And rev. ed. -Begell House Inc., N. Y., 1996.

[12] ASME Steam Tables for Industrial Use: Based on IAPWS-IF97, CRTD-Vol. 58. -1999.

[13] Александров, А. А., Григорьев, Б. А. Таблицы теплофизических свойств воды и водяного пара: Справочник. -М.: Издательство МЭИ, 1999.

[14] Hill, P. G, MacMillan, R. D., Lee, V. Tables of Thermodynamic Properties of Heavy Water in SI Tables. -AECL, 1981.

[15] Белая Книга ядерной энергетики/Под ред. проф. О. Е. Адамова; Минатом России-М.: Изд-во ГУП НИКИЭТ, 2001.

[16] Review of Design Approaches of Advanced Pressurized LWRs: Report IAEA-TECHDOC-861. -Vienna: IAEA, 1996.

[16a] Status of Advanced Light Water Reactor Designs: Report IAEA-TECHDOC-1391. -Vienna: IAEA

2004. -779 P.

[17] Fast Reactors Database: 2006 Update//Report IAEA-TECHDOC-1531. -Vienna: IAEA, 2006.

[18] Доллежаль, Н. А., Емельянов, И. Я. Канальный ядерный энергетический реактор. -М.: Атомиздат, 1980.

[19] Маргулова, Т. Х. Атомные электрические станции. -Изд. 3-е., перераб. и доп. -М.: Высшая школа, 1978; изд. 5-е., перераб. и доп. М.: ИздАТ, 1994.

[20] Benjamin, M. Ma, Nuclear Reactor Materials and Applications. -Van Nostrand Reihold Co., 1983.

[21] Теоретические основы теплотехники. Теплотехнический эксперимент: Справочник/Под ред. А. В. Клименко, В. М. Зорина; Изд. 3-е., перераб. и доп. -. М.: Издательство МЭИ, 2001.

[22] Зиновьев, В. Е. Теплофизические свойства металлов при высоких температура: Справочное издание. -М.: Металлургия, 1989.

[23] Смитлз, К. Дж. Металлы: Справочник/Сокр. пер. с англ. 5-го изд.; под ред. С. Г. Глазунова. -М.: Металлургия, 1980.

[24] Чиркин, В. С. Теплопроводность промышленных материалов. -Изд. 2-е. -М.: Маш-гиз, 1962.

[25] Теплопроводность твердых тел: Справочник/Под ред. А. С. Охотина. -М.: Энергоатомиздат, 1984.

[26] Варгафтик, Н. Б. Справочник по теплофизическим свойствам газов и жидкостей. -М.: Наука, 1972.

第 2 章

核　燃　料

2.1　易裂变材料和核燃料的总体特性

核燃料——核反应过程中能释放能量的材料。它们再分为易裂变材料和能产生新燃料的可转换材料。前者是其核能够被中子裂变的材料。唯一天然的热中子裂变的材料是同位素 ^{235}U。另一个同位素 ^{238}U 只能在快中子(>0.1 MeV)作用下裂变。天然铀含有 99.283% ^{238}U、0.711% ^{235}U 和微乎其微的其他同位素。

两种天然同位素 ^{238}U 和 ^{232}Th 在吸收中子后能产生新的易裂变材料 ^{239}Pu 和 ^{233}U，因此称为可转换材料。产生新燃料的能力在快中子反应堆——增殖堆中得到应用[1-2]。

这样，核动力关注的主要有三种易裂变同位素：一种是天然存在的 ^{235}U，另外两种是 ^{238}U 和 ^{232}Th 俘获中子后人工合成的 ^{239}Pu 和 ^{233}U。3 种热中子裂变同位素的性能示于表 2.1[3]。

表 2.1　三种热中子易裂变同位素的特性[3]

核常数	同位素		
	^{233}U	^{235}U	^{239}Pu
以靶恩(b)为单位的截面($1\ b=10^{-24}cm^2$)：			
裂变，σ_f	529	582	742
俘获，σ_c	46	98	270
吸收，σ_a	575	680	1 012
中子产额：			
每次裂变，ν_f	2.495	2.437	2.891
每次俘获，ν_c	2.211	2.078	2.079

核裂变时释放出能量，其值按照 $E=\Delta mc^2$ 定律与核质量变化 Δm 成正比。Δm 比较小，大约只有 ^{235}U 核的 0.1%。该能量的主要份额为裂变碎片的动能，它们在碎片慢化时转换为热。一个 ^{235}U 核的不同裂变产物之间的能量分布在表 2.2 中给出[4]。

表 2.2　一个 ^{235}U 核裂变时的能量分布[4]

能量类型	能量/MeV	总能量/MeV	释放特性
裂变碎片的动能	165～167	178	实际上瞬时释放($10^{-12}s$)
裂变中子的动能	5		
瞬发 γ 射线的能量	6～7		

续表

能量类型	能量/MeV	总能量/MeV	释放特性
裂变产物衰变时β粒子的能量 裂变产物γ衰变的能量	6～8 7～10	15	通过裂变产物衰变链逐步释放
中微子能量	10～12		能量消失,因为中微子与反应堆材料之间没有相互作用
总能量	大约 205		

被中微子带走的能量在材料放射性俘获裂变中子时吸收γ射线予以部分补偿。这样,一个原子核裂变时释放出来的能量接近 200 MeV 即 3.2×10^{-11} J。

1 g 同位素 ^{235}U 裂变时释放出的总能量等于

$$E=(1/235)\times\underbrace{6.02\times10^{23}}_{\text{阿伏加德罗常数}}\times200\times\underbrace{1.6\times10^{-13}}_{\text{MeV 转换为 J}}=8.2\times10^{10}\ \text{J} \tag{2.1}$$

为保证 1 MW 的热功率,一昼夜要消耗 1 g 核燃料(功率 1 W 相当于 3×10^{10} 次裂变/秒)。在热中子反应堆中,功率为 1 MW 时一昼夜要"烧掉"大约 1.2 kg ^{235}U 或 1.5 kg ^{239}Pu。在轻水反应堆中采用容易由热中子引起裂变的同位素 ^{235}U。

金属铀的性质决定了它不大适宜用作核燃料。它具有 3 种同素异晶体,并且观测到在同素异晶转变时有明显的体积变化。金属铀在水、空气的作用下不稳定。此外,对铀进行辐照时有裂变产物的积累,它们会引起金属肿胀。最能被接受的核燃料类型是二氧化铀(UO_2)和混合燃料 MOX——(UO_2+PuO_2)。尽管这些燃料的热导率很低,会在燃料中产生高温和热应力,但它们仍在核动力工程中得到广泛运用。

有前景的燃料类型是碳化铀(UC)、氮化铀(UN)以及以钍为基体的燃料。碳化铀和混合碳化物燃料(U, Pu)C 与 MOX 燃料相比具有更高的热导率、更小的线胀系数,与冷却剂和燃料元件包壳材料有更好的相容性[5-6]。

钚—铀反应堆工作过程中得到的人造元素。最有用的是同位素 ^{239}Pu,它在裂变时释放出中子(一次俘获释放 2 个左右,见表 2.1),能保证燃料增殖。反应堆中使用的钚由 70% ^{239}Pu 和 20% ^{240}Pu 组成。金属钚熔点低(约为 913 K)、具有转换时伴随有体积变化的 6 种同素异晶体,以及由于化学活性、在空气中可能燃烧和高毒性,因而不能用作燃料。作为燃料最可取的是二氧化钚(PuO_2,熔点约为 2 573 K)。PuO_2 的性质与 UO_2 接近。通常使用 MOX 混合燃料(80% UO_2+20% PuO_2)[7]。

天然钍只由同位素 ^{232}Th 构成,它不能裂变,但在俘获中子后经过两次β衰变后转换为易裂变同位素 ^{233}U。^{233}U 的优势是一次俘获释放的中子数更多(约为 2.21 个,铀和钚为 2.08 个,见表 2.1)、更高的热导率以及线胀系数低[4,8]。作为燃料可以使用二氧化钍(ThO_2)以及由 ThO_2 和 UO_2、PuO_2 组成的混合燃料。ThO_2 的性质与 UO_2 和 PuO_2 类似。使用钍的前景在于它的储量比铀的储量高几倍。一些易裂变材料和核燃料的基本性质示于表 2.3。

表 2.3　易裂变材料和核燃料的基本性质

T_{melt}/℃，T_{melt}/K，ρ/(kg/m³)，C_p/(J/(kg·K))，λ/(W/(m·K))，
$\alpha\times10^6$/(1/K)，ρ_e/(Ω·m)

材料（引文）	相对原子质量或相对分子质量	ρ		T_{melt} (t_{melt})	C_p	λ	$\alpha\times10^6$	$\rho_e\times10^{8}$ *
		实体的	按裂变物质					
铀，U [9,10]	238	19 050	19 050	1 405 (1 132)	155 (673 K)	31.2 (673 K)	13.9 (300 K)	35 (298 K)
钚，Pu [11,12]	244	19 840	19 840	913 (640)	135 (300 K)	6.5 (508 K)	33.9 (400～470 K)	150 (298 K) 102 (673 K)
钍，Th [13,14]	232	11 720	11 720	2 023 (1 750)	118 (298 K)	54 (298 K)	11.2 (298～473 K)	13～15 (298 K)
氧化铀，UO_2 [9,9a,19]	270	10 963	9 664	3 123 (2 850)	328 (1 523 K)	2.6 (1 523 K) 理论密度	9.8 (300 K)	7.32 (300 K)
氧化钚，PuO_2 [16,17]	271	11 440	10 100	2 663 (2 390)	344 (1 523 K)	2.2 (1 500 K)	6.7 (300 K)	—
氧化钍，ThO_2 [18,21]	264	10 600	9 315	3 923 (3 650)	266 (1 500 K)	3.2 (1 500 K)	8.9 (300 K)	6×10^5 Ω·m (300 K)
燃料$(U_{0.8}Pu_{0.2})O_2$ [19]	271	11 070	9 770	3 023 (2 750)	321 (1 523 K)	2.6 (1 523 K)	9.1 (300 K)	—
燃料，$(U_{0.95}Gd_{0.05})O_2$ [20,20a]	275	10 370	8 560	2 873 (2 600)	365 (1 500 K)	2.35 (1 500 K)	10.5 (300 K)	—
燃料，$(U_{0.8}Th_{0.2})O_2$ [21]	269	10 140	8 930	3 553 (3 280)	317 (1 500 K)	2.1 (1 500 K)	11.0 (700 K)	—
氮化铀，UN [22,23,24]	252	14 420	13 619	3 123 (2 850)	238 (1 000 K)	20.9 (1 000 K)	7.5 (300 K)	146 (300 K)
氮化钚 PuN [22,25]	253	14 400	13 603	2 823 (2 550)	239 (1 000 K)	15.0 (500 K)	12.5 (300 K)	1 000
碳化铀，UC [22,26]	250	13 630	12 970	2 793 (2 520)	240 (700 K)	23.0 (700 K)	10.5 (300 K)	250
碳化钚，PuC [21,22]	251	13 500	12 870	1 923 (1 650)	165 (700 K)	16.0 (300 K)	28 (300 K)	120

* 除特别指明的以外，该电阻率的量纲用于所有的值。

第 2.1 节的参考文献

[1] Справочник по ядерной электротехнологии: Пер. с англ. /Под ред. В. А. Легасова. —М. : Энергоатомиздат, 1989.

[2] Уолтер, А. , Рейнольде, А. Реакторы-размножители на быстрых нейтронах: Пер. с англ. -М. : Энергоатомиздат, 1986.

[3] Абагян, Л. П. и др. Групповые константы для расчетов реакторов и защиты: Справочник. -М: Энергоиздат, 1981.

[4] Урсу, И. Физика и технология ядерных материалов. -М. : Энергоатомиздат, 1988.

[5] Герасимов, В. В. , Монахов, А. С. Материалы ядерной техники. -2-е изд. , перераб. и доп. -М. : Энергоатомиздат, 1982.

[6] Материалы для ядерных реакторов: Пер. с англ. /Под ред. Ю. Н. Сокурского. -М:Госиздат литературы по атомной науке и технике, 1963.

[7] Плутоний: Сборник докладов иностранных ученых[пер. с англ. и франц.]. -М. : Атомиздат, 1964.

[8] Майнер, У. Н. и др. Плутоний//Справочник по редким металлам: Пер. с англ. /Под ред. В. Е. Плющева. -М. : Мир, 1965. -С. 511-529.

[9] Thermophysical Properties of Materials for Water Cooled Reactors: Report IAEA-TECDOC-949. -Vienna: IAEA, 1997.

[9a] Thermophysical Properties Database of Materials for Light Water Reactors and Heavy Water Reactors: Final Report of a Coordinated Research Project 1999—2005; IAEA-TECDOC-1496. -Vienna: IAEA, 2006.

[10] Uranium: Сайт "Интернет" http://www. fact-index. com. /u/ur/uranium. html.

[11] Емельянов В. С. , Евтюхин А. И. Металлургия ядерного горючего. Свойства и основы технологии урана, тория и плутония. -Изд. 2-е перераб. и доп. -М. : Атомиздат, 1968.

[12] General Information on Element Plutonium: Сайт "Интернет" http://www. efunda. com/mate-rials/elements/element-info. cfm? Element_ID=Pu.

[13] Thorium: Сайт "Интернет" http://www. fact-index. com. /t/th/thorium. html.

[14] Thorium Physical Properties: Сайт "Интернет" http://www. qivx. com/ispt/elements/ptw_090. php.

[15] Чиркин, В. С-Теплофизические свойства материалов ядерной техники: Справочник. -М. : Атомиздат, 1968.

[16] Головнин, И. С. Свойства диоксида плутония как ядерного топлива//Атомная энергия. -2000. -Т. 89. -Вып. 2. -С. 117-128.

[17] Займовский, А. С. , Калашников, В. В. , Головнин, И. С. Тепловыделяющие'элементы атомных реакторов. -М. : Атомиздат, 1966.

[18] Котельников, Р. Б. и др. Высокотемпературное ядерное топливо. -2-е изд. -М. : Атомиздат, 1978.

[19] Juan, J. et al. A Review of MOX and UO_2 Fuels//Journal of Nuclear Materials. -2001. -Vol. 299. -N. 3. -P. 181-198.

[20] Ho, S. , Radford, K. Structural Chemistry of Solid in the UO_2-Gd_2O_3 System//Nuclear Technology. -1986. -Vol. 73. -N. 3. -P. 350-360.

[20a] Une, K. , Oguma, M. Thermodynamic Properties of Urania-Gadolinia Solid Solution in 700～1 000 °C//Journal of Nuclear Materials. -1982. -Vol. 110. -P. 215-222.

[21] Loeven, E. P. , McDonald, P. E. , Hohorst, J. Recommended Thoria Materials Properties to FRACON-3//Proc. Int. Top. Meet. Top Fuel-2000. April 10-13. ANS. USA.

[22] Самсонов, Г. В. , Винницкий, И. М. Тугоплавкие соединения: Справочник. -2-е изд. -М. :

Металлургия，1976.
[23] Hayes，S. L. Material Property Correlations for Uranium Mononitride. Ⅳ. Thermodynamic Properties// Journal of Nuclear Materials. -1990. -Vol. 171. -N. 2-3. -P. 300-318.
[24] Hayes，S. L. Material Property Correlations for Uranium Mononitride. Ⅲ. Transport properties// Journal of Nuclear Materials. -1990. -Vol. 171. N. 2-3. P. 289-299.
[25] Plutonium：Compound Data [Plutonium Nitride]：Сайт "Интернет" http://www.web-elements.com/elements/text/Pu.
[26] Фрост，Б. Твэлы ядерных реакторов：Пер. с англ. -М.：Энергоатомиздат，1986.

2.2 金属燃料

2.2.1 铀

铀是一种化学元素，原子序数 92，相对原子质量 238.03，属锕族。铀比金、铂、银、镉、铋和汞分布广泛。铀呈银白色，是比铅的密度更高的重金属。它是可锻造、可塑的金属，比钢软。铀的放射性活度很低，有弱磁性。铀的基本性质示于表 2.4。

表 2.4 0.1 MPa 下铀的基本性质

密度(ρ)，kg/m^3	19 050 [1]
熔点，K(℃)	1 405(1 132)[1]
沸点，K(℃)	4 018～4 400(3 745～4 127)[15-19]
熔解热(Δh_f)，kJ/kg	36.6～39.1
kg/mol	8.72～9.3[5, 5a, 56]
根据其他数据[10,17-19,94] kg/mol	15.5～19.6
蒸发热(Δh_{vap})，kJ/kg	2 046
kg/mol	487[5]
比热容，J/(kg·K)	293 K 时为 116.3
J/mol·K	27.67 [5]
热导率，W/(m·K)	22.5 [1]
线胀系数，$10^{-6}K^{-1}$；	13.9 [17]
对于单晶[5，15-19，94]	21～26
电阻率，$10^{-8}\Omega \cdot m$	21.8[5a]
根据其他数据[9，15-19，94]	21～31
发射率	λ=67 nm 时为 0.51[2]
声速，m/s	2 490～3 155[15-19]
临界参数[5,63a]：	
温度(T_c)，K	11 630
压力(p_c)，MPa	611
摩尔体积(V_c)，dm^3/mol	0.045
密度(ρ_c)，kg/m^3	5 290

铀有三种同素异晶体(α、β 和 γ),其特性示于表 2.5[1, 6]。铀晶体的特征是沿晶体对称轴有很强的非均质性。

表 2.5 铀的几种同素异晶体的特性[1, 6]

相	保持稳定的温度范围/K	晶体结构,单位晶格尺寸/nm	密度/(10^{-3}kg/m^3)	体积变化($\Delta V/V$)/%[6]	相变热,Δh	
					kJ/kg	kg/mol
α-U	<942	斜方晶的,a=0.285 3,b=0.586 5,c=0.495 5	19.05	1.0~1.12	938 K 时 α→β	
					12.5	2.98
β-U	942~1 049	正方晶的,a=1.075 9,c=0.565 6	18.11	0.6~0.7	1 049 K 时 β→γ	
					20.0	4.76
γ-U	1 049~1 408	垂心立方体的,a=0.352 5	18.06	—	1 405.3 K 时 γ→液态	
					36.6	8.72

铀的力学性能示于表 2.6[19]。铀的 β 相比 α 相更硬、更脆。γ 相的铀最软,这影响它的加工工艺。

表 2.6 298 K 时铀的力学性能[19]

布氏硬度	185
维氏硬度	190
拉伸强度限/MPa	615
弹性模量/GPa	190
泊松比	0.22
切变模量/GPa	86

2.2.1.1 随温度变化的固态铀的性质

密度由取自文献[1, 12]数据的线性近似得到的下列关系式确定:

$$273\ \text{K} \leqslant T \leqslant 942\ \text{K 时(α 相)},\ \rho = 19.36\times10^3 - 1.033\ 47T\ \text{kg/m}^3$$
$$942\ \text{K} \leqslant T \leqslant 1\ 049\ \text{K 时(β 相)},\ \rho = 19.092\times10^3 - 0.980\ 7T\ \text{kg/m}^3 \quad (2.2)$$
$$1\ 049\ \text{K} \leqslant T \leqslant 1\ 405\ \text{K 时(γ 相)},\ \rho = 18.447\times10^3 - 0.516\ 6T\ \text{kg/m}^3$$

293 K~942 K 范围内铀的比热容用下式描述[1]:

$$C_p = 104.82 + 5.368\ 6\times10^{-3}T + 10.182\ 3\times10^{-5}T^2\ \text{J/(kg·K)} \quad (2.3)$$

942 K$\leqslant T \leqslant$1 049 K 时,C_p=176.4 J/(kg·K);

1 049 K$\leqslant T \leqslant$1 405 K 时,C_p=156.8 J/(kg·K)[1]。

293 K~1 405 K 范围内热导率由文献[1]第 24 页图 4.1.1.3 的数据取平均值得到的关系式确定,误差±10%:

$$\lambda = 22 + 0.023(T - 273)\ \text{W/(m·K)} \quad (2.4)$$

热扩散率由以下公式算出:

$$\alpha \times 10^6 = \lambda / C_p \rho \ m^2/s \qquad (2.5)$$

按关系式(2.2～2.5)确定的固态铀的性质示于表 2.7。

表 2.7 按关系式(2.2～2.5)确定的固态铀的性质

t(℃),T(K),ρ(kg/m³),C_p(J/(kg·K)),λ(W/(m·K)),a(m²/s)

t	T	ρ	C_p	λ	$a\times10^6$
		α 相			
20	293	19 057	115.1	22.5	10.2
100	373	18 975	121.0	24.3	10.6
200	473	18 871	130.1	26.6	10.8
300	573	18 768	141.3	28.9	10.9
400	673	18 664	154.6	31.2	10.8
665	942	18 386	200.2	37.4	10.2
		β 相			
665	942	18 168	177.2	37.4	11.6
700	973	18 138	178	38.1	11.8
727	1 000	18 111	178	38.7	12.0
776	1 049	18 067	178	39.8	12.4
		γ 相			
776	1 049	17 905	162	39.8	13.7
800	1 073	17 893	162	40.4	13.9
900	1 173	17 841	162	42.7	14.5
1 000	1 273	17 789	162	45.0	15.6
1 100	1 383	17 773	162	47.5	16.5

温度为 1 405 K 时铀转为液态。熔点下液态铀的性质在表 2.8 给出。

表 2.8 熔点(1 405 K)下液态铀的性质

ρ(kg/m³),C_p(J/(kg·K)),λ(W/(m·K)),$a\times10^6$(m²/s),
μ(mPa·s),ν(m²/s),σ(mN/m),ρ_e(Ω·m),β(K⁻¹)

ρ	C_p	λ	$a\times10^6$	μ	$\nu\times10^6$	σ	$\rho_e\times10^8$	ε	$\beta\times10^6$	Pr
17 320[21]	198[23]	13.7[2]	4.2	6.5[20]	0.376	1 650[21]	60[8]	λ=67 nm 时 0.34[2]	99[23]	0.093 5

2.2.1.2 0.1MPa 下液态铀的性质

1 405 K≤T≤2 100 K 时的密度[21, 23]

$$\rho = (20\ 332 - 2.146T) \pm 30\ kg/m^3 \qquad (2.6)$$

比定压热容 C_p=198.3 J/(kg·K)[23]。

$T_{melt} \leqslant T \leqslant 2\ 973$ K 时的动力黏度由以下公式算得[22]，

$$\ln\mu = A + B\ln T + C/T \text{ mPa·s} \tag{2.7}$$

式中，$A=-5.930\ 7$，$B=0.655\ 7$，$C=4\ 134$。

体胀系数 $\beta = 99\times10^{-6}$ 1/K[23]

1 405 K$\leqslant T \leqslant$2 100 K 时的表面张力[21]：

$$\sigma = (2\ 127 - 0.336\ 5T) \pm 50 \text{ mN/m} \tag{2.8}$$

1 873 K$\leqslant T \leqslant$2 273 K 时的蒸气压力用下列方程表述[24]：

$$\lg p = 4.701 - \frac{23\ 330}{T} \text{ MPa} \tag{2.9}$$

按关系式(2.6,2.7 和 2.8)算出的液态铀性质在表 2.9 中给出，几种铀同位素的放射性性质在表 2.10 中给出[11]。

表 2.9　按关系式(2.6,2.7 和 2.8)算出的在 0.1 MPa 下液态铀的性质

t(℃)，T(K)，ρ(kg/m³)，σ(mN/m)，μ(mPa·s)

t	1 133	1 200	1 300	1 327	1 400	1 500	1 627	1 700	1 727	1 827
T	1 460	1 473	1 573	1 600	1 673	1 723	1 900	1 973	2 000	2 100
ρ	17 315	17 171	16 956	16 898	16 742	16 634	16 255	16 098	16 040	15 825
σ	1 654	1 632	1 598	1 589	1 565	1 548	1 488	1 464	1 455	1 421
μ	5.76	5.65	4.94	4.77	4.39	4.17	3.56	3.37	3.31	3.10

表 2.10　几种铀同位素的放射性性质

同位素	相对原子质量/u *	天然铀中的含量/%	半衰期/a	衰变能量/keV	半衰产物
^{232}U	232.04	—	68.9	5 414	^{228}Th
^{233}U	233.04	—	159.2×10^3	4 909	^{229}Th
^{234}U	234.09	0.005 5	245.7×10^3	4 859	^{230}Th
^{235}U	235.04	0.711	703.8×10^6	4 679	^{231}Th
^{236}U	236.046	—	234.2×10^5	4 572	^{232}Th
^{238}U	238.05	99.283	446.8×10^7	4 270	^{234}Th

* 按^{12}C 刻度。

2.2.2 钚

钚的原子序数 94，相对原子质量 244，是由锕系人造的超铀元素。钚是银灰色金属。当慢中子轰击铀时，同位素^{238}U 放射性俘获一个中子，经过中间产物的连续两级 β 衰变后，就形成钚。它形成的机制如下：

$$^{238}_{92}\text{U} \xrightarrow{(n,\gamma)} {}^{239}_{92}\text{U} \xrightarrow{(-\beta)} {}^{239}_{93}\text{Np} \xrightarrow{(-\beta)} {}^{239}_{94}\text{Pu}$$

^{239}Pu 原子核衰变的内部释热为$(1.923\pm0.019)\times10^{-3}$ W/g。钚在标准状况下的基本性质在表 2.11 中给出。

表 2.11 标准状况(0.1 MPa,298 K)下钚的基本性质

密度/(kg/m^3)	19 840[5a]
熔点/K(℃)	913(640)[5, 5a]
沸点/K(℃)	3 500(3 227)[5a, 9a]
比定压热容/[J/(mol·K)]	31.2[5, 5a]
[J/(kg·K)]	130
熔解热(Δh_f)/(kJ/mol)	2.8[5, 5a]
(kJ/kg)	117
蒸发热(Δh_{vap})/(kJ/mol)	350[5, 5a]
(kJ/kg)	1 464
热导率/[W/(m·K)]	5.2[5a]
根据其他资料为	4.2～6.74 [56,10,27-30]
电阻率/10^{-8} Ω·m	150[56,10, 94]
声速/(m/s)	2 260[27-30]
临界参数:[5]	
温度(T_c)/K	10 000
压力(p_c)/MPa	324
摩尔体积(V_c)/(dm^3/mol)	0.081
密度(ρ_c)/(kg/m^3)	2 950

钚有 6 种晶体形式(α,β,γ,δ,δ′,ε),它们的性质列于表 2.12[9, 103]和表 2.13[8, 10, 29, 101-102]。

表 2.12 钚的晶体结构和相变的特性

相	晶体结构,稳定性温度范围/K	单位晶格大小/nm	相变温度/K(℃)	相变热量/(J/mol)	体积膨胀/%
α-Pu	$T<395$ 时为单斜晶	294 K 时,a=0.618 35,b=0.482 44,c=1.097 3,β=101.81°	α→β 395(122±2)	3 365±41	8.9～9.62
β-Pu	$395<T<479$ 时为单斜晶体心	463 K 时,a=0.928 4,b=1.046 3,c=0.785 9,β=92.13°	β→γ 479(206±3)	637±63	2.4～2.67
γ-Pu	$479<T<592$ 时为斜方面心	506 K 时,a=0.315 87,b=0.578 62,c=1.016 2	γ→δ 592(319±5)	721±84	6.7～6.90
δ-Pu	$592<T<724$ 时为立方面心	593 K 时,a=0.463 71	δ→η 724(451±4)	80±46	(−0.36)～(−0.4)
δ′-Pu	$724<T<749$ 时为正方面心	738 K 时,a=0.470 1,b=0.448 9,c/a=0.955	η→ε 749(476±5)	1 927±84	(−2.16)～(−3.0)
ε-Pu	$749<T<913$ 时为立方体心	763 K 时,a=0.363 61	ε→熔解 >913(639.4)	2 933±251	(−0.1)～(0.82)

表 2.13 钚的几个相的性质

ρ(kg/m^3), $\bar{\alpha}\times10^6$(K^{-1}), C_p(J/mol·K),λ(W/(m·K)),$a\times10^6$(m^2/s),$\rho_e\times10^8$(Ω·m)

性质	钚的相					
	α	β	γ	δ	δ′	ε
ρ[10]	298 K 时 19 816	463 K 时 17 770	508 K 时 17 140	593 K 时 15 920	723 K 时 16 010	783 K 时 16 480
$\bar{\alpha}$[10]	87～373 K 时 46.85±0.05	406～470 K 时 33.86±0.11	483～583 K 时,按照轴:a=－19.7±0.1,b=＋39.5±0.6,c=84.3±1.6。平均为 34.7±0.7	593～713 K 时－8.6±0.3	738～758 K 时,为－16±28 按照轴 a=＋305±35 b=－659±67	772～823 K 时,36.5±1.1
C_p[8,29,102]	32.0～34.3	33.4～36.0	34.8～39.8	37.7	728 K 时 37.4	773 K 时 35
λ[8]	5.2～6.6	7.87～8.67	8.97～10.5	10.97～12.7	723 K 时 7.72	783 K 时 12.1～12.6
a[8]	1.78～2.10	3.10～3.31	3.53～3.96	4.40～4.85		5.04～5.25
ρ_e[8]	298～373 K 时 140～142	423～473 K 时 108	498～548 K 时 107	598～998 K 时 100		773～823 K 时 114
声速,m/s [101]	2 200	1 500	1 100	1 000		1 200～1 300

注:不同钚相的密度和比定压热容随温度的变化示于图 2.1[10a,29]。

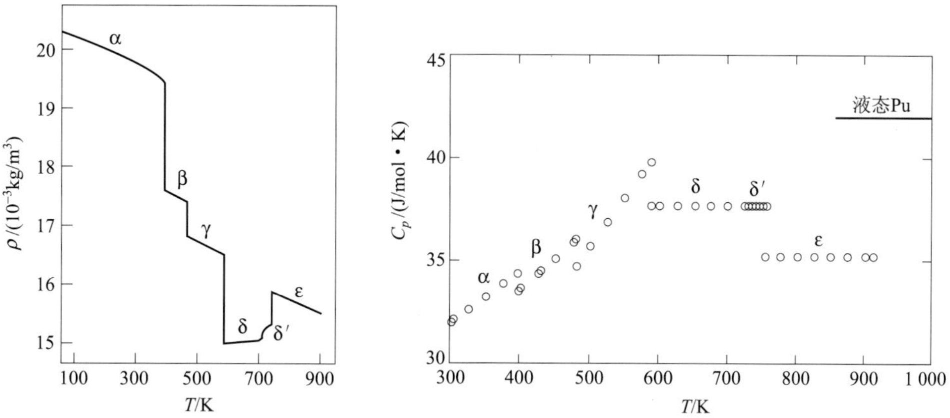

图 2.1 钚相的密度(ρ)和比热容(C_p)随温度的变化[10a,29]

298 K 时钚的力学性能在表 2.14 中给出[30]。它们主要取决于温度,当 593～723 K 时从高强度和高脆性的 α 相向低强度和高塑性的 δ 相变化。由于体积变化大,加上大部分晶相的各向异性,产生了影响钚弹性和塑性的内应力和损伤。

表 2.14 298 K 时钚的力学性能[30]

布氏硬度	242
维氏硬度	250
拉伸强度限,MPa	400

续表

弹性模量,GPa	96.5
压缩强度限,MPa	830
泊松比	0.15～0.21
切变模量,GPa	45

0.1MPa下液态钚的性质

密度[104]在熔点下 $\rho=(16\ 500\pm80)\ \mathrm{kg/m^3}$。

在温度范围 $T=923\sim1\ 223$ K内,$\rho=17\ 963-1.451\ T\ \mathrm{kg/m^3}$。

比定压热容[101] $C_p=177\ \mathrm{J/(kg\cdot K)}$;$C_p=42.3\ \mathrm{kJ/mol\cdot K}$。

根据实验数据,熔点下液态钚的动力黏度[22]等于 $4.51\times10^{-3}\ \mathrm{Pa\cdot s}$[31]。在温度范围 $T_{melt}\leqslant T\leqslant2\ 313$ K时,黏度可以根据下列关系式算出:$\ln\mu=A+B\ln T+C/T\ \mathrm{Pa\cdot s}$,式中,$A=-2.490\ 9$,$B=0.275\ 1$,$C=1\ 948$[22]。

热导率(估计)$\lambda\approx4\ \mathrm{W/(m\cdot K)}$。

体胀系数 $\beta=50\times10^{-6}\ 1/\mathrm{K}$[101]。

在 $T<1\ 200$ K时的表面张力 $\sigma=550-a(T-T_{melt})\ \mathrm{mN/m}$,式中,$a=0.08\sim0.15$[102]。

温度1 673～2 073 K下,钚的蒸气压力表述为[3,24]:

$$\lg p=4.019-\frac{17\ 587}{T}\ \mathrm{MPa} \tag{2.10}$$

钚的某些同位素的放射性性质示于表2.15[11]。

表2.15 钚的某些同位素的放射性性质[11]

同位素	相对原子质量/u*	半衰期	衰变能量/keV	衰变产物	比活度/(kBq/g)
^{236}Pu	236.05	2.86 a	5 867	^{232}U	1.97×10^{10}
^{237}Pu	237.05	45.2 d	220	^{233}U	4.48×10^{11}
^{238}Pu	238.05	87.7 a	5 593	^{234}U	6.33×10^{8}
^{239}Pu	239.05	24 110 a	5 244	^{235}U	2.27×10^{6}
^{240}Pu	240.05	6 537 a	5 255	^{236}U	8.84×10^{6}
^{241}Pu	241.06	14.4 a	20.8	^{241}Am	3.66×10^{9}
^{242}Pu	242.06	376 000 a	4 982	^{238}U	1.41×10^{5}
^{243}Pu	243.06	4.95 h	581.5	^{243}Am	6.19×10^{14}

* 按^{12}C标定。

2.2.3 钍

钍——原子序数为90、相对原子质量为232.04,属于锕族的天然生成的化学元素。纯钍是银白色塑性金属。钍的基本性质示于表2.16。

表 2.16 标准状况(0.1 MPa,298 K)下钍的基本性质

理论密度/(kg/m^3)	11 720[5a,32]
熔点/K(℃)	2 023(1 750)
沸点/K(℃)	5 063(4 790)
比热容/[J/(kg·K)] [J/(mol·K)]	118[5] 26.23
熔解热(Δh_{melt})/(kJ/kg) (kJ/mol) 根据其他资料[5,32-33]/(kJ/mol)	69.4[34] 16.1 13.8~15.6
蒸发热(Δh_{vap})/(kJ/kg) (kJ/mol)	2 330[5] 540
热导率/[W/(m·K)] 根据其他资料	37[14] 54
线胀系数/K^{-1}	11.2×10^{-6}(393 K)[5]
电阻率/$10^{-8}\Omega\cdot m$	$(13\sim19)\times10^{-8}$(5,56)
发射率	λ=67 nm、1 273~1 973 K 时为 0.38[4]
声速/(m/s)	2 490[32]
临界参数:[5] 温度(T_c)/K 压力(p_c)/MPa 摩尔体积(V_c)/(dm^3/mol) 密度(ρ_c)/$(kg/m)^3$	 14 950 488 0.072 3 3 220

钍有两种晶体结构,它们的特性在表 2.17 中给出[9]。金属钍——软的塑性金属,与铂类似。它很容易进行冷拔、冲压和拉伸加工。298 K 时钍的力学性能在表 2.18 中给出[35]。这些性质取决于金属纯度和它的预加工。氧、氮和碳这些掺杂物能提高钍的强度,碳增加的强度最高。

表 2.17 钍的两种晶体结构的特性[9]

相	结构	单位晶格尺寸/nm	存在的温度范围/K
α 钍	面心立方体	a=0.508 6	<1 623
β 钍	垂心立方体	a=0.411	1 623<T<2 023

表 2.18 298 K 时钍的力学性能[35]

布氏硬度	35~114
拉伸强度限/MPa	200
弹性模量/GPa	73.1
泊松比	0.27
疲劳强度/MPa	97
切变模量/GPa	28

2.2.3.1 随温度变化的固态钍的性质

密度：

$$\rho=11\ 836-0.421\ 9\ T\ \mathrm{kg/m^3} \tag{2.11}$$

比热容[14]：

对于 α-Th，在 $T<1\ 623$ K 时

$$C_p=-0.014\ 5T^2+3.638\ 4T+111.95\ \mathrm{J/(kg\cdot K)} \tag{2.12}$$

对于 β-Th，在 $1\ 623\ \mathrm{K}<T<2\ 023$ K 时

$$C_p=-0.203\ 2T^2+5.777\ 4T+145.77\ \mathrm{J/(kg\cdot K)} \tag{2.12a}$$

热导率：不同来源的钍的热导率数据差异很大。在文献[5a,8]和很多网页上是 50～54 W/(m・K)，但未指明温度范围。在文献[97]中列出一系列 Th 样品成分和处理的信息。这些以及文献[10,14,98,99]的数据相互之间的准确度为±15%，用下列关系式表述：

$$\lambda=34+0.013\ 3T\ \mathrm{W/(m\cdot K)}，式中，T\ 的单位为\ \mathrm{K} \tag{2.13}$$

参考文献[2, 13, 93]中列出的值表明 Th 的热导率随温度升高而显著下降，至 1 773 K 时降到 10 W/(m・K)，看来这是错误的。

2.2.3.2 $T\geqslant T_{melt}$时液态钍的性质

密度[96]：$\rho=10\ 500\ \mathrm{kg/m^3}$

比定压热容：$C_p=198\ \mathrm{J/(kg\cdot K)}$

动力黏度：$\ln\mu=A+B\times\ln T+C/T$ Pa・s

式中，在温度范围 $T_{melt}\leqslant T\leqslant T_{boil}$ 内，$A=-2.932\ 8$，$B=0.307\ 5$，$C=4\ 504$[22]。依照这个关系式 $\mu(T_{melt})=5.129\times10^{-3}$ Pa・s。根据其他的实验数据[31]，在熔点下 μ 等于 5.033×10^{-3} Pa・s。

表面张力[96]：

$$\sigma=978-0.14(T-T_{melt})\ \mathrm{mN/m} \tag{2.14}$$

在 2 030 K～2 229 K 温度范围内，钍蒸气压力用下列关系式表述：

$$\lg p=4.991-\frac{28\ 780}{T}\ \mathrm{MPa} \tag{2.14a}$$

已知钍有 25 种同位素，其核子数从 212 到 236，其中只有同位素^{232}Th 在自然界中存在。^{232}Th 经过 6 级 α 衰变和 4 级 β 衰变后，转换成稳定同位素^{208}Pb。最稳定的一些同位素的放射性性质在表 2.19 中给出[11]。钍的其他大多数同位素的半衰期比 10 min 还短。

表 2.19 钍的一些同位素的放射性性质[11]

同位素	相对原子质量	半衰期	衰变能量/keV
^{227}Th	227.03	18.72 d	6 146
^{228}Th	228.03	1.913 a	5 520
^{229}Th	229.03	7 880 a	5 167
^{230}Th	230.03	75 380 a	4 770
^{231}Th	231.04	25.52 h	4 213
^{232}Th	232.04	1.4×10^{10} a	4 082
^{233}Th	233.04	22.3 min	1 245
^{234}Th	234.06	24.1 d	273

当慢中子辐照时，^{232}Th 按照下列反应转换成易裂变同位素 ^{233}U：

$$^{232}_{90}Th + ^{1}_{0}n \rightarrow ^{233}_{90}Th \xrightarrow{-\beta} ^{233}_{91}Pa \xrightarrow{-\beta} ^{233}_{92}U$$

同位素 ^{233}U 的特征是吸收中子后释放出的中子数比其他易裂变材料、比如 ^{235}U 或 ^{239}U 的更多。钍与其中一个结合，在慢中子反应堆就可开始燃料增殖循环。在有前景的转换堆中建议采用钍循环。

2.3 陶瓷燃料

2.3.1 氧化铀

氧化铀——铀的难熔陶瓷化合物，常常被用作核燃料。氧化铀的基本性质示于表 2.20。

表 2.20 0.1 MPa、298 K 下氧化铀的基本性质

相对分子质量	270.3
理论密度（kg/m^3）	10 960[12]
熔点/K（℃）	3 120±30(2 850) [1]
沸点/K（℃）	3 815(3 542)[39]
熔解热/(kJ/kg) (kJ/mol)	259±15 70±4 [36]
蒸发热/(kJ/kg) (kJ/mol)	1 530 413[39]
比热容/[J/(kg·K)] [J/(mol·K)]	235[37] 63.7
热导率/[W/(m·K)]	8.68[38]
线胀系数/(1/K)	9.75×10^{-6}[38]
电阻率/(Ω·m)	7.32×10^{-8}[40]
总的法向发射率(ε_t)	0.79[12]

氧化铀的晶体栅格与面心立方体类型的氟化物 Ca_2F 的栅格一致，栅格常数 a=0.570 4 nm[9]。

2.3.1.1 随温度变化的固态二氧化铀的性质

密度[1a, 38]

$$\rho=\rho_0(273)\times K_i^{-3}\ kg/m^3 \tag{2.15}$$

$\rho_0(273)$（kg/m^3）——UO_2 的理论密度，K_i——相对线胀系数，由 Martin 关系式确定[41]：

当 273 K≤T≤923 K 时：

$$K_1=\frac{L(T)}{L(273)}=0.997\ 34+9.802\times10^{-6}T-2.705\times10^{-10}T^2+4.291\times10^{-13}T^3 \tag{2.16}$$

当 923 K≤T≤3 120 K 时：

$$K_2=\frac{L(T)}{L(273)}=0.996\ 72+1.179\times10^{-5}T-2.429\times10^{-9}T^2+1.219\times10^{-12}T^3 \tag{2.17}$$

比焓和比热容。298.15 K≤T≤3 120 K 时固态二氧化铀的比焓由下列关系式[37]确定：

$$h(T)-h(298.15\ \mathrm{K}) = C_1\theta[(\mathrm{e}^{\theta/T}-1)^{-1}-(\mathrm{e}^{\theta/298.15}-1)^{-1}]+ C_2[T^2-(298.15)^2]+C_3\mathrm{e}^{-E_a/T}\ \mathrm{kJ/mol} \tag{2.18}$$

式中，$C_1=81.613$；$\theta=548.68$；$C_2=2.285\times10^{-3}$；$C_3=2.360\times10^7$；$E_a=18\ 531.7$；T(K)。在 298.15 K 到 1 800 K 范围内，关系式(2.18)的误差等于±2%，在 1 800 K 到 3 120 K 的范围内误差为±3%。关系式(2.18)用下列多项式近似[37]：

$$h(T)-h(298.15\ \mathrm{K})=-21.176\ 2+52.174\ 3\tau+43.975\ 3\tau^2-28.080\ 4\tau^3+ 7.885\ 52\tau^4-0.526\ 68\tau^5+0.713\ 91\tau^{-1}\ \mathrm{kJ/mol} \tag{2.19}$$

式中，$\tau=T/1\ 000$，T(K)，h(kJ/mol)。

因为$(\partial h/\partial T)_p=C_p$，所以在文献[37]中将式(2.18)微分后得到

$$C_p=\frac{C_1\theta^2\mathrm{e}^{\theta/T}}{T^2(\mathrm{e}^{\theta/T}-1)^2}+2C_2T+\frac{C_3E_a\mathrm{e}^{-E_a/T}}{T^2}\ \mathrm{kJ/mol\cdot K} \tag{2.20}$$

公式(2.20)在 298 K 到 1 800 K 范围内误差为±3%，在 1 800 K～3 120 K 时误差为±13%。

在文献[38]中，UO_2比热容的数据以下列多项式给出：

$$C_p=52.174\ 3+87.951\tau-84.241\ 1\tau^2+31.542\tau^3-2.633\ 4\tau^4-0.713\ 91\tau^{-2}\ \mathrm{J/mol\cdot K} \tag{2.20a}$$

式中，$\tau=T/1\ 000$，T(K)。

95%理论密度的固态 UO_2的热导率由下列关系式确定[42]：

$$\lambda=\frac{100}{7.540\ 8+17.692\tau+3.614\ 2\tau^2}+\frac{6\ 400}{\tau^{5/2}}\exp\left(\frac{-16.35}{\tau}\right)\ \mathrm{W/(m\cdot K)} \tag{2.21}$$

式中，$\tau=T/1\ 000$，T(K)。在 298.15 K 到 2 000 K 范围内关系式(2.21)的误差等于+10%，在 2 000 K 到 3 120 K 范围内误差为 20%。

考虑孔隙率后固态 UO_2的热导率(λ_p)，可以根据 Brandt 和 Neuer 关系式算出[43]：

$$\lambda_p=\lambda_0(1-\alpha p)\ \mathrm{W/(m\cdot K)} \tag{2.22}$$

式中，$\alpha=(2.6-0.5\tau)$；p——以体积份额表示的 UO_2的孔隙率；λ_0——无孔隙率时 UO_2的热导率。

固态 UO_2的积分热导率由 $\Lambda=\int_{293}^{T}\lambda(T)\mathrm{d}T$ W/m 确定。95%和 100%理论密度下 UO_2的积分热导率值借助 MATHCAD 将关系式(2.21，2.22)数值积分确定，示于表 2.21。95%理论密度的二氧化铀的积分热导率用下列多项式近似：

$$(\Lambda)_{UO_2,95\%}=-4\ 211.3\tau^3+546.65\tau^2+8\ 407\tau-2\ 402\ \mathrm{W/m} \tag{2.23}$$

当 323 K≤T≤623 K 时，误差±2%；

$$(\Lambda)_{UO_2,95\%}=-101.93\tau^4+1\ 166.9\tau^3-4\ 532.1\tau^2+9\ 460.4\tau-2\ 372.3\ \mathrm{W/m} \tag{2.24}$$

当 623 K≤T≤3 120 K 时，误差±1%。

对于理论密度的二氧化铀，积分热导率由下列多项式近似得到：

$$(\Lambda)_{UO_2,100\%}=3\ 176.8\tau^3-9\ 070.2\tau^2+13\ 220\tau-3\ 175\ \mathrm{W/m} \tag{2.25}$$

当 298 K≤T≤823 K 时，误差±2%；

$$(\Lambda)_{UO_2,100\%}=-115.26\tau^4+1\ 318.1\tau^3-5\ 157.5\tau^2+10\ 746\tau-2\ 704.3\ \mathrm{W/m} \tag{2.26}$$

式中，$\tau=T/1\ 000$，T(K)。当 823 K$\leqslant T\leqslant$3 120 K 时，误差±1%。

对于考虑到与化学当量成分有偏差的理论密度的 UO_{2+x}，研发的在 773 K$\leqslant T\leqslant$1 773 K 范围内计算热导率的关系式是[引自 12 的 Washington]：

$$\lambda=(0.035+3.47X-7.26X^{-2}+2.25\times10^{-4}T)^{-1}+(83.0-537X+7\ 610X^{2})\times10^{-12}T^{3}\ \mathrm{W/(m\cdot K)} \tag{2.27}$$

式中，X——与化学当量的偏差；T(K)。

Martin[44]根据式(2.27)得到 773 K$\leqslant T\leqslant$3 120 K 和 $0\leqslant X\leqslant0.2$ 范围内理论密度的 UO_{2+x}的关系式：

$$\lambda=(0.035+3.47X\varphi-7.26X^{-2}\varphi+2.25\times10^{-4}T)^{-1}+(83.0-537X\varphi+7\ 610X^{2}\varphi)\times10^{-12}T\ \mathrm{W/(m\cdot K)} \tag{2.28}$$

式中，$\varphi=(3\ 120-T)/1\ 347$。

为了计算密度为理论值 95%的辐照过的固态 UO_2的热导率，建议用以下关系式[1a,45]：

$$\lambda=[0.114\ 8+0.003\ 5B+2.475\times10^{-4}(1-0.003\ 33B)t]^{-1}+0.013\ 2e^{0.001\ 88t}\ \mathrm{W/(m\cdot K)} \tag{2.29}$$

式中，$t=T-273$ 是用℃表示的燃料局部温度；B——用 MWd/kgUO_2表示的燃料局部燃耗。方程式(2.29)在燃耗值小于 75 MWd/kgUO_2是正确的。该方程式在室温到 2 000 K 范围内的不确定度为 20%。

固态 UO_2的线胀系数[38]，

当 273 K$\leqslant T\leqslant$923 K 时

$$\alpha=9.828\times10^{-6}-6.39\times10^{-10}T+1.38\times10^{-12}T^{2}-1.757\times10^{-17}T^{3}\ 10^{-6}\ 1/\mathrm{K}, \tag{2.30}$$

当 923 K$\leqslant T\leqslant$3 120 K 时

$$\alpha=1.183\ 3\times10^{-5}-5.013\times10^{-9}T+3.756\times10^{-12}T^{2}-6.125\times10^{-17}T^{3}\ 10^{-6}\ 1/\mathrm{K} \tag{2.31}$$

UO_2的线胀系数取决于化学当量的程度和有无其他氧化物。

热扩散率 $a\times10^{6}=\lambda/C_p\rho$ m^2/s。

根据关系式(2.15～2.17,2.19～2.22,2.30,2.31)算出的固态二氧化铀的热物理性质示于表 2.21。

表 2.21 根据关系式(2.15～2.17,2.19,2.20a,2.21,2.23,2.24,2.30,2.31)算出的固态二氧化铀(UO_2)的热物理性质

t(℃)，T(K)，ρ(kg/m^3)，($h(T)-h(298)$)(kJ/kg)，C_p(J/(kg·K))，λ(W/(m·K))，Λ(W/m)，a(m^2/s)，α(1/K)

t	T	ρ	$h(T)-h(298)$	C_p	λ		Λ		$a\times10^6$		$\alpha\times10^6$
					95%密度	理论密度	95%密度	理论密度	95%密度	理论密度	
25	298	10 950	0	235	7.61	8.68	38	44	2.96	3.38	9.76
27	300	10 950	0	236	7.59	8.65	53	61	2.94	3.35	9.76
50	323	10 950	6	244	7.34	8.35	225	254	2.74	3.12	9.76
100	373	10 930	19	260	6.83	7.77	579	659	2.41	2.74	9.77

续表

t	T	ρ	$h(T)-h(298)$	C_p	λ		Λ		$a\times10^6$		$\alpha\times10^6$
					95%密度	理论密度	95%密度	理论密度	95%密度	理论密度	
150	423	10 910	32	270	6.38	7.25	909	1 034	2.16	2.46	9.79
200	473	10 900	45	279	5.98	6.78	1 280	1 385	1.97	2.23	9.82
250	523	10 880	59	285	5.62	6.37	1 580	1 713	1.81	2.05	9.86
300	573	10 870	74	290	5.30	5.99	1 780	2 022	1.68	1.90	9.90
350	623	10 850	88	294	5.01	5.66	2 038	2 313	1.57	1.77	9.94
400	673	10 830	103	297	4.74	5.35	2 282	2 568	1.47	1.66	10.0
450	723	10 820	118	300	4.50	5.07	2 513	2 849	1.38	1.56	10.1
500	773	10 800	134	303	4.28	4.81	2 732	3 095	1.31	1.47	10.1
550	823	10 790	149	305	4.07	4.57	2 941	3 330	1.24	1.39	10.2
600	873	10 770	164	307	3.89	4.36	3 140	3 553	1.17	1.32	10.3
650	923	10 750	180	309	3.71	4.16	3 330	3 766	1.12	1.25	10.4
700	973	10 740	195	311	3.55	3.97	3 511	3 969	1.06	1.19	10.5
750	1 023	10 720	211	312	3.40	3.80	3 685	4 163	1.02	1.13	10.6
800	1 073	10 700	226	314	3.26	3.64	3 851	4 349	0.97	1.08	10.7
850	1 123	10 680	242	315	3.13	3.49	4 011	4 527	0.93	1.03	10.9
900	1 173	10 670	258	317	3.01	3.35	4 165	4 697	0.89	0.99	11.0
950	1 223	10 650	273	318	2.90	3.22	4 312	4 861	0.86	0.95	11.2
1 000	1 273	10 630	289	320	2.79	3.10	4 455	5 019	0.82	0.91	11.4
1 050	1 323	10 610	305	321	2.70	2.99	4 592	5 171	0.79	0.88	11.6
1 100	1 373	10 590	321	323	2.61	2.88	4 724	5 318	0.76	0.84	11.9
1 132	1 405	10 580	331	324	2.55	2.82	4 807	5 409	0.75	0.82	12.1
1 150	1 423	10 570	337	324	2.52	2.79	4 853	5 460	0.74	0.81	12.1
1 200	1 473	10 560	353	326	2.45	2.70	4 977	5 597	0.71	0.78	12.4
1 250	1 523	10 540	369	328	2.38	2.62	5 098	5 730	0.69	0.76	12.7
1 300	1 573	10 520	385	331	2.32	2.55	5 215	5 859	0.67	0.73	13.0
1 350	1 623	10 490	402	334	2.27	2.49	5 330	5 985	0.65	0.71	13.3
1 400	1 673	10 470	419	337	2.22	2.43	5 442	6 108	0.63	0.69	13.7
1 450	1 723	10 450	435	341	2.18	2.38	5 552	6 299	0.61	0.67	14.0
1 500	1 773	10 430	452	345	2.14	2.34	5 659	6 347	0.60	0.65	14.4
1 550	1 823	10 410	470	350	2.11	2.31	5 776	6 463	0.58	0.63	14.8
1 600	1 873	10 380	487	355	2.09	2.28	5 871	6 577	0.57	0.62	15.2
1 650	1 923	10 360	505	361	2.07	2.26	5 975	6 691	0.55	0.60	15.6
1 700	1 973	10 330	524	368	2.06	2.25	6 078	6 803	0.54	0.59	16.1
1 750	2 023	10 310	542	376	2.06	2.24	6 181	6 915	0.53	0.58	16.6

续表

t	T	ρ	h(T)−h(298)	C_p	λ		Λ		a×10⁶		α×10⁶
					95%密度	理论密度	95%密度	理论密度	95%密度	理论密度	
1 800	2 073	10 280	562	385	2.06	2.24	6 284	7 027	0.52	0.57	17.0
1 850	2 123	10 260	581	395	2.07	2.24	6 388	7 139	0.51	0.55	17.5
1 900	2 173	10 230	601	405	2.08	2.25	6 491	7 252	0.50	0.54	18.1
1 950	2 223	10 200	622	417	2.10	2.27	6 596	7 365	0.49	0.53	18.6
2 000	2 273	10 170	643	430	2.12	2.29	6 702	7 479	0.49	0.52	19.1
2 050	2 323	10 140	665	443	2.15	2.32	6 808	7 594	0.48	0.52	19.7
2 100	2 373	10 110	688	458	2.18	2.35	6 917	7 710	0.47	0.51	20.3
2 150	2 423	10 080	711	474	2.22	2.38	7 027	7 829	0.46	0.50	20.9
2 200	2 473	10 050	736	490	2.26	2.42	7 138	7 949	0.46	0.49	21.5
2 250	2 523	10 020	761	508	2.30	2.47	7 252	8 071	0.45	0.48	22.1
2 300	2 573	9 982	787	527	2.35	2.51	7 369	8 195	0.45	0.48	22.8
2 350	2 623	9 948	813	547	2.40	2.56	7 487	8 322	0.44	0.47	23.4
2 397	2 670	9 912	840	566	2.45	2.61	7 601	8 444	0.44	0.46	24.1
2 400	2 673	9 912	841	568	2.45	2.61	7 608	8 452	0.44	0.46	24.1
2 450	2 723	9 876	870	589	2.50	2.67	7 732	8 584	0.43	0.46	24.8
2 500	2 773	9 839	900	612	2.56	2.72	7 859	8 718	0.43	0.45	25.5
2 550	2 823	9 801	931	636	2.62	2.78	7 988	8 856	0.42	0.45	26.2
2 600	2 873	9 762	964	660	2.68	2.84	8 120	8 997	0.42	0.44	27.0
2 650	2 923	9 722	997	685	2.74	2.91	8 256	9 141	0.41	0.44	27.7
2 700	2 973	9 681	1 032	711	2.80	2.97	8 394	9 287	0.41	0.43	28.5
2 750	3 023	9 639	1 068	738	2.87	3.03	8 536	9 437	0.40	0.43	29.3
2 800	3 073	9 596	1 106	766	2.93	3.10	8 681	9 591	0.40	0.42	30.1
2 827	3 100	9 573	1 127	781	2.97	3.13	8 761	9 675	0.40	0.42	30.9
2 847	3 120	9 555	1 143	792	2.99	3.16	8 820	9 738	0.40	0.42	30.9

随着样品制造方法和成分不同，固态 UO_2 电阻率的数据可能差异很大。二氧化铀是一种混合电导性的半导体，20℃下的电阻率为 380 Ω·m。

对于非化学当量成分单晶形式的 UO_2，当 773 K≤T≤1 423 K 时在[89a]中的公式为：

$$1/\rho_e = 3.8\times10^4/T(2x)(1-2x)\exp[(-0.30\pm0.03\text{eV})/kT] \quad (2.32)$$

式中，ρ_e——(Ω·m)；$k=1.38\times10^{-23}$ J/K$=8.625\times10^{-3}$ eV/K。

更晚的数据[95]用下列公式描述：

当 286 K≤T≤1 430 K 时，$\lg\dfrac{1}{\rho_e}=1.904\ 5-\dfrac{830.68}{T}$ (2.33)

当 1 430 K≤T≤4 000 K 时，$\lg\dfrac{1}{\rho_e}=5.260\ 7-\dfrac{5\ 662.36}{T}$ (2.33a)

当 1 000 K<T<3 120 K 和波长为 630 nm 时，固态 UO_2 的总的法向发射率为[10]：

$$\varepsilon_t = 0.78 + 1.53 \times 10^{-5} T \tag{2.34}$$

固态 UO_2 上方的蒸气压力[46]：

$$\lg p = 66.54 + 4.382 \times 10^{-3} T - 4.41 \times 10^{-7} T^2 - \frac{37\ 090}{T} - 19.07 \lg T \text{ Pa} \tag{2.35}$$

1 700 K≤T≤3 120 K 时关系式(2.35)的误差等于−40%/+60%。用式(2.35)算出的蒸气压力值在表 2.22 中给出。

表 2.22　用关系式(2.35)算出的固态二氧化铀上方的蒸气压力

T/K	1 723	1 773	1 973	2 273	2 673	2 723	2 773	2 823	2 923	2 973	3 023	3 073	3 120
p/MPa	3.43×10^{-11}	1.12×10^{-10}	6.74×10^{-9}	7.76×10^{-7}	7.41×10^{-5}	1.18×10^{-4}	1.84×10^{-4}	4.13×10^{-4}	6.23×10^{-4}	9.04×10^{-4}	1.29×10^{-3}	1.82×10^{-3}	2.47×10^{-3}

2.3.1.2　液态二氧化铀的性质

液态 UO_2 的热物理性质在文献[47～56]中作了研究。

T_{melt}=3 120 K 时的密度根据文献[47]的估算等于(8 860±120)kg/m³。当 3 120 K≤T≤7 600 K 时

$$\rho(T) = 8\ 860 - 0.928\ 5(T - 3\ 120) \text{kg/m}^3 \tag{2.36}$$

关系式(2.36)的不确定度在 3 120 K 时为±1.4%，在 3 500 K 时为+1.6%和−2%，在 4 500 K 时为+2.2%和−4%，在 5 400 K 时为+3%和−6.3%，在 6 500 K 时为+4.2%和−10%，在 7 600 K 时为+6%和−15.4%。

液态 UO_2 的比焓用下列关系式求得[48]：

$$h(T) - h(298.15\ K) = 2.976\ 8 \times 10^6 + 0.930\ 87\ T - 4.921\ 1 \times 10^9 / T \text{ J/kg} \tag{2.37}$$

关系式(2.37)在 3 120 K≤T≤3 500 K 时的不确定度为±2%，在 3 500 K≤T≤4 500 K 时为±10%。

液态 UO_2 的比定压热容由以下关系式确定[48]，在 3 120 K≤T≤3 500 K 时的误差为±10%，在 3 500 K≤T≤4 500 K 时为±25%：

$$C_p = 0.930\ 87 + 4.921 \times 10^9\ T^{-2} \text{ J/(kg·K)} \tag{2.38}$$

液态 UO_2 的热导率在文献[49,50,51]中作了研究。根据 MATPRO 程序最后的数据，液态 UO_2 的热导率处于(2.5～3.6)W/(m·K)之间[52]。3 120 K≤T≤4 500 K 时 λ 值根据以下经验公式算出，不确定度为±40%：

$$\lambda = 2.5 + 0.013\ 75(T - 3\ 120) \text{ W/(m·K)} \tag{2.39}$$

液态 UO_2 的体胀系数 β_p 由下列关系式确定[12]：

$$\beta_p = -\frac{1}{\rho}\left(\frac{\partial \rho}{\partial T}\right)_0 + \beta_T\left(\frac{\partial p}{\partial T}\right)_0 \text{ 1/K} \tag{2.40}$$

式中：ρ——密度，β_T——等温压缩率，p——蒸气压力；偏导数的下标“0”表示它们沿饱和线取值。因为第二项的值很小，所以 β_p 由第一项确定，考虑到式(2.36)，有：

$$\beta_p = 0.928\ 5/[8\ 860 - 0.928\ 5(T - 3\ 120)] \text{ 1/K} \tag{2.41}$$

关系式(2.41)的不确定度在 3 120 K 时为+10%和−12%，在 3 500 K 时为+10%和

−13%，在 4 500 K 时为+12%和−15%。

热扩散率 $a=\frac{\lambda}{C_p\rho}$。

3 120 K≤T≤3 400 K 时液态 UO_2 的动力黏度按照以下关系式计算，不确定度为±25%[53]：

$$\mu=0.988\exp(4\ 620/T)\ \text{mPa}\cdot\text{s} \tag{2.42}$$

当 3 400 K<T<4 000 K 时，UO_2 的动力黏度将公式(2.42)外推确定，不确定度为±50%。

液态 UO_2 的表面张力按照下列公式算出，不确定度为±17%[54]：

$$\sigma=513-0.19(T-3\ 120)\ \text{mN/m} \tag{2.43}$$

在 λ=630 nm 时的法向发射率为[12]：

$$\varepsilon_\lambda=1-0.16\exp[-3.79\times10^{-4}(T-3\ 120)-3.27\times10^{-7}(T-3\ 120)^2] \tag{2.44}$$

3 120 K≤T≤8 000 K 时的蒸气压力[47]：

$$\lg p=15.961-\frac{26\ 974}{T}-2.76\lg T\ \text{MPa} \tag{2.45}$$

关系式(2.45)的不确定度在 3 120 K 时为$^{-40\%}_{+60\%}$，在 6 000 K 时为$^{-45\%}_{+80\%}$。

在文献[47,55,56]中列出在 T_{melt}=3 120 K 时液态 UO_2 的下列性质：

体胀系数 $\alpha=1.05\times10^{-4}$ 1/K[47]；

绝热压缩率 3.5×10^{-5} 1/MPa[55]；

声速 c=1 800 m/s[56]。

液态二氧化铀在饱和线上的热物理性质按照最新出版物[56a,63б]示于表 2.23。

表 2.23 液态二氧化铀的热物理性质[56a,63б]

T(K)，ρ(kg/m³)，C_p(J/(kg·K))，λ(W/(m·K))，α(1/K)，p_s(Pa)，声速 c(m/s)

T	ρ	C_p	λ	α	p_s	c
3 120	8 871	511	3	1.09E-04	3.98E03	1 897
4 000	8 126	399	(15)	9.50E-05	1.47E05	1 716
5 000	7 354	372	(20)	1.08E-04	2.33E06	1 582
6 000	6 533	416	—	1.34E-04	2.02E07	1 407
7 000	5 680	524	—	1.81E-04	1.12E08	1 211
8 000	4 876	852	—	2.83E-04	3.88E08	1 080

2.3.1.3 估算临界参数

一种物质的临界温度(T_c)可以根据一些半经验关系式初步估算，比如：

对于离子化合物的 Гульдберг 定律[57]

$$T_c=T_{boil}/0.54 \tag{2.46}$$

式中，T_{boil}——正常沸腾温度，K。

Watson 关系式[58]，

$$T_e/T_c=0.283(M/\rho_{boil})^{0.18} \tag{2.47}$$

式中，ρ_{boil}——沸腾温度下的物质密度；M——相对分子质量；T_e——过渡温度，在此温度下蒸

气密度等于 $M/22\ 400\ \mathrm{kg/m^3}$。根据关系式(2.47)，$T_c$的值由下列公式确定：

$$T_c = T_e/[0.283(M/\rho_{boil})]^{0.18} \tag{2.48}$$

T_e的值与正常沸腾温度的关系式为：

$$\ln T_e = 9.8(T_e/T_{boil}) - 4.2 \tag{2.49}$$

关系式(2.49)用牛顿法[59]近似求解。

从关系式(2.46,2.48)获得的 UO_2 临界温度分别等于 7 052 K 和 9 306 K。压缩率因子 Z_c 由公式 $Z_c = \frac{p_c(V_m)_c}{RT_c}$ 确定[58]。式中，p_c——临界压力，MPa；$(V_m)_c$——摩尔临界体积，$\mathrm{cm^3/mol}$；R——通用气体常量。

根据包括不同形式 UO_2 状态关系式的各种理论模型，计算了二氧化铀的临界参数。UO_2 临界参数的数据示于表 2.24。

在[56a,63a]中详细分析了临界参数数据的差异问题。

表 2.24　二氧化铀的临界参数

作者，年份，理论	临界参数				
	温度 T_c /K	压力 p_c /MPa	摩尔体积$(V_m)_c$ /$(\mathrm{cm^3/mol})$	密度 ρ_c /$(\mathrm{g/cm^3})$	压缩率因子 Z_c
Menzies，1996 年根据文献[60]引文，相应状态原理	8 000	200	90	3.14	0.27
Browning，1978 年[61]，考虑 UO_2 分解的本质结构理论	8 840 9 138	142.4 158	158 153	1.71 1.76	0.31 0.316
Mistura，1985 年[62]，固球扰动理论	7 567	140.9	156	1.73	0.35
Fisher，1989 年[55]，本质结构理论	10 600	158	173.1	1.56	0.31
Iosilevski 等，2001 年[63,63a]，根据热力学摄动理论的化学模型	10 120	965	103	2.61	0.32
Azad，2005 年[56a]，实验数据综合，状态方程	10 500	219	107	2.51	0.27

考虑到上述数据的偏差，对初步计算建议用 UO_2 的临界参数值：$T_c = 10\ 400\ \mathrm{K}$，$p_c = 200\ \mathrm{MPa}$，$(V_m)_c = 126\ \mathrm{cm^3/mol}$，$\rho_c = 2.15\ \mathrm{g/cm^3}$。

2.3.2　二氧化钚

PuO_2——燃耗可达 10%重原子的陶瓷燃料，在 БР-5，ИБР-2 等反应堆有所使用。

在 0.1MPa、298 K 下二氧化钚的基本性质[5,69]

相对分子质量	276.045
理论密度，$\mathrm{kg/m^3}$	11 460
熔点，K(℃)	2 663±20(2 390)
沸点，K(℃)	3 600(3 327)
熔解热，kJ/kg	255
蒸发热，kJ/kg	1 365
比热容，J/(kg・K)	240
热导率，W/(m・K)	6.3

线胀系数,1/K　　　　　　7.8×10^{-6}

PuO_2的晶体结构——CaF_2型 $a=(0.5396\pm0.005)$ nm 的面心立方体晶格。在 298～1 550 K 范围内晶格参数的加宽用下列关系式描述[69]：

$$a=0.53943\pm0.00007+(4.7\pm0.3)\times10^{-6}(T-298)+(8\pm2)\times10^{-10}(T-298)^2 \text{ nm} \tag{2.50}$$

PuO_2线胀系数的实验数据示于表 2.25[69a]。

表 2.25　二氧化钚真实线胀系数值

T(K),t(℃),$\alpha\times10^{-6}$ K^{-1}

T	t	α
373	100	8.06
473	200	9.42
573	300	9.87
673	400	10.20
773	500	10.97
873	600	11.48
973	700	12.54
1 073	800	12.70
1 173	900	12.70
1 273	1 000	14.40

考虑到试验数据偏差,PuO_2线胀系数可以用下列关系式近似：

$$\alpha\times10^{-6}=5.74+7.04\times10^{-3}T \text{ K}^{-1} \tag{2.51}$$

PuO_2的比焓用下列关系式确定[1]：

当 $\tau\leqslant0.856$ 时

$$(h_u)_{PuO_2}=-32481+228656\tau+43346\tau^2-11270\tau^3+987.72\tau^4+1970.7\tau^5+744.21\tau^{-1} \text{ J/mol} \tag{2.52}$$

当 $\tau>0.856$ 时

$$(h_u)_{PuO_2}=352544\tau-109876 \text{ J/mol} \tag{2.52a}$$

式中,$\tau=T/T_{melt}=T/3\,023$——折算温度。

比热容：在文献[1]中对 PuO_2 建议的关系式是：

$$C_{pPuO2}=\frac{347.4\times571^2\exp\left(\frac{571}{T}\right)}{T^2\left[\exp\left(\frac{571}{T}\right)-1\right]^2}+3.95\times10^{-4}T+\frac{3.860\times10^7\times1.967\times10^5}{RT^2}\exp\left(-\frac{1.965\times10^5}{RT}\right) \text{ J/(kg·K)} \tag{2.53}$$

式中,$R=8.3141$ J/(mol·K)——通用气体常量。

在文献[69]中对 PuO_2 提出一个更简单的关系式,它把摩尔比热容转换为比热容,表述为：

$$C_p=-4.243\times10^{-6}T^2+2.366\times10^{-3}T+293.1 \text{ J/(kg·K)} \tag{2.54}$$

热导率：在文献[2]中采用的 PuO_2 热导率数据用下列关系式近似：

$$\lambda=8.441-7.445\ T+2.236\times10^{-6}T^2\ \mathrm{W/(m\cdot K)} \tag{2.55}$$

PuO_2 热导率与孔隙率（在 3%～10%）的关系用下列关系式描述[69]：

$$\lambda_f=\lambda_0\left(1-2.5\frac{\rho_0-\rho_f}{\rho_f}\right) \tag{2.56}$$

式中，λ_f——密度为 ρ_f 的 PuO_2 的热导率；λ_0——密度为 ρ_0 的 PuO_2 的热导率；2.5——考虑到孔隙率、温度和其他因素的因子。

在 2 000 K≤T≤2 400 K 时 PuO_2 的蒸气压力用下列关系式描述[69]：

$$\lg p=9.068\pm0.239-\frac{29\ 240\pm530}{T}\ \mathrm{MPa} \tag{2.57}$$

更详细的数据见文献[106,107]。

依照文献[69b]的数据，液态 PuO_2 在 T_{melt} 时具有以下性质：

动力黏度——32 MPa・s±25%；

表面张力——523 mN/m±15%。

PuO_2 的半球发射率用下列关系式描述[69b]：

$$\varepsilon=0.548+1.65\times10^{-4}T \tag{2.58}$$

2.3.3 混合燃料(MOX)——$(U,Pu)O_2$

术语"MOX"——从组合词"Mixed oxides"（混合氧化物）得来，是用氧化铀和氧化钚混合物（UO_2+PuO_2）制造成的核燃料。在 MOX 燃料中钚的含量从 3%到 10%。当分析 MOX 燃料的热物理性质时，通常研究化学当量组成的燃料——$(U_{0.8}Pu_{0.2})O_2$，这里 0.8 和 0.2 为 UO_2 和 PuO_2 的摩尔份额。MOX 燃料——$(U_{0.8}Pu_{0.2})O_2$ 的基本性质示于表 2.26。

表 2.26 MOX 燃料 $(U_{0.8}Pu_{0.2})O_2$ 在 $p=0.1$ MPa 下的基本性质

相对分子质量	271.2
密度/(kg/m³)	298 K 时为 11 074 [59]
固相线温度(T_s)/K(℃)	3 002(2 729) [65]
液相线温度(T_L)/K(℃)	3 041(2 768)[65]
熔点/K(℃)	3 023 [68]
沸点/K(℃)	3 811(3 538)[68]
熔解热/(kJ/kg)	285.3 [1]
蒸发热/(kJ/kg)	413.5 [39]
比热容/[J/(kg・K)]	298 K 时为 240 [1]
热导率/[W/(m・K)]	95%密度的 MOX 在 298 K 时为 7.82

随温度变化的固态$(U, Pu)O_2$ 性质

MOX 燃料的密度由下列关系式确定[59, 59a]：

$$\rho=11\ 080[1+2.04\times10^{-5}(T-273)+8.7\times10^{-9}(T-273)^2]^{-1}\ \mathrm{kg/m^3} \tag{2.59}$$

或

$$\rho=10\ 970-490y\ \mathrm{kg/m^3}\ (y\text{——}PuO_2\text{的摩尔分数}) \tag{2.59a}$$

化学当量成分 MOX 燃料的固相线温度(T_S)和液相线温度(T_L)由 Адамсон 关系式确定[65]：

$$T_S = 3\ 120.0 - 655.3y + 336.4y^2 - 99.9y^3 \text{(K)} \tag{2.60}$$

$$T_L = 3\ 120.0 - 338.1y - 30.4y^2 \text{(K)} \tag{2.60a}$$

式中：y——用摩尔分数表示的 PuO_2 含量。关系式(2.56,2.57)的标准偏差为±30 K。

根据关系式(2.59)，T_S时 MOX 燃料的密度等于 9 889 kg/m^3，T_L时为 9 865 kg/m^3。

用 J/mol 表示的 MOX 燃料的比焓用其组成按摩尔分数比例的比焓之和确定，即$(h_u)_{MOX} = 0.8(h_u)_{UO_2} + 0.2(h_u)_{PuO_2}$，式中，$h_u = h(T) - h(298.15)$[1]。$(h_u)_{UO_2}$ 的值按方程式(2.19)算出。PuO_2 比焓的大小按关系式(2.52,2.52a)确定。

MOX 燃料的比热容可以用其组成按摩尔分数比例的比热容之和来确定，即$(C_p)_{MOX} = 0.8(C_p)_{UO_2} + 0.2(C_p)_{PuO_2}$[1]。这时为计算二氧化铀的比热容使用关系式(2.20)(见表 2.21)，计算二氧化钚的比热容用式(2.53)。

95%理论密度的燃料的热导率用下列关系式算出[67]：

$$\lambda_{MOX,95\%} = [1.528\sqrt{X + 0.009\ 31} - 0.105\ 5 + 2.885 \times 10^{-4} T]^{-1} + 76.38 \times 10^{-12} T^3 \text{ W/(m·K)} \tag{2.61}$$

式中，X——燃料化学当量程度($X = 2 - O/M$，无量纲)。由文献[67]以归纳形式确定 MOX 燃料$(U,Pu)O_{2-X}$的热导率：

当 500 K$<T<T_{melt}$时，

$$\lambda = \left(\frac{1}{A + BT} + CT^3\right) \times F(P) \text{ W/(m·K)} \tag{2.62}$$

式中，$A = F(x,u) = 1.528\sqrt{x + 0.009\ 31} - 0.105\ 5 + 0.44u$ m·K/W (2.63)

这里，u——以份额表示的燃耗(无量纲)；$B = 2.885 \times 10^{-4}$ m/W；$C = 76.38 \times 10^{-12}$ W/(m·K^4)，函数 $F(P)$按下列公式(P——以份额表示的孔隙率)求得：

$$F(P) = \frac{1}{0.864} \times \frac{1-P}{1+2P} \tag{2.64}$$

根据式(2.61～2.64)，理论密度($P=0$)MOX 燃料$(U, Pu)O_{2-x}$的热导率确定为 $\lambda_{MOX,100\%} = 1.490\ 7 \times \lambda_{MOX,95\%}$。但是与已知的实验数据[67]相比，这种方法给出的 $\lambda_{MOX,100\%}$ 值过高，例如，25 ℃和 1 000 ℃时分别为 11.7 W/(m·K)和 3.9 W/(m·K)。$\lambda_{MOX,95\%}$ 值换算为 $\lambda_{MOX,100\%}$ 值在 Брандт 和 Нойер 关系式中能找到(见式(2.22))，即：

$$\lambda_{MOX,100\%} = \lambda_{MOX,95\%} / \{1 - [(2.6 - 0.5/T) \times 0.05]\} \tag{2.65}$$

$\lambda_{MOX,95\%}$的值比理论密度的 UO_2 热导率小(7～10)%左右(根据 Harding 估算约为 5%[1])。根据文献[44]，在 773 K$<T<$(3 120$-$470y)K(式中，y 为以摩尔分数表示的 PuO_2 含量)和 0$<X<$0.12 时，理论密度$(U, Pu)O_{2+X}$型超化学当量 MOX 燃料的热导率等于：

$$\lambda = [0.037 + 1.67X + 2.37 \times 10^{-4} T]^{-1} + 78.9 \times 10^{-12} T^3 \text{ W/(m·K)} \tag{2.66}$$

95%和理论密度的用 W/m 表示的 MOX 燃料积分热导率通过方程式(2.61,2.65)数值积分确定为 $\Lambda = \int_{273}^{T} \lambda(T) \mathrm{d}t$。

MOX 燃料的热扩散率确定为 $a \times 10^6 = \lambda / C_p \rho$ m^2/s。

化学当量组成的 MOX 燃料——固态$(U_{0.8}Pu_{0.2})O_2$的热物理性质示于表 2.27。这里密度值用方程式(2.59)算出，比焓和比热容——用与 UO_2 和 PuO_2 的摩尔分数的比例表示，$\lambda_{MOX,95\%}$ 和 $\lambda_{MOX,100\%}$ 的值分别根据方程式(2.61,2.65)算出。

表 2.27　化学当量成分的 MOX 燃料——固态 $(U_{0.8}Pu_{0.2})O_2$ 的热物理性质

t(℃)，T(K)，ρ(kg/m³)，$h(T)-h(298)$(kJ/kg)，C_p(J/(kg·K))，λ(W/(m·K))，Λ(W/m)，a(m²/s)

t	T	ρ,MOX	$h(T)-h(298)$		C_p		λ		Λ		$a\times10^6$	
			PuO_2	MOX	PuO_2	MOX	95%密度的MOX	理论密度的MOX	95%密度的MOX	理论密度的MOX	95%密度的MOX	理论密度的MOX
25	298	11 074	0	0	258	240	7.82	8.91	39	45	2.95	3.36
50	323	11 068	0	4	270	249	7.40	8.43	300	262	2.68	3.06
100	373	11 056	7	16	287	265	6.69	7.61	581	662	2.28	2.59
150	423	11 044	18	29	299	276	6.10	6.93	901	1 025	2.00	2.28
200	473	11 031	29	42	308	285	5.61	6.37	1 194	1 357	1.79	2.03
250	523	11 018	41	56	315	291	5.20	5.89	1 464	1 663	1.62	1.84
300	573	11 004	54	70	320	296	4.84	5.47	1 714	1 947	1.49	1.68
350	623	10 990	66	84	324	300	4.53	5.11	1 948	2 211	1.37	1.55
400	673	10 975	79	99	328	303	4.26	4.80	2 168	2 459	1.28	1.44
450	723	10 960	92	113	330	306	4.02	4.53	2 375	2 692	1.20	1.35
500	773	10 945	105	128	332	309	3.81	4.28	2 571	2 913	1.13	1.27
550	823	10 929	118	143	334	311	3.62	4.07	2 756	3 121	1.07	1.20
600	873	10 912	131	158	336	313	3.45	3.87	2 933	3 320	1.01	1.14
650	923	10 895	144	173	337	315	3.30	3.70	3 102	3 509	0.96	1.08
700	973	10 878	158	188	338	316	3.17	3.54	3 264	3 690	0.92	1.03
750	1 023	10 861	171	203	339	317	3.05	3.40	3 419	3 864	0.88	0.99
800	1 073	10 843	184	218	340	319	2.94	3.28	3 569	4 031	0.85	0.95
850	1 123	10 824	198	233	340	320	2.84	3.16	3 714	4 192	0.82	0.91
900	1 173	10 805	211	248	341	322	2.75	3.06	3 853	4 347	0.79	0.88
950	1 223	10 786	224	264	342	323	2.67	2.97	3 989	4 498	0.77	0.85
1 000	1 273	10 767	238	279	342	324	2.60	2.88	4 121	4 644	0.74	0.83
1 050	1 323	10 747	251	294	343	325	2.54	2.81	4 249	4 787	0.73	0.80
1 100	1 373	10 726	264	310	343	327	2.48	2.74	4 375	4 925	0.71	0.78
1 150	1 423	10 706	278	325	343	328	2.43	2.68	4 497	5 061	0.69	0.76
1 200	1 473	10 685	291	341	344	330	2.39	2.63	4 618	5 194	0.68	0.75
1 250	1 523	10 663	304	356	344	331	2.35	2.59	4 736	5 324	0.66	0.73
1 300	1 573	10 641	318	372	344	334	2.31	2.55	4 853	5 453	0.65	0.72
1 350	1 623	10 619	331	388	345	336	2.29	2.51	4 968	5 579	0.64	0.70
1 400	1 673	10 597	344	404	345	339	2.26	2.48	5 081	5 704	0.63	0.69
1 450	1 723	10 574	358	420	345	342	2.25	2.46	5 194	5 827	0.62	0.68

续表

t	T	ρ,MOX	$h(T)-h(298)$		C_p		λ		Λ		$a\times10^6$	
			PuO_2	MOX	PuO_2	MOX	95%密度的MOX	理论密度的MOX	95%密度的MOX	理论密度的MOX	95%密度的MOX	理论密度的MOX
1 500	1 773	10 551	371	436	346	345	2.23	2.44	5 306	5 950	0.61	0.67
1 550	1 823	10 527	384	453	346	349	2.22	2.43	5 417	6 072	0.60	0.66
1 600	1 873	10 503	397	469	346	353	2.22	2.42	5 529	6 193	0.60	0.65
1 650	1 923	10 479	411	486	347	358	2.22	2.42	5 639	6 314	0.59	0.64
1 700	1 973	10 455	424	504	347	364	2.22	2.42	5 751	6 435	0.58	0.64
1 750	2 023	10 430	437	521	348	370	2.23	2.42	5 862	6 556	0.58	0.63
1 800	2 073	10 405	450	539	348	378	2.24	2.43	5 974	6 676	0.57	0.62
1 850	2 123	10 379	464	558	349	386	2.26	2.45	6 086	6 794	0.56	0.61
1 900	2 173	10 354	477	576	350	394	2.28	2.47	6 200	6 922	0.56	0.60
1 950	2 223	10 328	490	596	351	404	2.30	2.49	6 314	7 046	0.55	0.60
2 000	2 273	10 301	503	615	352	414	2.33	2.51	6 430	7 171	0.55	0.59
2 050	2 323	10 275	516	636	353	425	2.36	2.54	6 547	7 297	0.54	0.58
2 100	2 373	10 248	529	656	354	437	2.40	2.58	6 666	7 425	0.53	0.57
2 150	2 423	10 221	543	678	356	450	2.44	2.62	6 787	7 558	0.53	0.57
2 200	2 473	10 193	556	700	357	463	2.48	2.66	6 910	7 687	0.52	0.56
2 250	2 523	10 166	569	722	359	478	2.53	2.71	7 035	7 821	0.52	0.55
2 300	2 573	10 138	582	746	361	494	2.58	2.76	7 163	7 958	0.51	0.55
2 350	2 623	10 110	710	793	363	510	2.63	2.81	7 293	8 097	0.51	0.54
2 397	2 670	10 083	730	818	365	526	2.69	2.87	7 418	8 230	0.51	0.54
2 400	2 673	10 081	731	819	366	528	2.69	2.87	7 426	8 239	0.51	0.54
2 450	2 723	10 053	752	847	368	545	2.75	2.93	7 562	8 384	0.50	0.54
2 500	2 773	10 024	774	875	371	564	2.82	3.00	7 701	8 532	0.50	0.53
2 550	2 823	9 995	795	904	374	584	2.89	3.07	7 843	8 684	0.49	0.53
2 600	2 873	9 965	816	934	377	603	2.96	3.14	7 989	8 839	0.49	0.52
2 650	2 923	9 936	837	965	380	624	3.04	3.22	8 139	8 998	0.49	0.52
2 729	3 002	9 889	870	1 017	386	659	3.17	3.35	8 384	9 258	0.49	0.51
2 750	3 023	9 876	879	1 031	388	668	3.20	3.39	8 451	9 329	0.48	0.51
2 768	3 041	9 865	887	1 043	389	676	3.24	3.42	8 509	9 390	0.48	0.51

MOX 燃料的线胀系数可以用其组成按摩尔分数比例的线胀系数之和确定，即$(\alpha)_{MOX}=0.8(\alpha)_{UO_2}+0.2(\alpha)_{PuO_2}$[1]。$(\alpha)_{PuO_2}$的值示于表 2.25，$(\alpha)_{UO_2}$的值示于表 2.21。化学当量组成的$(\alpha)_{MOX}$计算值在表 2.28 中给出。

表 2.28　化学当量组成的 MOX 燃料的线胀系数

t/℃	T/K	$\alpha/10^{-6}K^{-1}$
100	373	9.43
200	473	9.74
300	573	9.89
400	673	10.04
500	773	10.27
600	873	10.54
700	973	10.91
800	1 073	11.10
900	1 173	11.34
1 000	1 273	12.00

化学当量组成的液态 MOX 燃料的热物理性质通常认为与液态二氧化铀的性质相同[1]（见表 2.23）。

2.3.4　氮化铀

一氮化铀 UN——从提高反应堆安全性和经济性的观点，它是快堆有前景的核燃料。一氮化铀的特征是高铀含量、高熔点和高热导率、高的辐照稳定性以及与结构材料良好的相容性[70-71]。在文献[72]中研究了用于锕系元素嬗变的有前景的氮化物燃料类型。一氮化铀的基本性质在表 2.29 中给出。

表 2.29　0.1 MPa、298 K 时一氮化铀的基本性质

相对分子质量	252
理论密度，kg/m^3	14 300[73]
熔点，K(℃)	氮气压力 $P_{N_2}\geqslant 0.25$ MPa 时为 3 123(2 850±30)[74]
比热容，J/(kg·K) J/(mol·K)	190 48[76]
热导率，W/(m·K)	13.0[75]
线胀系数，1/K	7.52×10^{-6}[73]
电阻率，Ω·m	1.46×10^{-6}[75]

随温度变化的一氮化铀的性质

熔点是 UN 上方氮蒸气压力的函数，当 10^{-8} Pa $\leqslant p_{N_2}\leqslant 7.5\times10^{5}$ Pa 时由下列公式给出[73]：

$$T_{melt}=3\ 055\times p_{N_2}^{\ 0.028\ 32}\ \mathrm{K} \tag{2.67}$$

只有在氮气分压 p_{N_2} 高时一氮化铀才同组成熔解，p_{N_2} 值低时出现 UN 分解：

UN(固)→U(液)+$0.5N_2$(气)[78]。

UN 上方氮蒸气分压和铀蒸气分压用下列关系式确定[76]：

1 400 K≤T≤3 170 K 时，$\lg p_{N_2}=6.821\ 6+1.882\times10^{-3}T-23\ 543.4/T$ Pa (2.68)

1 400 K≤T≤2 400 K 时，$\lg p_U=11.965\ 4-5.137\times10^{-4}T-26\ 616.1/T$ Pa (2.69)

因为 $P_{UN(gas)}$ 之值极小，所以 UN 上方的全压由两个分压 p_{N_2} 和 p_U 之和确定。两个蒸气压力值示于表 2.30。

表 2.30 UN 上方氮蒸气分压、铀蒸气分压和全压[76]

温度		分压/Pa		全压/Pa
℃	K	N_2	U	
1 127	1 400	4.41×10^{-8}	1.73×10^{-8}	6.14×10^{-8}
1 200	1 473	4.12×10^{-7}	1.39×10^{-7}	5.51×10^{-7}
1 300	1 573	6.60×10^{-6}	1.74×10^{-6}	8.33×10^{-6}
1 400	1 673	7.99×10^{-5}	1.59×10^{-5}	9.57×10^{-5}
1 427	1 700	1.50×10^{-4}	2.75×10^{-5}	1.78×10^{-4}
1 500	1 773	7.66×10^{-4}	1.11×10^{-4}	8.77×10^{-4}
1 527	1 800	1.36×10^{-3}	1.81×10^{-4}	1.54×10^{-3}
1 600	1 873	6.04×10^{-3}	6.26×10^{-4}	6.67×10^{-3}
1 627	1 900	1.02×10^{-2}	9.65×10^{-4}	1.12×10^{-2}
1 700	1 973	4.04×10^{-2}	2.92×10^{-3}	4.33×10^{-2}
1 800	2 073	2.34×10^{-1}	1.16×10^{-2}	2.46×10^{-1}
1 900	2 173	1.21×10^{0}	4.03×10^{-2}	1.25×10^{0}
2 000	2 273	5.57×10^{0}	1.24×10^{-1}	5.69×10^{0}
2 027	2 300	8.29×10^{0}	1.64×10^{-1}	8.45×10^{0}
2 100	2 373	2.35×10	3.42×10^{-1}	2.38×10
2 127	2 400	3.41×10	4.43×10^{-1}	3.46×10

298 K≤T≤2 523 K 时 UN 的理论密度[73]，

$$\rho=14\ 420-0.277\ 9T-4.897\times10^{-5}T^2\ \text{kg/m}^3 \tag{2.70}$$

298 K≤T≤2 523 K 时 UN 的晶格参数[73]，

$$a=48.79+3.264\times10^{-4}T+6.889\times10^{-8}T^2\ \text{nm} \tag{2.71}$$

298 K≤T≤2 523 K 时 UN 的比定压热容[76]，

$$C=0.202\ 9(\theta/T)^2\frac{\exp(\theta/T)}{[\exp(\theta/T)-1]^2}+3.766\times10^{-5}T+\frac{1.048\times10^9}{T^2}\exp\left(\frac{-18\ 081}{T}\right)\ \text{kJ(mol}\cdot\text{K)} \tag{2.72}$$

式中，$\theta=365.7$ K——爱因斯坦温度[75]。

UN 热导率由文献[79，80]数据近似得到的实验关系式确定，273 K≤T≤1 300 K 时误差为±3%；当 1 700 K≤T≤2 300 K 时，

$$\lambda=1.41T^{0.39}\ \text{W/(m}\cdot\text{K)} \tag{2.73}$$

误差为±6%。

考虑孔隙率后 UN 的热导率由下列公式算出[75]：

$$\lambda=1.864\times e^{-2.14P}T^{0.361}\ W/(m\cdot K) \qquad (2.74)$$

式中，P——以体积分数表示的孔隙率。随着孔隙率增加，UN 的热导率降低(见表 2.31)。

表 2.31 考虑孔隙率后的 UN 热导率 λ(W/(m·K))[75]

T(K)，P——以体积分数表示的孔隙率

T	P					
	0.01	0.02	0.04	0.06	0.08	0.1
298	14.3	14.0	13.4	12.8	12.3	11.8
273	15.5	13.5	13.0	12.4	11.9	11.4
573	18.1	17.7	16.9	16.2	15.6	14.9
873	21.0	20.6	19.7	18.9	18.1	17.3
1 273	24.1	23.6	22.6	21.7	20.7	19.3
1 773	27.2	26.9	25.5	24.4	23.4	22.4
2 300	29.8	29.2	28.0	26.8	25.7	24.6

氮化铀的积分热导率 $\Lambda=\int_{293}^{T}\lambda(T)\mathrm{d}t$ W/m，借助 MATHCAD 程序将关系式(2.73)数值积分确定。

UN 的热扩散率确定为 $a\times10^6=\lambda/C_p\rho$ m^2/s。

298 K≤T≤2 523 K 时 UN 的线胀系数由下列关系式算出[73]：

$$\alpha=7.096\times10^{-6}+1.409\times10^{-9}T\ 1/K \qquad (2.75)$$

由关系式(2.70～2.73，2.75)求得的一氮化铀热物理性质示于表 2.32。

表 2.32 用关系式(2.70～2.73，2.75)算得的一氮化铀的热物理性质

t(℃)，T(K)，ρ(kg/m³)，C_p(J/(kg·K))，λ(W/(m·K))，Λ(W/m)，a(m²/s)，α(1/K)

t	T	ρ	晶格参数，nm	C_p	λ	Λ	$a\times10^6$	$\alpha\times10^6$
25	298	14 330	0.489	190	13.0	64.8	4.78	7.52
100	373	14 310	0.489	201	14.2	1 806	4.94	7.62
200	473	14 278	0.490	211	15.6	2 831	5.17	7.76
300	573	14 245	0.490	218	16.8	4 450	5.40	7.90
400	673	14 211	0.491	223	17.9	6 184	5.64	8.04
500	773	14 176	0.491	228	18.9	8 021	5.84	8.19
577	850	14 148	0.491	232	19.6	9 501	5.96	8.29
600	873	14 140	0.492	233	19.8	9 954	6.00	8.33
700	973	14 103	0.492	237	20.6	11 975	6.17	8.47
727	1 000	14 093	0.492	238	20.9	12 536	6.22	8.51
800	1 073	14 065	0.493	241	21.4	14 079	6.32	8.61
900	1 173	14 027	0.493	246	22.2	16 261	6.43	8.75
1 000	1 273	13 987	0.494	250	22.9	18 517	6.55	8.89

续表

t	T	ρ	晶格参数，nm	C_p	λ	Λ	$\alpha\times10^6$	$\alpha\times10^6$
1 100	1 373	13 946	0.494	255	23.6	20 843	6.64	9.03
1 200	1 473	13 904	0.495	260	24.3	23 236	6.72	9.17
1 300	1 573	13 862	0.495	266	24.9	25 693	6.76	9.31
1 400	1 673	13 818	0.496	273	25.5	28 213	6.76	9.45
1 427	1 700	13 806	0.496	275	25.7	28 902	6.76	9.49
1 500	1 773	13 773	0.496	281	26.1	30 790	6.74	9.59
1 527	1 800	13 761	0.497	284	26.2	31 946	6.71	9.63
1 600	1 873	13 728	0.497	292	26.6	33 246	6.65	9.74
1 627	1 900	13 715	0.497	295	26.8	34 147	6.62	9.77
1 700	1 973	13 681	0.498	305	27.2	36 117	6.51	9.86
1 800	2 073	13 633	0.498	320	27.7	38 862	6.35	10.02
1 900	2 173	13 585	0.499	338	28.2	41 660	6.15	1.016
2 000	2 273	13 535	0.500	359	28.7	44 507	5.91	10.30
2 027	2 300	13 522	0.500	365	28.9	45 285	5.85	10.34

298 K≤T≤1 600 K 时 UN 的电阻率由文献[75]确定：

$$\rho_e\times10^{-8}=71.49e^{2.14P}T^{0.125}\ \Omega\cdot m \tag{2.76}$$

式中，P——以体积分数表示的孔隙率。

理论密度 UN 的电阻率值在表 2.33 中给出。

表 2.33 理论密度 UN 的电阻率 ρ_e[75]

t/℃	25	27	100	200	300	400	600	800	1 000	1 200	1 300	1 327
T/K	298	300	373	473	573	673	873	1 073	1 273	1 473	1 573	1 600
ρ_e/(Ω·m)	1.46	1.46	1.50	1.54	1.58	1.61	1.67	1.71	1.75	1.78	1.79	1.80

一氮化铀的力学性能示于表 2.34。它们是在密度范围为理论密度的 70%≤ρ≤100%、温度为 298 K≤T≤1 473 K 范围内算得的[77]。

弹性模量(E)

$$E=0.258\rho^{3.002}(1-2.375\times10^{-5}T)\ \mathrm{MPa} \tag{2.77}$$

切变模量(G)

$$G=1.44\times10^{-2}\rho^{3.446}(1-2.375\times10^{-5}T)\ \mathrm{MPa} \tag{2.78}$$

表 2.34 在%理论密度下一氮化铀的力学性能

T(K)，ρ(kg/m^3)，E(GPa)，G(GPa)

T	ρ	E				G			
		70%	80%	90%	100%	70%	80%	90%	100%
298	14 413	267.98	400.12	569.84	781.84	896.51	1 420.4	2 131.4	3 064.4

续表

T	ρ	E				G			
		70%	80%	90%	100%	70%	80%	90%	100%
300	14 412	267.94	400.06	569.75	781.71	896.34	1 420.1	2 131.0	3 063.9
320	14 407	267.49	399.40	568.81	780.42	894.71	1 417.5	2 127.1	3 058.3
373	14 392	266.31	397.64	566.30	776.98	890.35	1 410.6	2 116.8	3 043.4
473	14 362	264.06	394.27	561.50	770.40	882.01	1 397.4	2 097.0	3 014.8
573	14 332	261.76	390.84	556.62	763.70	873.53	1 384.0	2 076.8	2 985.9
673	14 301	259.43	387.35	551.66	756.89	865.0	1 370.3	2 056.3	2 956.4
773	14 269	257.06	383.81	546.61	749.97	856.14	1 356.4	2 035.4	2 926.4
873	14 236	254.65	380.22	541.49	742.95	847.24	1 342.3	2 014.3	2 896.0
973	14 201	252.21	376.57	536.30	735.82	838.22	1 328.0	1 992.8	2 865.2
1 000	14 192	251.54	375.58	534.88	733.88	835.76	1 324.1	1 987.0	2 856.8
1 073	14 166	249.73	372.87	531.03	728.59	829.07	1 313.5	1 971.1	2 833.9
1 173	14 130	247.22	369.12	525.69	721.27	819.81	1 298.8	1 949.1	2 802.2
1 273	14 093	244.68	365.33	520.29	713.85	810.43	1 284.0	1 926.8	2 770.2
1 373	14 055	242.10	361.49	514.82	706.34	800.95	1 269.0	1 904.2	2 737.8
1 473	14 016	239.50	357.60	509.28	698.75	791.36	1 253.8	1 881.4	2 705.0

2.3.5　碳化铀

与 UO_2 相比，碳化铀（UC）的易裂变物质密度高（1.34 倍）、热导率也高（2.6 倍），作为快堆核燃料更具优势。UC 的基本性质示于表 2.35。

表 2.35　在 0.1 MPa 和 298 K 时碳化铀的基本性质

相对分子质量	250
理论密度/(kg/m^3)	13 630[82]
熔点/K(℃)	2 638±165(2 365±165)[83] 2 780±25[7]
沸点/K(℃)	4 691[84] 4 866[64]
比热容/[J/(kg·K)] J/(mol·K)	200 50[86]
熔解热/(kJ/kg) kg/mol	195.6 48.9[85]
蒸发热/(kJ/kg) kg/mol	约 2 120 沸点下约为 530[86]
热导率/[W/(m·K)]	25.3[82]
线胀系数/(1/K)	10.1×10^{-6}[81]
电阻率/(Ω·m)	72.7×10^{-8}[81]

碳化铀的晶体栅格与 NaCl 类似(面心立方体)。超化学当量含量的过剩铀导致在晶粒边界上出现自由金属铀。由此可以观测到由于燃料元件包壳碳化而使燃料特性变差[7]。

2.3.5.1　随温度变化的碳化铀的性质

UC 的密度由下列关系式确定：

$$\rho(T)=13\ 630(1-3.117\times10^{-5}T-3.51\times10^{-9}T^2)\text{kg/m}^3 \tag{2.79}$$

式中，T——用 K 表示的温度。根据在参考文献[81，82]中 0 ℃到 2 800 ℃范围内线胀系数测量实验数据求得这些关系式。分析参考文献[87，88]的数据得到另一个关系式，它给出的密度随温度更急剧变小：

$$\rho(T)=13\ 500(1-2.13\times10^{-5}T-2.04\times10^{-8}T^2)\text{kg/m}^3 \tag{2.80}$$

将文献[86]中给出的 298 K$\leqslant T\leqslant$2 838 K 时的 $f(T)=h_0-h_{295}$ 微分，得到 UC 比定压热容之值：

$$C_p=0.239\ 7-5.068\times10^{-6}T+1.760\ 4\times10^{-8}T^2-3\ 488.1/T^2\quad \text{J/(kg·K)} \tag{2.81}$$

UC 的热导率。热导率的大小取决于成分、孔隙率(P)、温度、制造方法和其他因素[9，14，82]。不同来源的数据有时相差 1 倍。孔隙率的影响由下列关系式考虑：

$$\lambda(t,P)=\lambda(t)\frac{1-P}{1+P} \tag{2.82}$$

式中，P——以体积分数表示的孔隙率。

在 323～2 573 K 的温度范围内，当 λ=0 时，UC 的热导率由下列经验关系式确定[100]：

对于 323 K$<T<$973 K

$$\lambda=21.7-3.04\times10^{-3}(T-273)+3.61\times10^{-6}(T-273)^2\ \text{W/(m·K)} \tag{2.83}$$

对于 973 K$<T<$2 573 K

$$\lambda=20.2+1.48\times10^{-3}(T-273)\ \text{W/(m·K)} \tag{2.84}$$

碳化铀的积分热导率 $\Lambda(t)=\int_{20}^{t}\lambda(t)\mathrm{d}t$ W/m，借助 MATHCAD 程序将式(2.83，2.84)数值积分确定。

热扩散率 $a\times10^6=\lambda/C_p\rho(\text{m}^2/\text{s})$。

UC 的线胀系数在 273 K 到 2 273 K 范围内由文献[81]的下列关系式算出，误差为±15%

$$\alpha=1.007\times10^{-5}+1.17\times10^{-9}(T-273)\ 1/\text{K} \tag{2.85}$$

UC 的电阻率由文献[82]的下列关系式确定，误差为±15%：

$$\rho_e\times10^8=69.3+0.138(T-273)-2.56\times10^{-5}(T-273)^2(\Omega\cdot\text{m}) \tag{2.86}$$

看来是对理论密度的更纯 UC 求得的数据[100]用下列公式描述：

$$\rho_e\times10^8=32.9+0.159T-2.68\times10^{-5}T^2\quad\Omega\cdot\text{m} \tag{2.87}$$

这里在公式(2.85，2.86，2.87)中，T(K)。

根据式(2.79～2.87)得到的固态 UC 的性质示于表 2.36。

表 2.36　固态 UC 的热物理性质

t(℃)，T(K)，ρ(kg/m^3)，C_p(J/(kg·K))，λ(W/(m·K))，Λ(W/m)，a(m^2/s)，α(1/K)，ρ_e(Ω·m)

t	T	ρ	C_p	λ	Λ	$a\times10^6$	$\alpha\times10^6$	ρ_e/(Ω·m)
25	298	13 500	200	25.3	127	9.34	10.1	72.7
100	373	13 460	215	24.5	1 991	8.44	10.2	82.8

续表

t	T	ρ	C_p	λ	Λ	$a\times10^6$	$\alpha\times10^6$	$\rho_e/(\Omega\cdot m)$
200	473	13 420	226	23.6	4 392	7.81	10.3	95.9
300	573	13 370	232	23.1	6 728	7.46	10.4	108.4
400	673	13 320	237	23.0	9 030	7.29	10.5	120.4
500	773	13 270	240	23.1	11 332	7.25	10.7	131.9
600	873	13 220	244	23.6	13 666	7.31	10.8	142.9
700	973	13 170	248	24.4	16 065	7.48	10.9	153.4
800	1 073	13 120	252	25.6	18 560	7.74	11.0	163.3
900	1 173	13 070	255	27.0	21 186	8.09	11.1	172.8
1 000	1 273	13 010	260	28.8	23 974	8.53	11.2	181.7
1 100	1 373	12 960	264	30.9	26 957	9.03	11.4	190.1
1 200	1 473	12 900	269	33.4	30 167	9.62	11.5	198.0
1 300	1 573	12 840	274	36.1	33 638	10.27	11.6	205.4
1 400	1 673	12 790	279	39.2	37 402	10.95	11.7	212.3
1 500	1 773	12 730	285	42.6	41 491	11.75	11.8	218.7
1 600	1 873	12 670	291	46.4	45 936	12.58	11.9	224.6
1 700	1 973	12 610	297	50.4	50 775	13.46	12.1	229.9
1 800	2 073	12 550	304	54.8	56 036	14.38	12.2	234.8
1 900	2 173	12 490	311	59.6	61 752	15.34	12.3	239.1
2 000	2 273	12 420	318	64.6	67 957	16.33	12.4	242.9
2 100	2 373	12 350	326	70.0	74 683	17.36	12.5	246.2
2 200	2 473	12 290	334	75.7	81 963	18.42	12.6	249.0
2 300	2 573	12 220	343	71.7	89 828	19.51	12.8	251.3

在参考文献[91]中列出UC蒸发的数据，从中得出1 600 K$\leqslant T\leqslant$2 780 K时固态UC上方蒸气压力关系式(见表2.37)。

$$\lg p=7.824-35\ 700/T\ \text{MPa} \tag{2.88}$$

表2.37 固态UC上方的蒸气压力 p[91]

t	℃	1 600	1 700	1 800	2 000	2 300	2 507
T	K	1 973	1 973	2 073	2 273	2 573	2 780
p/MPa		4.0×10^{-12}	3.8×10^{-11}	6.8×10^{-11}	2.9×10^{-10}	6.8×10^{-7}	7.5×10^{-6}

2.3.5.2 随温度变化的液态碳化铀的性质

在 $T_{\text{melt}}<T<T_{\text{boil}}$ 下UC的密度用下列关系式确定[81,85]：

$$\rho=(12\ 000-6.25\times10^{-4}T)\pm200(\text{kg/m}^3) \tag{2.89}$$

式中，T(K)。

超过熔点2 780 K$\leqslant T\leqslant$6 270 K时UC上方的蒸气压力用下列关系式描述[84]，示于表2.38：

$$\lg p=8.622-32\ 860/T-0.715\lg T(\text{MPa}) \tag{2.90}$$

表 2.38 超过熔点的 UC 上方的蒸气压力[84]

t	℃	2 507	2 600	2 700	3 227	4 000	4 418	5 727	6 000
T	K	2 780	2 873	2 973	3 500	4 273	4 691	6 000	6 273
p/MPa		2.2×10^{-6}	5.1×10^{-6}	1.2×10^{-5}	5.0×10^{-4}	2.2×10^{-2}	9.8×10^{-2}	2.8	4.6

碳化铀的临界参数具有不大的偏差，但密度除外（见表 2.39）。

表 2.39 碳化铀的临界参数

T_c(K)，p_c(MPa)，$(V_m)_c$(cm^3/mol)，ρ_c(g/cm^3)

作者，年份，理论	临界参数			
	T_c	p_c	$(V_m)_c$	ρ_c
Озе，1980 年[84]，本质结构理论	9 300	180	219	1.14
Гигли，1981 年[85]，本质结构理论	8 890	158.4	190	1.32
Джозеф，1989 年[92]，相关状态原理	9 777	198	112	2.23

第 2.2 节和 2.3 节的参考文献

[1] Thermophysical Properties of Materials for Water Cooled Reactors: Report IAEA-TECDOC-949. -Vienna: IAEA, 1997.

[1a] Thermophysical Propeties Database of Materials for Light Water Reactors and Heavy Water Reactors: Final Report of a Coordinated Research Project 1999-2005; IAEA-TECDOC-1496. -Vienna: IAEA, 2006.

[2] Чиркин, В. С. Теплофизические свойства материалов ядерной техники: Справочник. -М.: Атомиздат, 1968.

[3] Термодинамические свойства неорганических веществ: Справочник/Под ред. А. П. Зефирова. -М.: Атомиздат, 1965.

[4] Справочник по редким металлам: Пер. с англ. /Под ред. В. Е. Плющева. —М.: Мир, 1965.

[5] Термодинамические свойства индивидуальных веществ/Под ред. В. П. Глушко, Л. В. Гурвича и др. -3-е изд., перераб. и расш. -М.: Наука, 1982. -Т. IV. —Кн. 2.

[5a] Физические величины: Справочник/Под ред. И. С. Григорьева, Е. З. Мейлихова. -М.: Энергоатомиздат, 1991. 56. Физическая энциклопедия/Под ред. А. М. Прохорова. —М.: Большая Российская энциклопедия, 1998. [Уран: Т. 5. С. 236; Торий: Т. 5. С. 138; Плутоний: Т. 3. С. 640].

[6] Займовский, А. С., Калашников, В. В., Головнин, И. С. Тепловыделяющие элементы атомных реакторов. —М.: Атомиздат, 1966.

[7] Фрост, Б. Твэлы ядерных реакторов: Пер. с англ. -М.: Энергоатомиздат, 1986.

[8] Зиновьев, Е. В. Теплофизические свойства металлов при высоких температурах: Справочник. -М.: Металлургия, 1976.

[9] Урсу, И. Физика и технология ядерных материалов. -М.: Энергоатомиздат, 1988.

[10] Материалы для ядерных реакторов: Пер. с англ. /Под ред. Ю. Н. Сокурского. -М.: Госиздат литературы по атомной науке и технике, 1963.

[10a] Söerlind, P. Ambient Pressure Phase Diagram of Plutonium: a Unified Theory for α-Pu and δ-Pu// Europhys. Lett. -2001. -Vol. -55. -N. 4. -P. 525.

[11] Голашвили, Т. В. , Чечев, В. П. , Лбов, А. А. Справочник нуклидов. -М. : Цнииато-минформ, 1995.
[12] Fink, J. K. , Petri, M. C. Thermophysical Properties of Uranium Dioxide: Repot ANL/Re-97/2. -Argonne: Argonne National Laboratory, 1997.
[13] Washington, A. B. G. Preferred Values for the Thermal Conductivity of Sintered Ceramic Fuel for Fast Reactor Use: UKAEA Authority TRG-Report-2236 (D), 1973[Цитируется по[44].
[14] Oggianu, S. M. Kazimi, M. S. A Review of Properties of Advanced Nuclear Fuels: Report MTI-NFC-TR-021. -USA: Cambridge, 2000: На сайте "Интернет" http://web. mit. edu/ned/www. resources/reports NFC021 . pdf[85 P.].
[15] Uranium: На сайте "Интернет" http://www. fact-index. com. /u/ur/uranium. html.
[16] Melting and Boiling Temperatures: На сайте "Интернет" http://www. physik. tu-muenchen. de/-gammel/matpack/html/Nuclear/Elements/meltboil. htm.
[17] Uranium. Thermal Properties: На сайте "Интернет" http://webelememnts. com/webel-ments/elements/text/u/heat . html.
[18] Uranium: На сайте "Интернет" http://www. qivx. com/ispt/elements/ptw-092php.
[19] Uranium: The Online Materials Database. -На сайте "Интернет" http://www. matweb. com/.
[20] Ofte, D. Viscosities of the Liquid Uranium, Gold and Lead//Journal of Nuclear Materials. -1967. -Vol. 22. -P. 28.
[21] Шпильрайн, Э. Э. , Фомин, В. А. , Качалов, В. В. Плотность и поверхностное натяжение урана в жидкой фазе//Теплофизика высоких температур. —1988. -Т. 26. -№ 5. -С. 892-900.
[22] Постовалов, В. Г. , Романов Е. П. и др. Теория переноса в жидких металлах. Расчетдинамической вязкости//Теплофизика высоких температур. —2003. Т. 41,-№ 6. -С. 860-869.
[23] Mulford, R. N. R. , Sheldon, R. I. Density and Capacity of Liquid Uranium at High Temperatures//Journal of Nuclear Materials. -1998. -Vol. 154. -P. 268-275.
[24] Симпозиум по термодинамике ядерных материалов//Атомная энергия. -1963. -Т. 15. -№ 4. -С. 346-351.
[25] Майнер, У. Н. и др. Плутоний//Справочник по редким мегаллам: Пер. с англ. /Под ред. В. Е. Плющева. -М. : Мир, 1965. С. 511-529.
[26] Санденау, Т. А. и др. Теплоемкость металлического плутония ниже 420 K//Плутоний: Сборник докладов иностранных ученых[пер. с англ. и франц.]-М. : Атомиздат, 1964. С. 54.
[27] General Information on Element Plutonium: На сайте "Интернет" http://www. efunda. com/materials/elements/element-info. cfm? Element_ID=Pu.
[28] Plutonium: На сайте "Интернет" http://encyclopedia/thefreedictionary. com.
[29] Heat Transfer/Phase Change Models: На сайте "Интернет" http://www. lanl. gov/telluridc/workshop=2003/Presentations/HeatTransfer. pdf[8 P.].
[30] Plutonium: The Online Materials Database. —На сайте "Интернет" http://www. matweb. com/.
[31] Cavalier, G. //In book: The Physical Chemistry of Metallic Solutions and IntermetallicCompounds. -London: Her Majesty's Office, 1959. -Vol. 2. -4 D. -P. 2.
[32] Thorium: На сайте "Интернет" http://www. brainyencyclopedia. com/encyclopedia/t/th/thorium. html.
[33] Thorium Physical Properties: На сайте "Интернет" http://www. qivx. com/ispt/elements/ptw_090. php.
[34] Thorium: На сайте "Интернет" http://www. fact-index. com. /l/th/thorium. html.
[35] Thorium: The Online Materials Database. -На сайте "Интернет" http://www. matweb. com/.
[36] Enthalpy of Fusion of Uranium Dioxide. Recommendation: На сайте "Интернет"http://www. insc. anl. gov/matprop/uo2/hfusuo2. pdf[3 P.].
[37] Enthalpy and Heat Capacity of Solid Uranium Dioxide: На сайте "Интернет"http://www. insc. anl. gov/

matprop/uo2/ent-hd/solid/hcpuo2. pdf[28 P.].

[38] Fink, J. K. Thermophysical Properties of Uranium Dioxide//Journal of Nuclear Materials. -2000. -Vol. 279. -N. 1,-P. 1-18.

[39] Breitung, W. , Reil, K. O. Vapor Pressure Measurements on Liquid Uranium Oxide and (U,Pu) Mixed Oxide//Nuclear Science and Engineering. -1989. Vol. 101. -N. 1,-P. 26-40.

[40] Meek, T. , Hu, M. , Haire, M. J. Semiconductive Properties of Uranium Oxides//Proc. of Symp. On Waste Management-2001. USA. Tuscon. Arizona. Febr. 25-March 1. 2001. -На сайте "Интернет" http://web. ead. anl. gov/uranium/pdf/WMOlSemicond. pdf.

[41] Martin, D. G. The Thermal Expansion of Solid UO_2 and Mixed Oxides-A Review and Recommendations//Journal of Nuclear Materials. -1988. -Vol. 152. -P. 9-101.

[42] Thermal Conductivity and Thermal Diffusivity of Solid UO_2: На сайте "Интернет" http://www. insc. anl. gov/matprop/uo2/thcsuo2. pdf[30 P.].

[43] Brandt, R. , Neuer, G. Thermal Conductivity and Thermal Radiation Properties of UO_2//Journal of Non-Equilibrium Thermodynamics. -1970. -Vol. 1. -P. 3-23.

[44] Martin, D. G. A Re-appraisal of the Thermal Conductivity of UO_2 and Mixed (U, Pu) Oxide Fuels (Review Paper)//Journal of Nuclear Materials. -1982. -Vol. 110. -P. 73-94.

[45] Walker, C. T. , Staicu, D. , Sheindlin, M. et al On the Thermal Conductivity of UO_2 Fuel at a High Burn-up of around 100 MWd/kgHM//Journal of Nuclear Materials. -2006. -Vol. 350. -P. 19-39.

[46] Ackerman, R. J. , Rauh, E. G. , Rand M. H. A Re-determination and Re-assessment of the Thermodynamics of Sublimation of Uranium Dioxide//Proc. of Int. Symp. on Thermody namics of Nuclear Materials. 1979. -Vienna: IAEA, 1980. -Vol. l. -P. 11-27.

[47] Breitung, W. , Reil, K. O. The Density and Compressibility of Liquid (U, Pu)-mixed Oxide//Nuclear Science and Engineering. -1990. -Vol. 105. -N. 3. -P. 205-217.

[48] Enthalpy and Heat Capacity of Liquid UO_2: На сайте "Интернет" http://www. insc. anl. gov/matprop/uo2/ent-hc/liquid/hcpluo2. pdf[28 P.].

[49] Kim, C. S. et at Measurement of Thermal Diffusivity of Molten UO_2//Proc. of 7th Symp. on Thermophysical Properties. Part A. , Cezairliyan. -New York: ASME, 1977. —P. 336-343.

[50] Otter, C, Damien, D. Measure de la Diffusivite Thermique of UO_2 Fondu//High Temperatures-High Pressures. -1984. -Vol. 16. -N. 1. -P. 1-6.

[51] Tasman, H. A. et al. Measurement of Thermal Conductivity of Liquid UO_2//High Temperatures-High Pressures. -1983. -Vol. 15. -N. 4. -P. 419-431.

[52] Thermal Conductivity and Diffusivity of Liquid UO_2: На сайте "Интернет"http://www. insc. anl. gov/matprop/uo_2/cond liquid/wkliqm. php.

[53] Woodley, R. E. The Viscosity of Molten Uranium Dioxide//Journal of Nuclear Materials. -1974. -Vol. 50. -N. l. -P. 103-106.

[54] Schins, H. On the Surface Tension of Liquid UO_2//Journal of Nuclear Materials. -1978. Vol. 78. -P. 215-216.

[55] Fischer, E. A. A New Evaluation of the Urania Equation of State Based on Recent VapourPressure Measurements//Nuclear Science and Engineering. -1989. -Vol. 10. -N. 2. -P. 97-116.

[56] Azad, A. M. , Gausan, S. An Approach for the Prediction of Temperature Dependence of Sonic Velocity Application to Liquid Alkali Metals and Molten UO_2//Journal of Nuclear Materials. -1986. -Vol. 139. -P. 91-96.

[56a] Azad, A. A. Refinement in the Ultrasonic Velocity Data and Estimation of the Critical Pa-rameters for

Molten Uranium Dioxide//Journal of Nuclear Materials. -2005. -Vol. 341. -N. 1. -P. 53-61.

[57] Сладкое, И. Б. Расчет критической температуры с помощью обобщенного правила Гульдберга//Журнал физической химии. -1984. -Т. 58. -№ 8. -С. 2057-2059.

[58] Dharmadurai, G. On Estimation of Critical Temperatures of Fast Reactor Fuels//Nuclear Engineering and Design. -1982. -Vol. 73. -N. 3,-P. 287-291.

[59] Chawla, T. C. et al. Thermophysical Properties of Mixed Oxide Fuel and Stainless Steel Type 316 for Use in Transition Phase Analysis//Nuclear Engineering and Design. -1981. -Vol. 67. -N. 1. -P. 57-54.

[59a] Carabajo, J. G. et al. A Review of the Therphysical Properties of MOX and UO_2 Fuels//Journal of Nuclear Materials. -2001. -Vol. 299. -N. 3. -P. 181-198.

[60] Kapil, S. K. Evaluation of the Thermodynamic Critical Constants for Uranium Dioxide//Journal of Nuclear Materials. -1976. -Vol. 60. -N. 2. -P. 158-160.

[61] Browning, P. et al. The Equation of State of Oxide Nuclear Fuels: the Thermodynamic Properties of Urania and Plutonia//Revue Internationale des Hautes Temperatures et des Refrectaires. -1978. -Vol. 15. -N. 4. -P. 333-346.

[62] Mistura, L. A Perturbed Hard Core Equation of State for Oxide Nuclear Fuels//Journal of Nuclear Materials. -1985. -Vol. 135. -N. 1. -P. 94-104.

[63] Iosilevski, I. , Hyland, R. G. , Ronchi, C, Yakub, E. Equation of State of UO_2//International Journal of Thermophysics. -2001. -Vol. 22. -N. 4. -P. 1253-1264.

[63a] Iosilevskiy, I. , Gryaznov, V. Uranium Critical Point Problem//Journal of Nuclear Materials. -2005. -Vol. 344. -N. 1-3. -P. 30-35.

[63b] losilevski, I. , Hyland, R. G. , Ronchi, C, Yakub, E. //Proc. of the 14-th Symp. on Thermophysical Properties. Boulder. CO. June 25-30. 2000. -P. 1. [Цитируется по 56a].

[64] Ronchi, C. Equation of Stale of Uranium Dioxide. -Springer Verlag. 2004. 356 P. -ISBN3-540-22122-0.

[65] Solidus/Liquidus of Uranium-plutonium Dioxide: На сайте “Интернет” http://www. insc. anl. gov/matprop/MOX/soliupo2. pdf.

[66] Morita, K. , Fischer, E. A. , Thurnay, K. Thermodynamic Properties and Equations of State for Fast Reactor Safety Analysis. Part II. Properties of fast reactor materials//Nuclear Engineering and Design. -1981. -Vol. 183. -P. 193-211.

[67] Philipponneau, Y. Thermal Conductivity of (U, Pu) O_{2-x} Mixed Oxide Fuel//Journal of Nuclear Materials. -1992. -Vol. 188. -P. 194-197.

[68] Maschek, W. et al. Safety Aspects of Oxide Fuels for Transmutation and Utilization in Accelerator Driven Systems//Journal of Nuclear Materials. -2003. -Vol. 320. -N. 3. -P. 147-155.

[69] Головнин, И. С. Свойства диоксида плутония как ядерного топлива//Атомная энергия. -2000. -Т. 89. -Вып. 2. -С. 117-128.

[69a] Бретт, Н. Х. , Рассел, Л. Е. Термическое расширение PuO_2 и некоторых других окислов актинидов в интервале температур от комнатной *до* 1 000 ℃//Плутоний: Сборник докладов иностранных ученых [пер. с англ. и франц.]. -М. : Атомиздат, 1964. -С. 281-285.

[69b] Keenan, T. K. , Kent, R. A. , Mulford, R. N. R. , Shupe, M. W. Data Sheets for PPO Radioisotopic Fuel: Informal Report LA-5160-MS. -USA: Los Alamos Laboratory, February 1973.

[70] Рогозкин, Б. Д. , Степеннова, Н. М. , Прошкин, А. А. Мононитридное топливо для быстрых реакторов//Атомная энергия. -2003. -Т. 95. -Вып. 3. -С. 208-221.

[71] Рогозкин, Б. Д. и др. Термохимическая стабильность, радиационные испытания, изготовление и регенерация мононитридного топлива//Атомная энергия. -2003. -Т. 95. -Вып. 6. -С. 428-438.

[72] Thetford, R., Mignanelli, M. The Chemistry and Physics of Modeling Nitride Fuels for Transmutation//Journal of Nuclear Materials. -2003. -Vol. 320. -P. 44-53.

[73] Hayes, S. L. Material Property Correlations for Uranium Mononitride. I. Physical properties//Journal of Nuclear Materials. -1990. -Vol. 171. -N. 2-3. -P. 262-270.

[74] Olson, W. M., Mulford, R. N. R, The Decomposition Pressure and Melting Point of Uranium Mononitride//The Journal of Physical Chemistry. -1963. -Vol. 67. -N. 4. -P. 952-954.

[75] Hayes. S. L. Material Property Correlations for Uranium Mononitride. III. Transport properties//Journal of Nuclear Materials. -1990. -Vol. 171. -N. 2-3. -P. 289-299.

[76] Hayes, S. L. Material Property Correlations for Uranium Mononitride. IV. Thermodynamicproperties//Journal of Nuclear Materials. -1990, v. 171, No. 2-3, p. 300-318.

[77] Hayes, S. L. Material Property Correlations for Uranium Mononitride. II. Mechanical properties//Journal of Nuclear Materials. -1990. -Vol. 171. -N. 2-3. -P. 271-288.

[78] Prins, G., Gordfunke, E. H. P. Investigations on Uranium Carbonitridcs. III. Nitrogen vapour pressure and thermodynamic properties//Journal of Nuclear Materials. -1980. —Vol. 89. -No. 2-3. -P. 221-228.

[79] Ross, S. B., El-Genk, M. S. Thermal Conductivity Correlation for Uranium Nitride Fuelbetween 10 and 1923 K//Journal of Nuclear Materials. -1998. -Vol. 151. -N. 3. -P. 318-326.

[80] Takahashi, Y. et al. Uranium Mononitride: Heat Capacity and Thermal Conductivity from298 to 1000 K//Journal of Nuclear Materials. -1971. -Vol. 38. -N. 3. -P. 303-308.

[81] Котельников, Р. Б. и др. Высокотемпературное ядерное топливо. -2-е изд. -М. :Атомиздат, 1978.

[82] Preusser, T. Modeling of Carbide Fuel Rod//Nuclear Technology. -1982. -Vol. 57. -P. 343-371.

[83] Nickerson, G. M., Kastenberg, W. E. Preliminary Assessments of Carbide Fuel Pins During Mild Overpower Transients in LMFBRs//Nuclear Engineering and Design. — 1976. -Vol. 36. -P. 209.

[84] Ohse, R. W. et al. Equation of State Studies of Fast Breeder Oxide and Carbide Fuels byDynamic Pulse Heating Techniques and Prediction of Their Critical Point Date by VariousTheoretical Models//High Temperature-High Pressure. -1980. -Vol. 13. -N. 1. -P. 35-78.

[85] Giggli, G. et al. The Equation of State of Liquid Uranium Monocarbide: an Application ofthe Significant Structure Theory//Journal of Nuclear Materials. -1981. -Vol. 98. -N. 1-2. -P. 35-46.

[86] Стормс, Е. Тугоплавкие карбиды: Пер с англ. -М. : Атомиздат, 1970. -Гл. 11.

[87] Николз, Р. Керамическое горючее//Материалы для ядерных реакторов: Пер. с англ. /Под ред. Ю. Н. Сокурского. -М. : Госиздат литературы по атомной науке и технике, 1963.

[88] Самсонов, Г. В., Винницкий, И. Н. Тугоплавкие соединения: Справочник. -М. : Металлургия, 1976.

[89] Кржижановский, Р. Е. Теплофизические свойства неметаллических материалов(карбиды): Справочная книга. —Ленинград: Энергия, 1974. 89a. Aronson, S., Rulli, J. E., Schaner, B. E. Electrical Properties of Nonstoichiometric Uranium Dioxide//Journal Chem. Physics. -1961. -Vol. 35. -N 4. -P. 1382-1388.

[90] Мукайбо, Т. и др. Измерение удельной теплоемкости UC и UC_2//Симпозиум по термодинамике ядерных материалов//Атомная энергия. -1963. -Т. 15. -№ 4. -С. 350.

[91] Андриевский, Р. А. и др. Исследование испарения карбида, нитрида и карбонитри-дов урана//Атомная энергия. -1969. -Т. 26. -№ 6. -С. 494-498.

[92] Joseph, M. et al. Studies on Equation of State of Mixed Carbide Fuels//Journal of Nuclear Materials. -1989. -Vol. 168. -N. 3. -P. 220-227.

[93] Теоретические основы теплотехники. Теплотехнический эксперимент: Справочникв 4-х кн. /Под ред. А. В. Клименко, В. М. Зорина. -М. : МЭИ. 2001.

[94] Emsley, J. The Elements. 2-ed. -Oxford; Publ. Clarendon Press, 1991.
[95] Gmelin Handbook: Uranium Supplement. -1979. -Vol. C5[Цитируется Meek в[40]].
[96] Смитзл, К. Дж. Металлы: Справочник/Сокр. пер. с англ. 5-го изд. ; под ред. С. Г. Глазунова. -М. : Металлургия, 1980.
[97] Теплопроводность твердых тел: Справочник/Под ред. А. С. Охотина. —М. : Энерго-атомиздат, 1984.
[98] Thorium: Physico-Chemical Properties of its Compounds and Alloys. —IAEA, Vienna, 1975.
[99] Benjamin, M. Ma. Nuclear Reactor Materials and Applications. -Van Nostrand Reihold Co, 1983.
[100] Lewis, H. D. , Kerrisk, J. F. Electrical and Thermal Transport Properties of Uranium and Plutonium Carbides (a Review of the Literature): Report LA-6096. -1976.
[101] Boivineau, M. What's New on Plutonium Up to 4000 K//Journal of Nuclear Materials. -2001. -Vol. 297. -P. 97-106.
[102] Rohr, W. G. Liquid Plutonium —A Review of its Physical Properties//Nuclear Applic. -1967. -Vol. 3. -N. 9. -P. 550-555.
[103] Carter, W. C. Thermodynamics of Materials. Problem Set 5 (3. 0 Fall 2002)/Massachusetts Institute of Technology: На сайте "Интернет" http://pruffle. rnit. edu/3. 00/Problem-Sets/ps5/.
[104] Емельянов, В. С. , Евтюхин, А. И. Металлургия ядерного горючего. Свойства и основы технологии урана, тория и плутония. —Изд. 2-е перераб. и доп. -М. : Атомиздат, 1968.
[105] Мулфорд, Р. Н. Р. , Лагеар, Л. Е. Летучесть двуокиси плутония//Плутоний: Сборник докладов иностранных ученых[пер. с англ. и франц.]. -М. : Атомиздат, 1964. -С. 255.
[106] Куликов, И. С. Термодинамика системы PuO_2//Атомная энергия. -1988. -Т. 65. -Вып. 4. -С. 265-268.
[107] Куликов, И. С. Термодинамика оксидов: Справочник. -М. : Металлургия, 1986.

第 3 章

冷　却　剂

3.1　气　　体

空气和氦的热物理性质分别示于表 3.1 和表 3.2。

3.1.1　空气

干空气成分的质量%：N_2—75.5，O_2—23.15，Ar—1.292，CO_2—0.046。干空气的平均相对分子质量—28.98 u[1a]。

表 3.1　p=0.101 MPa 时干空气的热物理性质[1a]

t(℃)，ρ (kg/m^3)，C_p(kJ/(kg·K))，$\lambda\times10^2$(W/(m·K))，

$\mu\times10^6$(Pa·s)，$a\times10^6$(m^2/s)，$\nu\times10^6$(m^2/s)

t	ρ	C_p	λ	μ	a	ν	Pr
−20	1.395	1.009	2.28	16.2	16.2	12.79	0.716
−10	1.342	1.009	2.36	16.7	17.4	12.43	0.712
0	1.293	1.006	2.44	17.2	18.8	13.28	0.707
10	1.247	1.005	2.51	17.6	20.0	14.60	0.705
20	1.205	1.005	2.59	18.1	21.4	15.06	0.703
30	1.165	1.005	2.67	18.6	22.9	16.00	0.701
40	1.128	1.005	2.76	19.1	24.3	16.96	0.699
50	1.093	1.005	2.83	19.6	25.7	17.95	0.698
60	1.060	1.005	2.90	20.1	27.2	18.97	0.696
70	1.029	1.009	2.96	20.6	28.6	20.02	0.694
80	1.000	1.009	3.05	21.1	30.2	21.09	0.692
90	0.972	1.009	3.13	21.5	31.9	22.10	0.690
100	0.946	1.009	3.21	21.9	33.6	23.13	0.688
120	0.898	1.009	3.34	22.8	36.8	25.45	0.686
140	0.854	1.013	3.49	23.7	40.3	27.80	0.684
160	0.805	1.017	3.64	24.5	43.9	30.09	0.682

续表

t	ρ	C_p	λ	μ	a	ν	Pr
180	0.779	1.022	3.78	25.3	47.5	32.49	0.681
200	0.746	1.026	3.93	26.0	51.4	34.85	0.680
300	0.615	1.047	4.60	29.7	71.6	48.33	0.674
400	0.524	1.068	5.21	33.0	93.1	63.09	0.678
500	0.456	1.093	5.74	36.2	115.3	79.38	0.687
600	0.404	1.114	6.22	39.1	138.3	96.89	0.699
700	0.362	1.135	6.71	41.8	163.4	115.4	0.706
800	0.329	1.156	7.18	44.3	188.8	134.8	0.713

3.1.2 氦

表 3.2 氦的热力学性能和热物理性质[2]

t(℃),ρ(kg/m³),h(kJ/kg),λ(mW/(m·K)),$\mu\times10^6$(Pa·s)

在研讨的温度范围和压力范围内,可以认为氦的比定压热容是常量,等于 C_p = 5.193 kJ/(kg·K)

t	$p=1\times10^5$ Pa					$p=5\times10^5$ Pa				
	ρ	h	λ	μ	Pr	ρ	h	λ	μ	Pr
100	0.129 0	519.6	179.0	22.92	0.665	0.643 9	520.9	179.1	22.92	0.665
150	0.113 7	779.3	196.1	24.93	0.660	0.567 9	780.6	196.2	24.93	0.660
200	0.101 7	1 039	212.6	26.87	0.656	0.508 0	1 040	212.7	26.37	0.656
250	0.092 00	1 299	228.6	28.75	0.653	0.459 5	1 300	223.7	28.75	0.653
300	0.083 98	1 558	244.1	30.57	0.650	0.419 5	1 560	244.2	30.57	0.650
350	0.077 24	1 818	259.3	32.35	0.648	0.385 9	1 819	259.3	32.35	0.643
400	0.071 50	2 078	274.0	34.09	0.646	0.357 3	2 079	274.1	34.09	0.646
450	0.066 56	2 337	288.3	35.79	0.645	0.332 6	2 338	288.4	35.79	0.644
500	0.062 26	2 597	302.3	37.45	0.643	0.311 1	2 598	302.3	37.45	0.643
550	0.058 48	2 856	315.7	39.08	0.643	0.292 2	2 858	315.8	39.08	0.643
600	0.055 13	3 116	328.8	40.68	0.642	0.277 5	3 117	328.8	40.68	0.642
650	0.052 14	3 376	341.3	42.26	0.643	0.260 6	3 377	341.3	42.26	0.643
700	0.049 46	3 635	353.3	43.80	0.644	0.247 2	3 637	353.4	43.80	0.644
750	0.047 05	3 895	365.0	45.33	0.645	0.235 1	3 896	365.0	45.33	0.645
800	0.044 86	4 155	376.2	46.83	0.646	0.224 2	4 156	376.2	46.83	0.646
850	0.042 86	4 414	387.1	48.31	0.648	0.214 2	4 416	387.2	48.31	0.648
900	0.041 03	4 674	397.8	49.77	0.650	0.205 1	4 675	397.9	49.77	0.650
1 000	0.037 81	5 193	418.8	52.64	0.653	0.189 0	5 194	418.8	52.64	0.653
1 100	0.035 06	5 713	439.4	55.44	0.655	0.172 2	5 714	439.4	55.44	0.655

续表

t	p =1×10⁶ Pa					p= 2×10⁶ Pa				
	ρ	h	λ	μ	Pr	ρ	h	λ	μ	Pr
100	1.285	522.5	179.2	22.92	0.664	2.562	525.8	179.5	22.92	0.663
150	1.134	782.2	169.3	24.93	0.660	2.261	785.4	196.6	24.93	0.659
200	1.015	1 042	212.8	26.87	0.656	2.024	1 045	213.0	26.87	0.655
250	0.917 9	1 301	228.8	28.75	0.653	1.831	1 305	229.0	28.75	0.652
300	0.838 1	156	244.3	30.57	0.650	1.672	1 564	244.5	30.57	0.649
350	0.771 0	1 821	259.4	32.35	0.648	1.539	1 824	259.6	32.35	0.647
400	0.713 9	2 080	274.2	34.09	0.646	1.425	1 083	274.3	34.09	0.645
450	0.664 6	2 340	288.5	35.79	0.644	1.327	2 343	288.6	35.79	0.644
500	0.621 7	2 600	302.4	37.45	0.643	1.242	2 603	302.5	37.45	0.643
550	0.584 0	2 859	315.9	39.08	0.642	1.166	2 862	316.0	39.08	0.641
600	0.550 6	3 119	328.9	40.68	0.642	1.100	3 122	329.0	40.68	0.642
650	0.520 8	3 379	341.1	42.26	0.643	1.040	3 382	341.5	42.26	0.643
700	0.494 1	3 638	353.4	43.80	0.644	0.987 1	3 641	353.6	43.80	0.643
750	0.470 0	3 898	365.1	45.33	0.645	0.939 0	3 901	365.2	45.33	0.645
800	0.448 1	4 157	376.3	46.83	0.646	0.895 4	4 160	376.4	46.83	0.646
850	0.428 2	4 417	387.2	43.31	0.648	0.855 6	4 420	387.3	48.31	0.648
900	0.410 0	4 677	397.9	49.77	0.650	0.819 2	4 680	398.0	49.77	0.649
1 000	0.377 8	5 196	413.8	52.64	0.653	0.755 0	5 189	418.9	52.64	0.653
1 100	0.350 3	5 715	439.4	55.44	0.655	0.700 1	5 718	439.5	55.44	0.655

t	p =4×10⁶ Pa					p= 6×10⁶ Pa				
	ρ	h	λ	μ	Pr	ρ	h	λ	μ	Pr
100	5.086	532.3	180.2	22.93	0.661	7.575	538.7	180.8	22.93	0.659
150	4.494	791.8	197.1	24.93	0.656	6.699	798.3	197.7	24.94	0.655
200	4.025	1 051	213.5	26.87	0.653	6.005	1 058	214.0	26.88	0.652
250	3.645	1 311	229.4	23.75	0.649	5.441	1 317	229.9	28.75	0.649
300	3.330	1 571	244.9	30.57	0.649	4.971	1 577	2 453	30.58	0.647
350	3.066	830	260.0	32.35	0.641	4.580	1 836	260.4	32.36	0.645
400	2.840	2 090	274.7	34.09	0.644	4.244	2 096	275.0	34.09	0.644
450	2.645	2 349	289.0	35.79	0.643	3.955	2 355	289.3	35.79	0.642
500	2.475	2 609	302.8	37.45	0.641	3.702	2 615	303.1	37.45	0.642
550	2.326	2 868	316.3	39.08	0.642	3.479	2 875	316.6	39.08	0.641
600	2.194	3 128	329.3	40.68	0.642	3.282	3 134	329.5	40.68	0.641
650	2.076	3 388	341.8	42.6	0.642	3.106	3 394	342.0	42.26	0.642
700	1.970	3 647	353.8	43.80	0.642	2.948	3 653	354.0	43.81	0.643
750	1.874	3 901	365.4	45.33	0.644	2.805	3 913	365.6	45.33	0.644

续表

t	$p=4\times10^6$ Pa					$p=6\times10^6$ Pa				
	ρ	h	λ	μ	Pr	ρ	h	λ	μ	Pr
800	1.787	4 166	376.6	46.83	0.645	2.675	4 171	376.8	46.83	0.645
850	1.708	4 426	387.5	48.3	0.646	2.557	443	387.7	48.31	0.648
900	1.636	4 685	398.2	49.77	0.650	2.449	4 691	398.4	49.77	0.649
1 000	1.508	5 204	419.1	52.64	0.652	2.258	5 210	419.3	52.64	0.651
1 100	1.398	5 724	439.7	55.44	0.655	2.094	5 729	439.8	55.44	0.655

t	$p=8\times10^6$ Pa					$p=1\times10^7$ Pa				
	ρ	h	λ	μ	Pr	ρ	h	λ	μ	Pr
100	10.03	545.2	181.5	22.94	0.656	12.45	551.7	182.2	22.96	0.654
150	8.877	804.7	198.3	24.95	0.653	11.03	811.2	198.9	24.96	0.652
200	7.963	1 064	214.5	26.88	0.651	9.900	1 071	215.1	26.89	0.649
250	7.219	1 324	230.4	28.76	0.648	8.980	1 330	230.8	28.77	0.647
300	6.602	1 503	245.8	30.58	0.646	8.217	1 590	246.2	30.59	0.645
350	6.083	1 843	260.8	32.36	0.644	7.573	1 849	261.2	32.37	0.644
400	5.639	2 102	275.4	34.10	0.643	7.023	2 108	275.8	34.10	0.642
450	5.255	2 362	289.6	35.79	0.642	6.557	2 368	290.0	35.80	0.641
500	4.921	2 621	303.5	37.46	0.641	6.132	2 627	303.8	37.46	0.640
550	4.626	2 881	316.9	39.09	0.641	5.766	2 887	317.2	39.09	0.640
600	4.364	3 140	329.8	40.69	0.641	5.441	3 146	330.1	40.69	0.640
650	4.131	3 400	342.3	42.25	0.641	5.151	3 406	342.5	42.26	0.641
700	3.921	3 659	354.3	43.81	0.642	4.890	3 665	354.5	43.81	0.642
750	3.732	3 919	365.8	45.33	0.644	4.655	3 924	366.1	45.33	0.643
800	3.560	4 178	377.0	46.83	0.645	4.441	4 184	377.3	46.84	0.645
850	3.403	4 437	187.9	48.31	0.647	4.245	4 443	388.1	48.32	0.646
900	3.259	4 697	398.6	49.77	0.648	4.067	4 703	398.7	49.77	0.648
1 000	3.005	5 216	419.5	52.64	0.652	3.751	5 222	419.7	52.64	0.651
1 100	2 788	5 732	440.0	55.44	0.654	3.480	5 740	440.2	55.44	0.654

3.2　水（H_2O）

水和蒸气的热物理性质（见表 3.3～表 3.8）根据文献[3,4]的数据、用 IF-97 公式算得。

临界参数

压力 p_c，MPa　　22.064

密度 ρ_c，kg/m^3　　322

温度 T_c，K　　647.096

这里用 K 表示的 T_c 按照 ITS-90 给出[3, P. 12], [4, P. 27]。

表 3.3 饱和状态下水的热物理性质

t (℃), p (Pa), ρ(kg/m^3), h (kJ/kg), C_p(kJ/(kg·K)), r (kJ/kg), $\lambda\times10^3$(W/(m·K)),

$\mu\times10^4$(Pa·s), $\nu\times10^6$(m^2/s), $a\times10^7$(m^2/s), σ(mN/m)

t_s	p_s	ρ	h	C_p	r	λ	μ	ν	a	Pr	σ
0.00	$6.117\,0\times10^{2}$	999.8	0.00	4.220	2 500.9	562.0	17.920	1.792 0	1.332	13.456	75.70
5.00	$8.726\,0\times10^{2}$	999.9	21.02	4.206	2 489.1	572.0	15.220	1.522 0	1.360	11.191	74.90
10.00	$1.228\,2\times10^{3}$	999.7	42.02	4.196	2 477.2	581.9	13.080	1.308 0	1.387	9.432	74.20
15.00	$1.705\,7\times10^{3}$	999.1	62.98	4.189	2 465.4	600.6	11.380	1.139 0	1.435	7.937	73.50
20.00	$2.339\,2\times10^{3}$	998.2	83.92	4.185	2 453.5	599.5	10.000	1.002 0	1.435	6.981	72.70
25.00	$3.169\,7\times10^{3}$	997.0	104.84	4.182	2 441.7	607.2	8.883	0.891 0	1.456	6.118	71.90
30.00	$4.246\,7\times10^{3}$	995.6	125.75	4.180	2 429.8	614.9	7.958	0.799 3	1.478	5.410	71.20
35.00	$5.628\,6\times10^{3}$	994.0	146.64	4.179	2 417.9	621.7	7.184	0.722 7	1.497	4.829	70.50
40.00	$7.384\,4\times10^{3}$	992.2	167.54	4.179	2 406.0	628.5	6.529	0.658 1	1.516	4.341	69.60
45.00	$9.594\,4\times10^{3}$	990.2	188.44	4.179	2 394.0	632.0	5.967	0.602 6	1.527	3.946	68.70
45.81	$1.000\,0\times10^{4}$	989.8	191.81	4.179	2 392.1	635.4	5.884	0.594 5	1.536	3.870	68.60
50.00	$1.235\,1\times10^{4}$	988.0	209.34	4.180	2 382.0	640.4	5.480	0.554 6	1.551	3.577	67.90
55.00	$1.576\,1\times10^{4}$	985.7	230.24	4.181	2 369.9	645.6	5.053	0.512 6	1.567	3.272	67.10
60.00	$2.000\,0\times10^{4}$	983.2	251.40	4.183	2 357.5	651.0	4.677	0.475 7	1.583	3.005	66.20
65.00	$2.501\,0\times10^{4}$	980.5	270.31	4.185	2 346.4	655.2	4.343	0.442 9	1.597	2.774	65.40
69.13	$3.000\,0\times10^{4}$	978.3	289.23	4.188	2 335.3	658.5	4.094	0.418 5	1.607	2.604	64.70
70.00	$3.120\,1\times10^{4}$	977.7	293.02	4.188	2 333.1	659.5	4.045	0.413 7	1.611	2.569	64.50
75.00	$3.859\,5\times10^{4}$	974.8	313.97	4.191	2 320.6	663.2	3.778	0.387 5	1.623	2.387	63.60
75.86	$4.000\,0\times10^{4}$	974.3	317.57	4.192	2 318.5	663.9	3.735	0.383 4	1.626	2.358	63.40
80.00	$4.741\,5\times10^{4}$	971.8	334.95	4.196	2 308.1	666.9	3.540	0.364 3	1.635	2.227	62.70
81.32	$5.000\,0\times10^{4}$	971.0	340.48	4.197	2 304.7	667.5	3.481	0.358 5	1.638	2.189	62.50
85.00	$5.786\,7\times10^{4}$	968.6	355.95	4.200	2 295.4	669.9	3.326	0.343 4	1.647	2.085	61.80
85.93	$6.000\,0\times10^{4}$	968.0	359.84	4.201	2 293.0	670.4	3.288	0.339 7	1.649	2.060	61.60
89.93	$7.000\,0\times10^{4}$	965.3	376.68	4.205	2 282.7	672.9	3.136	0.324 9	1.658	1.960	60.80
90.00	$7.018\,2\times10^{4}$	965.3	376.97	4.205	2 282.6	673.0	3.134	0.324 7	1.658	1.958	60.80
93.49	$8.000\,0\times10^{4}$	962.9	391.64	4.209	2 273.5	674.6	3.012	0.312 8	1.664	1.879	60.10
95.00	$8.460\,9\times10^{4}$	961.9	398.02	4.211	2 269.6	675.3	2.962	0.307 9	1.667	1.847	59.80
96.69	$9.000\,0\times10^{4}$	960.7	405.13	4.213	2 265.2	676.1	2.908	0.302 7	1.670	1.812	59.50
99.61	$1.000\,0\times10^{5}$	958.7	417.44	4.217	2 257.5	677.6	2.819	0.294 0	1.676	1.754	59.00
100.00	$1.014\,2\times10^{5}$	958.3	419.10	4.217	2 256.5	677.7	2.807	0.292 9	1.677	1.747	58.90
105.00	$1.208\,0\times10^{5}$	950.9	440.23	4.223	2 243.1	679.5	2.669	0.280 7	1.692	1.659	57.90
110.00	$1.433\,8\times10^{5}$	947.1	461.36	4.230	2 229.7	681.2	2.545	0.268 7	1.700	1.580	57.00
115.00	$1.691\,8\times10^{5}$	943.1	482.55	4.229	2 216.0	682.4	2.432	0.257 9	1.711	1.507	56.00

续表

t_s	p_s	ρ	h	C_p	r	λ	μ	ν	a	Pr	σ
120.00	$1.986\ 7\times10^{5}$	943.0	503.80	4.246	2 202.1	683.6	2.330	0.247 1	1.707	1.447	54.90
120.21	$2.000\ 0\times10^{5}$	939.1	504.70	4.246	2 201.6	683.7	2.326	0.247 7	1.715	1.445	54.60
125.00	$2.322\ 2\times10^{5}$	934.8	525.10	4.260	2 188.0	684.2	2.236	0.239 2	1.718	1.392	54.00
130.00	$2.702\ 6\times10^{5}$	931.8	546.40	4.274	2 173.7	684.8	2.148	0.230 5	1.720	1.341	52.90
133.53	$3.000\ 0\times10^{5}$	930.5	561.50	4.284	2 163.4	684.8	2.089	0.224 5	1.718	1.307	52.30
135.00	$3.132\ 0\times10^{5}$	926.1	567.80	4.287	2 159.1	684.8	2.065	0.223 0	1.725	1.293	52.00
140.00	$3.615\ 0\times10^{5}$	922.8	589.20	4.286	2 144.2	684.8	1.984	0.215 0	1.731	1.242	50.90
143.61	$4.000\ 0\times10^{5}$	921.7	604.70	4.309	2 133.3	684.6	1.927	0.209 1	1.724	1.213	50.10
145.00	$4.156\ 3\times10^{5}$	917.0	610.70	4.312	2 129.1	684.3	1.904	0.207 6	1.731	1.200	49.90
150.00	$4.761\ 0\times10^{5}$	915.2	632.30	4.310	2 113.7	683.8	1.823	0.199 2	1.733	1.149	48.70
151.84	$5.000\ 0\times10^{5}$	912.2	640.20	4.328	2 107.9	683.0	1.784	0.195 6	1.730	1.130	48.40
155.00	$5.434\ 2\times10^{5}$	908.6	653.90	4.336	2 097.9	682.8	1.742	0.191 7	1.733	1.106	47.70
158.83	$6.000\ 0\times10^{5}$	907.4	670.50	4.345	2 085.6	682.0	1.696	0.186 9	1.730	1.081	46.90
160.00	$6.181\ 4\times10^{5}$	902.5	675.60	4.338	2 081.9	681.8	1.683	0.186 5	1.741	1.071	46.60
165.00	$7.000\ 0\times10^{5}$	897.4	697.30	4.360	2 065.4	680.3	1.630	0.181 6	1.739	1.045	45.50
170.00	$7.920\ 5\times10^{5}$	897.4	719.20	4.369	2 048.7	678.7	1.582	0.176 3	1.731	1.018	44.40
170.41	$8.000\ 0\times10^{5}$	897.0	721.00	4.375	2 047.3	678.6	1.579	0.176 0	1.729	1.018	44.30
175.00	$8.924\ 5\times10^{5}$	892.3	741.20	4.388	2 031.6	676.6	1.538	0.172 4	1.728	0.997	43.30
175.36	$9.000\ 0\times10^{5}$	891.9	742.70	4.389	2 030.3	676.5	1.535	0.172 1	1.728	0.996	43.20
179.89	$1.000\ 0\times10^{6}$	887.2	762.70	4.403	2 014.4	674.7	1.497	0.168 7	1.727	0.977	42.20
180.00	$1.002\ 6\times10^{6}$	887.0	763.20	4.406	2 014.0	674.6	1.496	0.168 7	1.726	0.977	42.20
185.00	$1.123\ 3\times10^{6}$	881.6	785.30	4.420	1 996.1	672.0	1.457	0.165 3	1.725	0.958	41.10
190.00	$1.255\ 0\times10^{6}$	876.1	807.60	4.447	1 977.7	669.5	1.419	0.162 0	1.718	0.943	40.00
195.00	$1.398\ 6\times10^{6}$	870.5	829.90	4.459	1 958.9	666.4	1.382	0.158 8	1.717	0.925	38.80
198.30	$1.500\ 0\times10^{6}$	866.6	844.70	4.474	1 946.3	664.3	1.359	0.156 8	1.713	0.915	38.00
200.00	$1.554\ 7\times10^{6}$	864.7	852.40	4.494	1 939.7	663.3	1.347	0.155 8	1.707	0.913	37.70
205.00	$1.724\ 0\times10^{6}$	858.7	875.00	4.506	1 919.9	659.7	1.313	0.152 9	1.705	0.897	36.60
210.00	$1.907\ 4\times10^{6}$	852.7	897.70	4.548	1 899.6	656.2	1.279	0.150 0	1.692	0.886	35.40
212.38	$2.000\ 0\times10^{6}$	849.8	908.60	4.547	1 889.8	654.3	1.264	0.148 7	1.693	0.878	34.90
215.00	$2.105\ 5\times10^{6}$	846.5	920.60	4.563	1 878.8	652.2	1.248	0.147 4	1.688	0.873	34.40
220.00	$2.319\ 3\times10^{6}$	840.2	943.60	4.611	1 857.4	648.2	1.217	0.144 8	1.673	0.866	33.10
223.96	$2.500\ 0\times10^{6}$	835.1	962.00	4.625	1 840.1	644.5	1.193	0.142 8	1.669	0.856	32.10
225.00	$2.549\ 4\times10^{6}$	833.8	966.80	4.633	1 835.4	643.6	1.187	0.142 4	1.666	0.854	31.90
230.00	$2.796\ 8\times10^{6}$	827.1	990.20	4.683	1 812.8	639.1	1.159	0.140 1	1.650	0.849	30.70
233.86	$3.000\ 0\times10^{6}$	821.9	1 008.40	4.705	1 794.9	635.1	1.138	0.138 5	1.642	0.843	29.70
235.00	$3.062\ 2\times10^{6}$	820.3	1 013.80	4.716	1 789.5	634.0	1.132	0.138 0	1.639	0.842	29.50

续表

t_s	p_s	ρ	h	C_p	r	λ	μ	ν	a	Pr	σ
240.00	3.346 7×10^{6}	813.3	1 037.50	4.767	1 765.5	628.9	1.106	0.136 0	1.622	0.838	28.40
241.00	3.405 9×10^{6}	812.0	1 042.30	4.773	1 760.7	627.7	1.101	0.135 6	1.620	0.837	28.10
242.56	3.500 0×10^{6}	809.7	1 049.80	4.789	1 753.0	625.9	1.093	0.135 0	1.614	0.836	27.70
245.00	3.650 9×10^{6}	806.2	1 061.50	4.814	1 740.8	623.3	1.081	0.134 1	1.606	0.835	27.20
250.00	3.975 9×10^{6}	798.9	1 085.70	4.865	1 715.3	617.8	1.058	0.132 4	1.590	0.833	26.00
250.36	4.000 0×10^{6}	798.3	1 087.40	4.874	1 713.5	617.4	1.056	0.132 3	1.587	0.834	25.90
255.00	4.322 7×10^{6}	791.4	1 110.10	4.930	1 689.0	622.6	1.036	0.130 9	1.596	0.820	24.80
257.44	4.500 0×10^{6}	787.6	1 122.10	4.961	1 675.9	608.7	1.025	0.130 1	1.558	0.835	24.20
260.00	4.692 1×10^{6}	783.6	1 134.80	4.981	1 661.8	605.6	1.015	0.129 5	1.552	0.835	23.70
263.94	5.000 0×10^{6}	777.4	1 154.50	5.050	1 639.7	600.5	0.999	0.128 5	1.530	0.840	22.60
265.00	5.085 1×10^{6}	775.7	1 159.80	5.066	1 633.7	599.0	0.994	0.128 1	1.524	0.841	22.40
270.00	5.500 0×10^{6}	767.5	1 184.90	5.141	1 604.8	595.6	0.975	0.127 0	1.509	0.842	21.30
275.00	5.946 3×10^{6}	767.5	1 210.70	5.222	1 574.4	585.0	0.957	0.124 7	1.460	0.854	20.00
275.59	6.000 0×10^{6}	759.0	1 213.70	5.232	1 570.8	584.1	0.954	0.125 7	1.471	0.855	19.90
280.00	6.416 5×10^{6}	758.0	1 236.70	5.290	1 543.2	577.7	0.939	0.123 9	1.441	0.860	19.00
280.86	6.500 0×10^{6}	750.3	1 241.20	5.324	1 537.7	576.4	0.936	0.124 8	1.443	0.865	18.60
285.00	6.914 5×10^{6}	748.7	1 263.00	5.401	1 510.7	568.8	0.921	0.123 0	1.407	0.875	17.70
285.83	7.000 0×10^{6}	741.2	1 267.40	5.417	1 505.1	568.7	0.918	0.123 8	1.416	0.874	17.60
290.00	7.441 6×10^{6}	739.7	1 289.80	5.490	1 476.8	562.0	0.904	0.122 2	1.384	0.883	16.70
290.54	7.500 0×10^{6}	731.9	1 292.70	5.511	1 473.1	561.2	0.902	0.123 2	1.391	0.886	16.60
295.00	8.000 0×10^{6}	730.9	1 317.10	5.605	1 441.5	553.5	0.887	0.121 4	1.351	0.898	15.50
299.27	8.500 0×10^{6}	722.2	1 340.70	5.700	1 410.3	500.7	0.873	0.120 9	1.216	0.994	14.50
300.00	8.587 7×10^{6}	722.2	1 344.80	5.750	1 404.8	544.9	0.870	0.120 5	1.312	0.918	14.40
303.35	9.000 0×10^{6}	713.6	1 363.70	5.850	1 379.2	538.8	0.859	0.120 4	1.291	0.933	13.60
305.00	9.209 2×10^{6}	712.1	1 373.10	5.900	1 366.3	535.7	0.853	0.119 8	1.275	0.939	13.10
307.25	9.500 0×10^{6}	705.2	1 386.00	5.980	1 348.4	530.4	0.845	0.119 8	1.258	0.953	12.70
310.00	9.864 7×10^{6}	701.7	1 402.00	6.090	1 325.9	526.5	0.835	0.119 0	1.232	0.966	12.10
311.00	1.000 0×10^{7}	696.8	1 407.90	6.140	1 317.6	524.5	0.832	0.119 4	1.226	0.974	11.90
314.61	1.050 0×10^{7}	690.7	1 429.30	6.320	1 286.9	517.2	0.818	0.118 4	1.185	1.000	11.10
315.00	1.055 6×10^{7}	688.4	1 439.80	6.410	1 271.5	516.4	0.817	0.118 7	1.170	1.014	11.00
318.08	1.100 0×10^{7}	680.1	1 450.30	6.500	1 256.1	510.1	0.805	0.118 4	1.154	1.026	10.30
320.00	1.128 4×10^{7}	671.8	1 462.10	6.540	1 238.6	506.4	0.798	0.118 8	1.153	1.031	9.86
321.44	1.150 0×10^{7}	667.1	1 470.90	6.680	1 225.3	503.4	0.792	0.118 7	1.130	1.051	9.60
324.68	1.200 0×10^{7}	663.5	1 491.30	6.870	1 194.3	496.3	0.779	0.117 4	1.089	1.078	8.90
325.00	1.205 1×10^{7}	655.2	1 493.40	6.890	1 191.1	495.7	0.777	0.118 6	1.098	1.080	8.80
327.82	1.250 0×10^{7}	654.3	1 511.50	7.060	1 163.0	489.6	0.765	0.116 9	1.060	1.103	8.10

续表

t_s	p_s	ρ	h	C_p	r	λ	μ	ν	a	Pr	σ
330.00	1.2858×10^7	646.8	1 525.70	7.190	1 140.5	484.8	0.756	0.116 9	1.042	1.121	7.70
330.86	1.3000×10^7	640.8	1 531.40	7.210	1 131.5	482.8	0.752	0.117 4	1.045	1.123	7.50
333.81	1.3500×10^7	638.4	1 551.20	7.270	1 099.6	476.0	0.738	0.115 6	1.026	1.127	7.00
335.00	1.3707×10^7	629.8	1 559.30	7.510	1 086.3	473.2	0.733	0.116 4	1.000	1.163	6.70
336.67	1.4000×10^7	626.3	1 570.90	7.620	1 067.2	469.2	0.724	0.115 6	0.983	1.176	6.40
339.45	1.4500×10^7	621.2	1 590.50	7.780	1 034.3	362.7	0.711	0.114 4	0.750	1.525	5.70
340.00	1.4600×10^7	612.4	1 594.40	8.110	1 027.6	461.4	0.708	0.115 6	0.929	1.244	5.63
342.16	1.5000×10^7	610.7	1 610.20	8.490	1 000.7	455.9	0.696	0.114 0	0.879	1.296	5.20
344.79	1.5500×10^7	603.5	1 629.90	8.950	966.4	449.5	0.682	0.113 0	0.832	1.358	4.80
345.00	1.5540×10^7	594.4	1 631.40	8.990	963.6	449.0	0.681	0.114 6	0.840	1.364	4.70
347.36	1.6000×10^7	593.6	1 649.70	9.490	931.1	442.9	0.668	0.112 5	0.786	1.431	4.10
350.00	1.6500×10^7	585.0	1 669.70	10.120	894.9	436.6	0.652	0.111 5	0.738	1.511	3.67
352.29	1.7000×10^7	574.7	1 690.00	10.850	857.4	430.8	0.638	0.111 0	0.691	1.607	3.20
354.67	1.7500×10^7	565.2	1 710.80	11.700	818.4	424.5	0.623	0.110 2	0.642	1.717	2.80
355.00	1.7570×10^7	554.7	1 713.70	11.860	812.7	423.8	0.621	0.112 0	0.644	1.738	2.74
356.99	1.8000×10^7	553.2	1 732.00	13.540	777.5	419.5	0.607	0.109 7	0.560	1.959	2.30
359.26	1.8500×10^7	543.6	1 754.00	14.520	734.4	414.0	0.592	0.108 9	0.524	2.076	1.90
360.00	1.8666×10^7	531.9	1 761.50	14.870	719.5	412.0	0.587	0.110 4	0.521	2.119	1.88
361.47	1.9000×10^7	527.8	1 776.90	15.720	688.5	409.0	0.576	0.109 1	0.493	2.214	1.52
363.63	1.9500×10^7	519.3	1 801.10	18.430	638.9	405.3	0.560	0.107 8	0.423	2.546	1.19
365.00	1.9822×10^7	496.1	1 817.60	21.500	604.5	404.0	0.550	0.110 9	0.379	2.927	1.08
365.75	2.0000×10^7	490.4	1 827.10	23.760	584.3	404.2	0.544	0.110 9	0.347	3.198	0.95
367.81	2.0500×10^7	473.0	1 855.90	32.590	522.3	411.8	0.528	0.111 6	0.267	4.179	0.68
369.83	2.1000×10^7	452.1	1 889.40	45.800	448.2	417.6	0.512	0.113 3	0.202	5.615	0.40
370.00	2.1043×10^7	450.0	1 892.70	47.100	440.9	418.0	0.510	0.113 3	0.197	5.747	0.39
371.00	2.1296×10^7	436.6	1 913.30	64.100	394.3	433.0	0.502	0.115 0	0.155	7.431	0.27
372.00	2.1553×10^7	419.9	1 938.50	101.200	336.1	462.0	0.493	0.117 4	0.109	10.799	0.16
373.00	2.1813×10^7	395.8	1 974.10	231.000	253.2	534.0	0.485	0.122 5	0.062	20.980	0.06

表 3.4 饱和状态下蒸气的热物理性质

t(℃),p (Pa),ρ (kg/m³),h (kJ/kg),C_p(kJ/(kg·K)),r (kJ/kg), $\lambda\times10^3$(W/(m·K)),
$\mu\times10^6$(Pa·s)),$\nu\times10^6$(m²/s),$a\times10^6$(m²/s)

t_s	p_s	ρ	h	C_p	r	λ	μ	ν	a	Pr
0	6.1170×10^2	0.004 85	2 500.9	1.888	2 500.9	16.5	9.22	1 901	1 802	1.05
5	8.7260×10^2	0.006 80	2 510.1	1.892	2 489.1	16.8	9.32	1 371	1 306	1.05
10	1.2282×10^3	0.009 41	2 519.2	1.896	2 477.2	17.2	9.46	1 005	964	1.04
15.0	1.7057×10^3	0.012 8	2 528.4	1.903	2 465.4	17.5	9.60	747.7	716	1.04
20.0	2.3392×10^3	0.017 3	2 537.5	1.906	2 453.5	18.0	9.73	562.1	546	1.03

续表

t_s	p_s	ρ	h	C_p	r	λ	μ	ν	a	Pr
25.0	$3.169\ 7\times10^{3}$	0.023 1	2 546.5	1.913	2 441.7	18.4	9.89	428.7	417	1.03
30.0	$4.246\ 7\times10^{3}$	0.030 4	2 555.6	1.918	2 429.8	18.7	10.01	329.2	321	1.03
35.0	$5.628\ 6\times10^{3}$	0.039 7	2 564.6	1.925	2 417.9	19.3	10.18	256.6	253	1.02
40	$7.384\ 4\times10^{3}$	0.051 2	2 573.5	1.932	2 406.0	19.5	10.31	201.2	197	1.02
45	$9.594\ 4\times10^{3}$	0.065 6	2 582.5	1.938	2 394.0	19.8	10.48	159.9	156	1.02
45.81	$1.000\ 0\times10^{4}$	0.068 2	2 583.9	1.939	2 392.1	20.0	10.51	154.2	151	1.02
50	$1.235\ 1\times10^{4}$	0.083 1	2 591.3	1.948	2 382.0	20.3	10.62	127.7	125	1.02
55	$1.576\ 1\times10^{4}$	0.104 5	2 600.1	1.954	2 369.9	20.7	10.79	103.2	101	1.02
60	$1.994\ 6\times10^{4}$	0.130 4	2 608.8	1.966	2 357.7	21.1	10.93	83.81	82.3	1.02
65.0	$2.504\ 1\times10^{4}$	0.161 4	2 617.5	1.973	2 343.0	21.6	11.10	68.75	67.8	1.02
69.13	$3.000\ 0\times10^{4}$	0.191 3	2 624.6	1.982	2 335.3	21.8	11.23	58.72	58.6	1.02
70	$3.120\ 1\times10^{4}$	0.198 4	2 626.1	1.987	2 333.1	22.0	11.26	56.75	55.8	1.02
75	$3.859\ 5\times10^{4}$	0.242 2	2 634.6	1.997	2 320.6	22.7	11.42	47.16	46.9	1.02
75.86	$4.000\ 0\times10^{4}$	0.250 4	2 636.1	1.999	2 318.5	22.8	11.45	45.72	45.5	1.02
80	$4.741\ 5\times10^{4}$	0.293 7	2 643.0	2.012	2 308.1	22.9	11.59	39.47	38.8	1.02
81.32	$5.000\ 0\times10^{4}$	0.308 6	2 645.2	2.014	2 304.7	23.2	11.63	37.68	37.3	1.02
85	$5.786\ 7\times10^{4}$	0.353 9	2 651.3	2.025	2 295.4	23.5	11.75	33.20	32.8	1.02
85.93	$6.000\ 0\times10^{4}$	0.366 1	2 652.9	2.028	2 293.0	23.6	11.78	32.18	31.8	1.02
89.93	$7.000\ 0\times10^{4}$	0.422 8	2 659.4	2.041	2 282.7	23.9	11.91	28.17	27.7	1.02
90	$7.018\ 2\times10^{4}$	0.423 9	2 659.5	2.042	2 282.6	24.0	11.93	28.14	27.5	1.02
93.49	$8.000\ 0\times10^{4}$	0.479 1	2 665.2	2.054	2 273.5	24.3	12.03	25.11	24.7	1.02
95	$8.460\ 9\times10^{4}$	0.504 9	2 667.6	2.060	2 269.6	24.4	12.08	23.93	23.5	1.02
96.69	$9.000\ 0\times10^{4}$	0.534 9	2 670.3	2.066	2 265.2	24.6	12.14	22.70	22.3	1.02
99.61	$1.000\ 0\times10^{5}$	0.590 3	2 674.9	2.076	2 257.5	24.7	12.23	20.72	20.2	1.03
100	$1.014\ 2\times10^{5}$	0.598 1	2 675.6	2.077	2 256.5	24.8	12.27	20.51	20.0	1.03
105	$1.209\ 0\times10^{5}$	0.705 0	2 683.4	2.101	2 243.2	25.3	12.59	17.86	17.5	1.04
110	$1.433\ 8\times10^{5}$	0.826 9	2 691.1	2.121	2 229.7	25.8	12.61	15.25	14.7	1.04
115	$1.691\ 8\times10^{5}$	0.965 3	2 698.6	2.150	2 216.0	26.4	12.76	13.22	12.7	1.04
120	$1.986\ 7\times10^{5}$	1.122 0	2 705.9	2.174	2 202.1	27.0	12.95	11.54	11.1	1.04
120.21	$2.000\ 0\times10^{5}$	1.129 0	2 706.2	2.179	2 201.6	27.1	12.94	11.46	10.9	1.04
125	$2.322\ 2\times10^{5}$	1.298 5	2 713.1	2.208	2 188.0	27.4	13.11	10.10	9.56	1.05
130	$2.702\ 6\times10^{5}$	1.496 8	2 720.1	2.237	2 173.7	28.1	13.30	8.886	8.39	1.06
133.53	$3.000\ 0\times10^{5}$	1.650 7	2 724.9	2.264	2 163.4	28.4	13.42	8.130	7.60	1.06
135	$3.132\ 0\times10^{5}$	1.718 8	2 726.9	2.275	2 159.1	28.6	13.47	7.837	7.31	1.07
140	$3.615\ 0\times10^{5}$	1.966 5	2 733.4	2.311	2 144.2	29.4	13.64	6.936	6.47	1.07
143.61	$4.000\ 0\times10^{5}$	2.162 7	2 738.1	2.340	2 133.3	29.6	13.78	6.372	5.85	1.08

续表

t_s	p_s	ρ	h	C_p	r	λ	μ	ν	a	Pr
145	$4.156\ 3\times10^{5}$	2.242 1	2 739.8	2.352	2 129.1	29.8	13.83	6.168	5.65	1.08
150	$4.761\ 0\times10^{5}$	2.547 8	2 745.9	2.396	2 113.7	30.8	13.99	5.491	5.05	1.09
151.84	$5.000\ 0\times10^{5}$	2.668 1	2 748.1	2.411	2 107.9	30.7	14.07	5.273	4.77	1.10
155	$5.434\ 2\times10^{5}$	2.886 0	2 751.8	2.440	2 097.9	31.1	14.17	4.910	4.42	1.10
158.83	$6.000\ 0\times10^{5}$	3.168 8	2 756.1	2.477	2 085.6	31.7	14.30	4.513	4.04	1.11
160	$6.181\ 4\times10^{5}$	3.259 2	2 757.4	2.492	2 081.9	32.2	14.33	4.397	3.96	1.11
164.95	$7.000\ 0\times10^{5}$	3.666 2	2 762.7	2.539	2 065.6	32.6	14.50	3.955	3.50	1.12
165	$7.008\ 2\times10^{5}$	3.670 3	2 762.8	2.540	2 065.4	32.6	14.50	3.951	3.50	1.13
170	$7.920\ 5\times10^{5}$	4.121 7	2 767.9	2.599	2 048.7	33.8	14.68	3.562	3.16	1.13
170.41	$8.000\ 0\times10^{5}$	4.160 9	2 768.3	2.601	2 047.3	33.8	14.68	3.528	3.12	1.13
175	$8.924\ 5\times10^{5}$	4.616 8	2 772.7	2.652	2 031.6	34.2	14.84	3.214	2.79	1.14
175.36	$9.000\ 0\times10^{5}$	4.654 0	2 773.0	2.656	2 030.3	34.3	14.85	3.191	2.77	1.14
179.89	$1.000\ 0\times10^{6}$	5.145 4	2 777.1	2.712	2 014.4	35.0	15.00	2.915	2.51	1.15
180	$1.002\ 6\times10^{6}$	5.158 4	2 777.2	2.716	2 014.0	35.4	15.02	2.912	2.53	1.15
185	$1.123\ 3\times10^{6}$	5.749 8	2 781.4	2.778	1 996.1	35.9	15.18	2.640	2.25	1.17
190	$1.255\ 0\times10^{6}$	6.394 7	2 785.3	2.846	1 977.7	37.2	15.37	2.404	2.04	1.18
195	$1.398\ 6\times10^{6}$	7.096 7	2 788.9	2.918	1 958.9	37.8	15.52	2.187	1.83	1.19
198.30	$1.500\ 0\times10^{6}$	7.593 0	2 791.0	2.968	1 946.3	38.5	15.64	2.060	1.71	1.20
200	$1.554\ 7\times10^{6}$	7.860 4	2 792.1	2.990	1 939.7	39.1	15.71	1.999	1.66	1.20
205	$1.724\ 0\times10^{6}$	8.688 9	2 794.9	3.070	1 919.9	39.9	15.87	1.826	1.50	1.22
210	$1.907\ 4\times10^{6}$	9.587 7	2 797.4	3.150	1 899.6	41.1	16.06	1.675	1.36	1.23
212.38	$2.000\ 0\times10^{6}$	10.042	2 798.4	3.203	1 889.8	41.6	16.13	1.606	1.29	1.24
215	$2.105\ 5\times10^{6}$	10.561	2 799.4	3.250	1 878.8	42.2	16.23	1.537	1.23	1.25
220	$2.319\ 3\times10^{6}$	11.614	2 801.1	3.328	1 857.4	43.3	16.41	1.413	1.12	1.26
223.96	$2.500\ 0\times10^{6}$	12.508	2 802.0	3.415	1 840.1	44.4	16.55	1.323	1.04	1.27
225	$2.549\ 4\times10^{6}$	12.753	2 802.3	3.435	1 835.4	44.6	16.59	1.301	1.02	1.28
230	$2.796\ 8\times10^{6}$	13.984	2 803.0	3.528	1 812.8	45.7	16.76	1.199	0.926	1.29
233.86	$3.000\ 0\times10^{6}$	15.002	2 803.3	3.613	1 794.9	47.0	16.91	1.127	0.867	1.30
235	$3.062\ 2\times10^{6}$	15.314	2 803.3	3.637	1 789.5	47.3	16.95	1.107	0.849	1.31
240	$3.346\ 0\times10^{6}$	16.748	2 803.1	3.755	1 765.5	48.3	17.12	1.022	0.768	1.33
241	$3.405\ 9\times10^{6}$	17.047	2 803.0	3.772	1 760.7	49.0	17.18	1.008	0.762	1.33
242.56	$3.500\ 0\times10^{6}$	17.525	2 802.7	3.809	1 753.0	49.4	17.23	0.983	0.740	1.33
245	$3.650\ 9\times10^{6}$	18.295	2 802.3	3.868	1 740.8	50.2	17.32	0.947	0.709	1.33
250	$3.975\ 9\times10^{6}$	19.964	2 801.0	4.012	1 715.3	51.2	17.49	0.876	0.639	1.37
250.36	$4.000\ 0\times10^{6}$	20.088	2 800.9	4.028	1 713.5	51.8	17.53	0.873	0.640	1.36
255	$4.322\ 7\times10^{6}$	21.768	2 799.1	4.141	1 689.0	53.3	17.70	0.813	0.591	1.38

续表

t_s	p_s	ρ	h	C_p	r	λ	μ	ν	a	Pr
257.44	4.5000×10^6	22.696	2 798.0	4.216	1 675.9	54.1	17.79	0.784	0.565	1.39
260	4.6921×10^6	23.708	2 796.6	4.308	1 661.8	54.3	17.87	0.754	0.532	1.42
263.94	5.0000×10^6	25.349	2 794.2	4.430	1 639.7	56.3	18.04	0.712	0.501	1.44
265	5.0851×10^6	25.806	2 793.5	4.468	1 633.7	56.7	18.08	0.701	0.492	1.45
270	5.5000×10^6	28.074	2 789.7	4.655	1 604.6	57.8	18.27	0.651	0.442	1.47
275	5.9463×10^6	30.516	2 785.1	4.860	1 574.4	60.3	18.47	0.605	0.407	1.49
275.59	6.0000×10^6	30.817	2 784.6	4.885	1 570.8	60.5	18.49	0.600	0.402	1.49
280	6.4165×10^6	33.167	2 779.8	5.070	1 543.2	61.8	18.70	0.564	0.368	1.53
280.86	6.5000×10^6	33.636	2 778.8	5.125	1 537.7	62.5	18.86	0.561	0.363	1.55
285	6.9145×10^6	36.023	2 773.7	5.329	1 510.7	64.2	18.99	0.527	0.334	1.58
285.83	7.0000×10^6	36.523	2 772.6	5.372	1 505.1	64.5	19.02	0.521	0.329	1.58
290	7.4416×10^6	39.124	2 766.6	5.580	1 476.8	66.4	19.15	0.489	0.304	1.61
290.54	7.5000×10^6	39.479	2 765.8	5.627	1 473.1	66.5	19.19	0.486	0.299	1.62
295	8.0000×10^6	42.499	2 758.6	5.888	1 441.6	68.4	19.38	0.456	0.273	1.67
299.27	8.5000×10^6	45.600	2 751.0	6.157	1 410.3	70.3	19.58	0.429	0.250	1.70
300	8.5877×10^6	46.168	2 749.6	6.220	1 404.8	71.8	19.65	0.426	0.250	1.70
303.35	9.0000×10^6	48.804	2 742.9	6.497	1 379.2	73.8	19.80	0.406	0.233	1.74
305	9.2092×10^6	50.150	2 739.4	6.634	1 366.3	74.9	19.89	0.397	0.225	1.76
307.25	9.5000×10^6	52.083	2 734.4	6.824	1 348.4	76.4	20.02	0.384	0.215	1.79
310	9.8647×10^6	54.526	2 727.9	7.050	1 325.9	78.3	20.20	0.370	0.204	1.82
311	1.0000×10^7	55.463	2 725.5	7.158	1 317.6	79.0	20.24	0.365	0.199	1.83
314.61	1.0500×10^7	58.928	2 716.1	7.513	1 286.9	81.7	20.48	0.348	0.185	1.88
315	1.0556×10^7	59.312	2 715.1	7.554	1 283.4	82.1	20.50	0.346	0.183	1.89
318.08	1.1000×10^7	62.539	2 706.4	7.901	1 256.1	84.6	20.72	0.331	0.171	1.94
320	1.1284×10^7	64.599	2 700.7	8.160	1 238.6	86.4	20.84	0.323	0.164	1.97
321.44	1.1500×10^7	66.225	2 696.2	8.331	1 225.3	87.7	20.96	0.316	0.159	1.99
324.68	1.2000×10^7	70.077	2 685.6	8.808	1 194.3	91.0	21.21	0.303	0.147	2.05
325	1.2051×10^7	70.472	2 684.5	8.859	1 191.1	91.3	21.23	0.301	0.146	2.06
327.82	1.2500×10^7	74.074	2 674.5	9.341	1 163.0	94.4	21.46	0.290	0.136	2.12
330	1.2858×10^7	77.042	2 666.2	9.740	1 140.5	97.0	21.60	0.280	0.129	2.17
330.86	1.3000×10^7	78.186	2 662.9	9.931	1 131.5	98.0	21.71	0.278	0.126	2.20
333.81	1.3500×10^7	82.508	2 650.8	10.58	1 099.6	101.7	21.96	0.266	0.117	2.28
335	1.3707×10^7	84.388	2 645.6	10.87	1 086.3	103.4	22.07	0.262	0.113	2.32
336.67	1.4000×10^7	87.032	2 638.1	11.30	1 067.2	106.0	22.22	0.255	0.108	2.37
339.45	1.4500×10^7	91.743	2 624.8	12.07	1 034.3	110.8	22.47	0.245	0.100	2.45
340	1.4600×10^7	92.764	2 622.1	12.24	1 027.6	111.8	22.55	0.243	0.098	2.47

续表

t_s	p_s	ρ	h	C_p	r	λ	μ	ν	a	Pr
342.16	$1.500\ 0\times10^7$	96.712	2 610.9	12.92	1 000.7	116.0	22.79	0.236	0.093	2.54
344.79	$1.550\ 0\times10^7$	101.93	2 596.2	13.93	966.4	121.7	23.10	0.227	0.086	2.64
345	$1.554\ 0\times10^7$	102.35	2 595.0	14.02	963.6	122.2	23.13	0.226	0.085	2.65
347.36	$1.600\ 0\times10^7$	107.43	2 580.8	15.04	931.1	127.8	23.43	0.218	0.079	2.76
350	$1.650\ 0\times10^7$	113.62	2 563.6	16.64	892.7	134.6	23.82	0.210	0.071	2.95
352.29	$1.700\ 0\times10^7$	119.47	2 547.4	18.04	857.4	140.5	24.15	0.202	0.065	3.10
354.67	$1.750\ 0\times10^7$	126.15	2 529.1	20.17	818.4	148.9	24.57	0.195	0.059	3.33
355	$1.757\ 0\times10^7$	127.13	2 526.4	20.71	812.7	151.7	24.65	0.194	0.058	3.37
356.99	$1.800\ 0\times10^7$	133.35	2 509.5	22.84	777.5	159	25.02	0.188	0.052	3.59
359.26	$1.850\ 0\times10^7$	141.20	2 488.4	26.13	734.4	172.3	25.53	0.181	0.047	3.87
360	$1.866\ 6\times10^7$	143.97	2 481.0	27.57	719.5	176.6	25.73	0.179	0.044	4.02
361.47	$1.900\ 0\times10^7$	149.86	2 465.4	31.81	688.5	188.1	26.08	0.174	0.039	4.41
363.63	$1.950\ 0\times10^7$	159.57	2 440.0	38.04	638.9	205.2	26.70	0.167	0.034	4.95
365	$1.982\ 2\times10^7$	166.50	2 422.1	42.00	604.5	217.7	27.21	0.163	0.031	5.25
365.75	$2.000\ 0\times10^7$	170.68	2 411.4	49.71	584.3	224.1	26.75	0.157	0.026	5.93
367.81	$2.050\ 0\times10^7$	183.89	2 378.2	70.89	522.3	244.6	27.51	0.150	0.019	7.97
369.83	$2.100\ 0\times10^7$	200.48	2 337.6	91.65	448.2	266.6	28.78	0.144	0.015	9.89
370	$2.104\ 3\times10^7$	202.14	2 333.6	93.40	440.9	309.0	29.70	0.147	0.016	8.97
371	$2.129\ 6\times10^7$	213.13	2 307.5	124.9	394.3	346.0	30.5	0.143	0.013	11.0
371.80	$2.150\ 0\times10^7$	223.91	2 282.6	177.2	349.8	390	30.76	0.137	0.007	14.0
372	$2.155\ 3\times10^7$	227.38	2 274.6	190.3	336.1	403.0	31.6	0.139	0.009	14.9
373	$2.181\ 3\times10^7$	248.82	2 227.3	404.0	253.2	504.0	33.2	0.133	0.005	26.2

表 3.5　水和蒸气的比定压热容

t/℃	如下压力(MPa)下的比定压热容 (kJ/(kg·K))													
	0.01	0.02	0.05	0.1	0.2	0.5	1	2	5	10	20	50	75	100
水	4.179	4.183	4.197	4.216	4.247	4.315	4.405	4.562	5.032	6.127	23.20			
蒸气	1.941	1.966	2.016	2.076	2.175	2.413	2.715	3.190	4.438	7.147	45.68			
0	4.220	4.220	4.220	4.219	4.219	4.217	4.215	4.210	4.196	4.172	4.129	4.022	3.956	3.906
10	4.196	4.196	4.196	4.195	4.195	4.194	4.192	4.188	4.177	4.160	4.126	4.042	3.988	3.945
20	4.185	4.185	4.185	4.185	4.184	4.184	4.182	4.179	4.170	4.155	4.127	4.056	4.008	3.969
25	4.182	4.182	4.182	4.182	4.182	4.181	4.179	4.176	4.168	4.154	4.128	4.061	4.016	3.978
30	4.180	4.180	4.180	4.180	4.180	4.179	4.178	4.175	4.167	4.154	4.130	4.066	4.022	3.985
40	4.179	4.179	4.179	4.179	4.178	4.178	4.176	4.174	4.167	4.155	4.133	4.073	4.032	3.996
50	1.927	4.180	4.180	4.180	4.179	4.179	4.177	4.175	4.168	4.157	4.136	4.080	4.040	4.005
60	1.912	4.183	4.183	4.183	4.183	4.182	4.181	4.179	4.172	4.161	4.141	4.086	4.047	4.0)2
70	1.907	1.940	4.188	4.188	4.188	4.187	4.186	4.184	4.178	4.167	4.147	4.093	4.054	4.019

续表

t/℃	如下压力(MPa)下的比定压热容 (kJ/(kg・K))													
	0.01	0.02	0.05	0.1	0.2	0.5	1	2	5	10	20	50	75	100
80	1.905	1.930	4.196	4.196	4.195	4.195	4.194	4.191	4.185	4.174	4.154	4.100	4.061	4.026
90	1.905	1.925	1.990	4.205	4.205	4.204	4.203	4.201	4.194	4.184	4.163	4.108	4.068	4.033
100	1.906	1.922	1.973	2.074	4.216	4.216	4.215	4.212	4.206	4.194	4.173	4.117	4.076	4.040
110	1.907	1.921	1.963	2.040	4.230	4.230	4.228	4.226	4.219	4.207	4.185	4.127	4.084	4.047
120	1.910	1.921	1.956	2.019	4.246	4.246	4.244	4.242	4.234	4.222	4.199	4.137	4.093	4.055
130	1.913	1.922	1.952	2.004	2.123	4.264	4.263	4.260	4.252	4.239	4.214	4.149	4.103	4.063
140	1.916	1.924	1.949	1.993	2.090	4.286	4.284	4.281	4.273	4.258	4.232	4.163	4.114	4.072
150	1.920	1.927	1.948	1.986	2.067	4.310	4.309	4.305	4.296	4.281	4.252	4.177	4.126	4.081
160	1.924	1.930	1.949	1.980	2.049	2.318	4.337	4.333	4.323	4.306	4.274	4.194	4.139	4.092
170	1.929	1.934	1.950	1.977	2.036	2.250	4.369	4.365	4.353	4.334	4.300	4.212	4.153	4.103
180	1.934	1.938	1.952	1.976	2.026	2.205	2.712	4.401	4.388	4.367	4.328	4.232	4.169	4.115
190	1.938	1.942	1.954	1.975	2.019	2.171	2.529	4.443	4.428	4.404	4.361	4.255	4.186	4.129
200	1.944	1.947	1.958	1.976	2.014	2.145	2.429	4.491	4.474	4.447	4.398	4.281	4.205	4.144
220	1.954	1.957	1.965	1.979	2.009	2.108	2.310	2.949	4.590	4.553	4.489	4.341	4.250	4.179
240	1.965	1.968	1.974	1.985	2.009	2.086	2.238	2.648	4.749	4.697	4.608	4.417	4.306	4.221
260	1.977	1.979	1.984	1.993	2.012	2.073	2.191	2.491	4.976	4.897	4.769	4.512	4.373	4.271
280	1.989	1.990	1.995	2.002	2.018	2.067	2.160	2.389	3.635	5.193	4.991	4.631	4.455	4.331
300	2.001	2.002	2.006	2.012	2.025	2.066	2.141	2.320	3.171	5.682	5.317	4.782	4.553	4.400
320	2.013	2.014	2.017	2.023	2.034	2.068	2.130	2.273	2.903	5.747	5.849	4.974	4.669	4.478
340	2.026	2.026	2.029	2.034	2.043	2.072	2.124	2.242	2.727	4.389	6.924	5.220	4.801	4.562
360	2.038	2.039	2.041	2.045	2.054	2.079	2.123	2.221	2.606	3.732	11.460	5.562	4.960	4.654
380	2.051	2.052	2.054	2.057	2.065	2.086	2.124	2.207	2.520	3.347	10.221	6.053	5.162	4.774
400	2.064	2.065	2.067	2.070	2.076	2.095	2.128	2.200	2.459	3.096	6.360	6.778	5.395	4.892
420	2.077	2.078	2.079	2.082	2.088	2.105	2.134	2.196	2.415	2.922	4.982	7.864	5.681	5.025
440	2.091	2.091	2.093	2.095	2.100	2.115	2.141	2.196	2.383	2.796	4.257	9.16	6.011	5.178
460	2.104	2.104	2.106	2.108	2.113	2.126	2.149	2.198	2.360	2.704	3.806	9.578	6.337	5.336
480	2.118	2.118	2.119	2.121	2.125	2.138	2.158	2.202	2.344	2.635	3.501	8.609	6.582	5.477
500	2.131	2.132	2.133	2.135	2.138	2.149	2.168	2.207	2.333	2.583	3.284	7.309	6.658	5.576
520	2.145	2.145	2.146	2.148	2.151	2.162	2.179	2.214	2.326	2.544	3.125	6.213	6.524	5.615
540	2.159	2.159	2.160	2.162	2.165	2.174	2.189	2.221	2.322	2.513	3.005	5.414	6.226	5.588
560	2.173	2.173	2.174	2.175	2.178	2.187	2.201	2.230	2.321	2.490	2.912	4.837	5.837	5.495
580	2.187	2.187	2.188	2.189	2.192	2.200	2.213	2.239	2.321	2.473	2.839	4.413	5.425	5.351
600	2.201	2.201	2.202	2.203	2.205	2.213	2.224	2.249	2.324	2.460	2.781	4.097	5.051	5.171
620	2.215	2.215	2.216	2.217	2.219	2.226	2.237	2.259	2.328	2.451	2.735	3.856	4.712	4.977

续表

t/℃	如下压力(MPa)下的比定压热容 (kJ/(kg·K))													
	0.01	0.02	0.05	0.1	0.2	0.5	1	2	5	10	20	50	75	100
640	2.229	2.229	2.230	2.231	2.233	2.239	2.249	2.270	2.332	2.444	2.698	3.667	4.427	4.734
660	2.243	2.244	2.244	2.245	2.247	2.253	2.262	2.281	2.338	2.440	2.668	3.515	4.191	4.532
680	2.258	2.258	2.258	2.259	2.261	2.266	2.275	2.292	2.345	2.438	2.644	3.391	3.992	4.358
700	2.272	2.272	2.272	2.273	2.275	2.280	2.287	2.303	2.353	2.438	2.625	3.288	3.824	4.191
720	2.286	2.286	2.287	2.287	2.289	2.293	2.300	2.315	2.361	2.439	2.610	3.203	3.682	4.032
740	2.300	2.300	2.301	2.301	2.303	2.307	2.314	2.327	2.369	2.442	2.598	3.132	3.563	3.888
760	2.314	2.314	2.315	2.315	2.317	2.320	2.327	2.339	2.378	2.445	2.589	3.072	3.465	3.764
780	2.328	2.328	2.329	2.329	2.331	2.334	2.340	2.352	2.388	2.450	2.582	3.023	3.383	3.661
800	2.344	2.344	2.344	2.345	2.346	2.349	2.354	2.365	2.397	2.454	2.578	2.981	3.316	3.576

表 3.6 水和蒸气的动力黏度

t/℃	如下压力(MPa)下的动力黏度(μPa·s)													
	0.01	0.02	0.05	0.1	0.2	0.5	1	2	5	10	20	50	75	100
水	587.6	466.0	348.6	282.9	231.6	180.1	150.2	126.1	100.0	81.8	56.2			
蒸气	10.5	10.9	11.6	12.3	13.0	14.1	15.0	16.1	18.0	20.3	27.5			
0	1 791.8	1 791.7	1 791.7	1 791.5	1 791.3	1 790.5	1 789.3	1 786.8	1 779.5	1 767.9	1 746.6	1 696.5	1 668.8	1 652.0
10	1 306.0	1 306.0	1 305.9	1 305.9	1 305.8	1 305.4	1 304.9	1 303.8	1 300.7	1 295.7	1 286.6	1 266.4	1 256.7	1 252.7
20	1 001.6	1 001.6	1 001.6	1 001.6	1 001.6	1 001.4	1 001.2	1 000.8	999.6	997.7	994.4	988.4	987.2	989.3
25	890.1	890.1	890.1	890.1	890.1	890.0	889.9	889.6	889.0	888.0	886.4	884.5	885.9	889.7
30	797.4	797.4	797.4	797.3	797.3	797.3	797.3	797.2	796.9	796.6	796.2	797.2	800.4	805.4
40	653.0	653.0	653.0	653.0	653.0	653.0	653.1	653.1	653.4	653.9	655.0	659.7	665.0	671.4
50	10.6	546.8	546.8	546.9	546.9	546.9	547.0	547.2	547.7	548.6	550.6	557.2	563.5	570.6
60	10.9	466.4	466.4	466.4	466.4	466.5	466.6	466.8	467.5	468.6	471.0	478.6	485.4	492.6
70	11.3	11.3	403.9	403.9	403.9	404.0	404.1	404.4	405.1	406.4	409.0	417.0	423.9	431.1
80	11.6	11.6	354.3	354.4	354.4	354.5	354.6	354.9	355.6	357.0	359.6	367.8	374.7	381.7
90	12.0	12.0	11.9	314.4	314.4	314.5	314.7	314.9	315.7	317.1	319.7	327.9	334.7	341.5
100	12.3	12.3	12.3	12.3	281.8	281.9	282.0	282.3	283.1	284.4	287.1	295.1	301.7	308.4
110	12.7	12.7	12.7	12.6	254.7	254.8	254.9	255.2	256.0	257.3	260.0	267.8	274.3	280.7
120	13.1	13.1	13.1	13.0	232.1	232.1	232.3	232.5	233.3	234.6	237.2	244.9	251.2	257.4
130	13.5	13.5	13.4	13.4	13.3	213.0	213.1	213.3	214.1	215.4	218.0	225.5	231.6	237.6
140	13.8	13.8	13.8	13.8	13.7	196.6	196.7	197.0	197.7	199.0	201.5	208.9	214.8	220.6
150	14.2	14.2	14.2	14.2	14.1	182.5	182.6	182.8	183.6	184.9	187.3	194.6	200.4	206.0
160	14.6	14.6	14.6	14.6	14.5	14.4	170.3	170.6	171.3	172.6	175.0	182.1	187.8	193.3
170	15.0	15.0	15.0	15.0	14.9	14.8	159.6	159.9	160.6	161.8	164.2	171.2	176.8	182.1
180	15.4	15.4	15.4	15.4	15.3	15.2	15.0	150.4	151.1	152.4	154.8	161.7	167.1	172.3
190	15.8	15.8	15.8	15.8	15.7	15.6	15.5	142.0	142.7	143.9	146.3	153.2	158.5	163.7
200	16.2	16.2	16.2	16.2	16.1	16.1	15.9	134.4	135.2	136.4	138.8	145.6	150.9	155.9

续表

t/℃	如下压力(MPa)下的动力黏度(μPa·s)													
	0.01	0.02	0.05	0.1	0.2	0.5	1	2	5	10	20	50	75	100
220	17.0	17.0	17.0	17.0	17.0	16.9	16.8	16.5	122.2	123.5	125.9	132.7	137.9	142.8
240	17.8	17.8	17.8	17.8	17.8	17.7	17.6	17.4	111.3	112.6	115.2	122.1	127.3	132.1
260	18.6	18.6	18.6	18.6	18.6	18.6	18.5	18.3	101.8	103.2	105.9	113.1	118.4	123.2
280	19.5	19.5	19.5	19.5	19.4	19.4	19.3	19.2	18.8	94.7	97.7	105.4	110.8	115.6
300	20.3	20.3	20.3	20.3	20.3	20.2	20.2	20.1	19.8	86.5	90.1	98.5	104.1	109.1
320	21.1	21.1	21.1	21.1	21.1	21.1	21.0	21.0	20.7	20.7	82.5	92.2	98.2	103.3
340	22.0	22.0	22.0	22.0	21.9	21.9	21.9	21.8	21.7	21.7	74.2	86.2	92.8	98.2
360	22.8	22.8	22.8	22.8	22.8	22.8	22.7	22.7	22.6	22.6	62.8	80.3	87.7	93.4
380	23.6	23.6	23.6	23.6	23.6	23.6	23.6	23.5	23.5	23.6	25.8	74.3	82.8	89.0
400	24.5	24.5	24.5	24.5	24.4	24.4	24.4	24.4	24.4	24.5	26.0	68.0	78.0	84.8
420	25.3	25.3	25.3	25.3	25.3	25.3	25.3	25.3	25.2	25.4	26.7	61.2	73.2	80.7
440	26.1	26.1	26.1	26.1	26.1	26.1	26.1	26.1	26.1	26.3	27.4	53.9	68.5	76.8
460	26.9	26.9	26.9	26.9	26.9	26.9	26.9	26.9	27.0	27.2	28.2	47.4	64.6	73.0
480	27.8	27.8	27.8	27.8	27.8	27.8	27.8	27.8	27.8	28.0	29.0	43.0	59.6	69.4
500	28.6	28.6	28.6	28.6	28.6	28.6	28.6	28.6	28.7	28.9	29.8	40.5	55.8	66.1
520	29.4	29.4	29.4	29.4	29.4	29.4	29.4	29.4	29.5	29.8	30.7	39.3	52.6	63.0
540	30.2	30.2	30.2	30.2	30.2	30.2	30.2	30.2	30.4	30.6	31.5	38.8	50.2	60.3
560	31.0	31.0	31.0	31.0	31.0	31.0	31.0	31.1	31.2	31.4	32.3	38.7	48.5	58.0
580	31.8	31.8	31.8	31.8	31.8	31.8	31.8	31.9	32.0	32.3	33.1	38.8	47.3	56.2
600	32.6	32.6	32.6	32.6	32.6	32.6	32.6	32.7	32.8	33.1	33.9	39.1	46.6	54.7
620	33.4	33.4	33.4	33.4	33.4	33.4	33.4	33.5	33.6	33.9	34.7	39.5	46.1	53.6
640	34.2	34.2	34.2	34.2	34.2	34.2	34.2	34.3	34.4	34.7	35.5	40.0	46.0	52.7
660	35.0	35.0	35.0	35.0	35.0	35.0	35.0	35.1	35.2	35.5	36.3	40.5	45.9	52.2
680	35.8	35.8	35.8	35.8	35.8	35.8	35.8	35.9	36.0	36.3	37.1	41.1	46.1	51.8
700	36.6	36.6	36.6	36.6	36.6	36.6	36.6	36.6	36.8	37.1	37.8	41.6	46.3	51.6
720	37.3	37.3	37.3	37.3	37.3	37.3	37.4	37.4	37.6	37.8	38.6	42.2	46.6	51.5
740	38.1	38.1	38.1	38.1	38.1	38.1	38.1	38.2	38.3	38.6	39.4	42.9	46.9	51.5
760	38.9	38.9	38.9	38.9	38.9	38.9	38.9	38.9	39.1	39.4	40.1	43.5	47.3	51.7
780	39.6	39.6	39.6	39.6	39.6	39.6	39.7	39.7	39.9	40.1	40.9	44.1	47.8	51.9
800	40.4	40.4	40.4	40.4	40.4	40.4	40.4	40.5	40.6	40.9	41.6	44.7	48.2	52.1

表 3.7 水和蒸气的热导率

t/℃	如下压力(MPa)下的热导率(mW/(m·K))													
	0.01	0.02	0.05	0.1	0.2	0.5	1	2	5	10	20	50	75	100
水	635.7	650.8	667.8	677.6	683.6	683.6	674.7	654.4	600.5	524.5	403.7			
蒸气	19.9	21.1	23.0	24.8	27.0	31.0	35.4	41.6	55.6	79.0	226.5			
0	562.0	562.0	562	562.0	562.1	562.3	562.6	563.2	564.9	567.8	573.6	590.3	603.5	616.0

续表

t/℃	如下压力(MPa)下的热导率(mW/(m·K))													
	0.01	0.02	0.05	0.1	0.2	0.5	1	2	5	10	20	50	75	100
10	581.9	581.9	581.9	582.0	582.0	582.2	582.5	583.0	584.7	587.5	593.0	608.8	621.4	633.4
20	599.5	599.5	599.5	599.5	599.6	599.7	600.0	600.6	602.2	604.8	610.1	625.4	637.5	649.1
25	607.5	607.5	607.5	607.5	607.6	607.7	608.0	608.5	610.1	612.7	617.9	633.0	645.0	656.4
30	615.0	615.0	615.0	615.0	615.1	615.2	615.5	616.0	617.6	620.2	625.3	640.2	652.1	663.4
40	628.6	628.6	628.6	628.6	628.7	628.8	629.1	629.6	631.1	633.7	638.8	653.5	665.1	676.3
50	20.3	640.5	640.5	640.5	640.6	640.7	641.0	641.5	643.0	645.6	650.6	665.2	676.8	687.8
60	21.0	650.8	650.8	650.8	650.9	651.0	651.3	651.8	653.3	655.9	661.0	675.5	687.1	698.1
70	21.8	21.9	659.6	659.6	659.7	659.8	660.1	660.6	662.2	664.8	669.8	684.5	696.1	707.2
80	22.6	22.7	667.0	667.0	667.0	667.2	667.5	668.0	669.6	672.2	677.4	692.2	703.9	715.1
90	23.4	23.5	23.6	673.0	673.1	673.2	673.5	674.1	675.7	678.3	683.6	698.7	710.5	721.8
100	24.3	24.3	24.4	24.8	677.8	678.0	678.3	678.8	680.5	683.2	688.6	704.0	716.0	727.5
110	25.1	25.1	25.2	25.5	681.3	681.5	681.8	682.3	684.1	686.9	692.4	708.2	720.5	732.1
120	26.0	26.0	26.1	26.3	683.6	683.8	684.1	684.7	686.4	689.4	695.1	711.3	723.8	735.7
130	26.8	26.8	26.9	27.1	27.6	684.9	685.2	685.9	687.7	690.7	696.6	713.3	726.2	738.4
140	27.7	27.7	27.8	27.9	28.4	685.0	685.3	685.9	687.8	691.0	697.1	714.3	727.7	740.2
150	28.6	28.6	28.7	28.8	29.2	683.9	684.2	684.9	686.9	690.2	696.5	714.4	728.2	741.0
160	29.5	29.5	29.6	29.7	30.0	31.4	682.1	682.8	684.9	688.3	695.0	713.6	727.8	741.0
170	30.4	30.4	30.5	30.6	30.8	32.0	678.9	679.6	681.8	685.4	692.4	711.8	726.5	740.2
180	31.4	31.4	31.4	31.5	31.7	32.7	35.4	675.4	677.7	681.5	688.9	709.1	724.5	738.6
190	32.3	32.3	32.3	32.4	32.6	33.4	35.6	670.1	672.6	676.6	684.4	705.6	721.6	736.2
200	33.2	33.3	33.3	33.4	33.5	34.2	36.1	663.8	666.4	670.7	678.9	701.3	717.9	733.2
220	35.2	35.2	35.2	35.3	35.4	36.0	37.3	41.5	650.9	655.8	665.2	690.2	708.4	724.9
240	37.2	37.2	37.2	37.3	37.4	37.8	38.8	41.8	630.9	636.7	647.5	675.8	696.0	714.0
260	39.2	39.2	39.2	39.3	39.4	39.8	40.6	42.8	606.0	613.0	625.8	658.4	681.0	700.8
280	41.3	41.3	41.3	41.4	41.5	41.8	42.5	44.2	53.7	584.0	599.7	637.8	663.3	685.2
300	43.4	43.4	43.4	43.5	43.6	43.9	44.5	46.0	53.0	548.1	568.3	614.0	643.0	667.4
320	45.6	45.6	45.6	45.7	45.7	46.0	46.6	47.8	53.5	74.7	530.4	586.8	620.3	647.6
340	47.8	47.8	47.8	47.9	47.9	48.2	48.7	49.8	54.5	69.8	483.1	556.0	595.1	625.9
360	50.0	50.0	50.1	50.1	50.2	50.4	50.9	51.9	56.0	67.7	419.8	521.1	567.4	602.3
380	52.3	52.3	52.3	52.4	52.5	52.7	53.1	54.1	57.6	66.7	129.4	481.7	537.2	576.9
400	54.6	54.7	54.7	54.7	54.8	55.0	55.4	56.3	59.5	67.2	103.4	438.3	504.7	550.0
420	57.0	57.0	57.0	57.1	57.2	57.4	57.8	58.6	61.6	68.3	94.6	391.5	470.4	521.9
440	59.4	59.4	59.4	59.5	59.5	59.8	60.1	60.9	63.7	69.7	90.8	342.0	434.7	492.7
460	61.9	61.9	61.9	61.9	62.0	62.2	62.6	63.3	65.9	71.4	89.1	289.0	398.9	463.1
480	64.3	64.3	64.4	64.4	64.5	64.7	65.0	65.8	68.2	73.3	88.7	240.3	363.9	433.5

续表

t/℃	如下压力(MPa)下的热导率(mW/(m·K))													
	0.01	0.02	0.05	0.1	0.2	0.5	1	2	5	10	20	50	75	100
500	66.8	66.8	66.9	66.9	67.0	67.2	67.5	68.2	70.6	75.3	89.1	205.5	330.9	404.8
520	69.4	69.4	69.4	69.4	69.5	69.7	70.0	70.7	73.0	77.5	90.0	182.8	300.6	377.7
560	74.6	74.6	74.6	74.6	74.7	74.9	75.2	75.8	77.9	82.0	92.7	158.5	251.4	329.9
580	77.2	77.2	77.2	77.2	77.3	77.5	77.8	78.4	80.5	84.3	94.4	152.0	233.4	309.6
600	79.8	79.9	79.9	79.9	80.0	80.1	80.4	81.0	83.0	86.8	96.2	147.7	219.2	291.7
620	82.5	82.5	82.6	82.6	82.6	82.8	83.1	83.7	85.6	89.2	98.2	144.8	208.2	276.2
640	85.2	85.3	85.3	85.3	85.4	85.5	85.8	86.4	88.2	91.7	100.3	142.9	199.8	263.0
660	88.0	88.0	88.0	88.0	88.1	88.2	88.5	89.1	90.9	94.3	102.5	141.9	193.3	252.0
680	90.7	90.7	90.8	90.8	90.8	91.0	91.3	91.8	93.6	96.9	104.7	141.4	188.3	242.7
700	93.5	93.5	93.5	93.6	93.6	93.8	94.0	94.6	96.3	99.5	107.0	141.4	184.5	235.0
720	96.3	96.3	96.3	96.4	96.4	96.6	96.8	97.4	99.0	102.1	109.4	141.8	181.7	228.7
740	99.1	99.1	99.2	99.2	99.2	99.4	99.6	100.2	101.8	104.8	111.8	142.5	179.6	223.5
760	102.0	102.0	102.0	102.0	102.1	102.2	102.5	103.0	104.6	107.5	114.3	143.5	178.2	219.3
780	104.8	104.8	104.8	104.9	104.9	105.1	105.3	105.8	107.4	110.2	116.8	144.6	177.2	215.9
800	107.7	107.7	107.7	107.7	107.8	107.9	108.2	108.6	110.2	113.0	119.3	145.9	176.7	213.2

表 3.8 水和蒸气的普朗特数

t/℃	如下压力(MPa)下的普朗特数													
	0.01	0.02	0.05	0.1	0.2	0.5	1	2	5	10	20	50	75	100
水	3.86	2.99	2.19	1.76	1.44	1.14	0.98	0.88	0.84	0.96	3.23			
蒸气	1.02	1.02	1.02	1.03	1.04	1.09	1.15	1.24	1.44	1.83	5.54			
0	13.45	13.45	13.45	13.45	13.44	13.43	13.41	13.36	13.22	12.99	12.57	11.56	10.94	10.47
10	9.42	9.42	9.42	9.41	9.41	9.40	9.39	9.37	9.29	9.17	8.95	8.41	8.07	7.80
20	6.99	6.99	6.99	6.99	6.99	6.99	6.98	6.96	6.92	6.85	6.73	6.41	6.21	6.05
25	6.13	6.13	6.13	6.13	6.13	6.12	6.12	6.11	6.07	6.02	5.92	5.67	5.52	5.39
30	5.42	5.42	5.42	5.42	5.42	5.42	5.41	5.40	5.38	5.34	5.26	5.06	4.94	4.84
40	4.34	4.34	4.34	4.34	4.34	4.34	4.34	4.33	4.31	4.29	4.24	4.11	4.03	3.97
50	1.01	3.57	3.57	3.57	3.57	3.57	3.57	3.56	3.55	3.53	3.50	3.42	3.36	3.32
60	1.00	3.00	3.00	3.00	3.00	3.00	3.00	2.99	2.99	2.97	2.95	2.89	2.86	2.83
70	0.99	1.00	2.56	2.56	2.56	2.56	2.56	2.56	2.56	2.55	2.53	2.49	2.47	2.45
80	0.98	0.99	2.23	2.23	2.23	2.23	2.23	2.23	2.22	2.22	2.21	2.18	2.16	2.15
90	0.97	0.98	1.01	1.96	1.96	1.96	1.96	1.96	1.96	1.96	1.95	1.93	1.92	1.91
100	0.97	0.98	0.99	1.03	1.75	1.75	1.75	1.75	1.75	1.75	1.74	1.73	1.72	1.71
110	0.97	0.97	0.99	1.01	1.58	1.58	1.58	1.58	1.58	1.58	1.57	1.56	1.55	1.55
120	0.96	0.97	0.98	1.00	1.44	1.44	1.44	1.44	1.44	1.44	1.43	1.42	1.42	1.42
130	0.96	0.96	0.97	0.99	1.03	1.33	1.33	1.33	1.32	1.32	1.32	1.31	1.31	1.31

续表

t/℃	如下压力(MPa)下的普朗特数													
	0.01	0.02	0.05	0.1	0.2	0.5	1	2	5	10	20	50	75	100
140	0.96	0.96	0.97	0.98	1.01	1.23	1.23	1.23	1.23	1.23	1.22	1.22	1.21	1.21
150	0.96	0.96	0.97	0.98	1.00	1.15	1.15	1.15	1.15	1.15	1.14	1.14	1.14	1.13
160	0.95	0.96	0.96	0.97	0.99	1.06	1.08	1.08	1.08	1.08	1.08	1.07	1.07	1.07
170	0.95	0.95	0.96	0.97	0.99	1.04	1.03	1.03	1.03	1.02	1.02	1.01	1.01	1.01
180	0.95	0.95	0.96	0.96	0.98	1.03	1.15	0.98	0.98	0.98	0.97	0.96	0.96	0.96
190	0.95	0.95	0.95	0.96	0.97	1.02	1.10	0.94	0.94	0.94	0.93	0.92	0.92	0.92
200	0.95	0.95	0.95	0.96	0.97	1.01	1.07	0.91	0.91	0.90	0.90	0.89	0.88	0.88
220	0.94	0.95	0.95	0.95	0.96	0.99	1.04	1.17	0.86	0.86	0.85	0.83	0.83	0.82
240	0.94	0.94	0.95	0.95	0.96	0.98	1.02	1.10	0.84	0.83	0.82	0.80	0.79	0.78
260	0.94	0.94	0.94	0.94	0.95	0.97	1.00	1.07	0.84	0.82	0.81	0.78	0.76	0.75
280	0.94	0.94	0.94	0.94	0.95	0.96	0.98	1.04	1.28	0.84	0.81	0.77	0.74	0.73
300	0.94	0.94	0.94	0.94	0.94	0.95	0.97	1.01	1.18	0.90	0.84	0.77	0.74	0.72
320	0.93	0.93	0.93	0.94	0.94	0.95	0.96	1.00	1.13	1.59	0.91	0.78	0.74	0.71
340	0.93	0.93	0.93	0.93	0.94	0.94	0.95	0.98	1.08	1.36	1.06	0.81	0.75	0.72
360	0.93	0.93	0.93	0.93	0.93	0.94	0.95	0.97	1.05	1.25	1.71	0.86	0.77	0.72
380	0.93	0.93	0.93	0.93	0.93	0.93	0.94	0.96	1.03	1.18	2.04	0.93	0.80	0.74
400	0.92	0.92	0.92	0.92	0.93	0.93	0.94	0.95	1.01	1.13	1.60	1.05	0.83	0.75
420	0.92	0.92	0.92	0.92	0.92	0.93	0.93	0.95	0.99	1.09	1.40	1.23	0.88	0.78
440	0.92	0.92	0.92	0.92	0.92	0.92	0.93	0.94	0.98	1.05	1.29	1.44	0.95	0.81
460	0.92	0.92	0.92	0.92	0.92	0.92	0.93	0.93	0.97	1.03	1.20	1.57	1.02	0.84
480	0.91	0.91	0.91	0.91	0.92	0.92	0.92	0.93	0.96	1.01	1.15	1.54	1.08	0.88
500	0.91	0.91	0.91	0.91	0.91	0.91	0.92	0.93	0.95	0.99	1.10	1.44	1.12	0.91
520	0.91	0.91	0.91	0.91	0.91	0.91	0.91	0.92	0.94	0.98	1.07	1.34	1.14	0.94
540	0.91	0.91	0.91	0.91	0.91	0.91	0.91	0.92	0.93	0.97	1.04	1.25	1.14	0.96
560	0.90	0.90	0.90	0.90	0.90	0.91	0.91	0.91	0.93	0.96	1.01	1.18	1.13	0.97
580	0.90	0.90	0.90	0.90	0.90	0.90	0.91	0.91	0.92	0.95	1.00	1.13	1.10	0.97
600	0.90	0.90	0.90	0.90	0.90	0.90	0.90	0.91	0.92	0.94	0.98	1.09	1.07	0.97
620	0.90	0.90	0.90	0.90	0.90	0.90	0.90	0.90	0.91	0.93	0.97	1.05	1.04	0.97
640	0.89	0.89	0.89	0.89	0.90	0.90	0.90	0.90	0.91	0.92	0.96	1.03	1.02	0.95
660	0.89	0.89	0.89	0.89	0.89	0.89	0.89	0.90	0.91	0.92	0.95	1.00	1.00	0.94
680	0.89	0.89	0.89	0.89	0.89	0.89	0.89	0.89	0.90	0.91	0.94	0.98	0.98	0.93
700	0.89	0.89	0.89	0.89	0.89	0.89	0.89	0.89	0.90	0.91	0.93	0.97	0.96	0.92
720	0.89	0.89	0.89	0.89	0.89	0.89	0.89	0.89	0.90	0.90	0.92	0.95	0.94	0.91
740	0.88	0.88	0.88	0.88	0.88	0.88	0.89	0.89	0.89	0.90	0.91	0.94	0.93	0.90
760	0.88	0.88	0.88	0.88	0.88	0.88	0.88	0.88	0.89	0.90	0.91	0.93	0.92	0.89
780	0.88	0.88	0.88	0.88	0.88	0.88	0.88	0.88	0.89	0.89	0.90	0.92	0.91	0.88
800	0.88	0.88	0.88	0.88	0.88	0.88	0.88	0.88	0.88	0.89	0.90	0.91	0.90	0.87

3.3 重水(D_2O)

饱和状态下重水的 t (℃), p (kPa), h (kJ/kg), r (kJ/kg)值取自希尔(Hill)表[5]。ρ (kg/m^3) 值由关系式 $\rho=1/V$ 确定,式中 V (m^3/kg)是希尔表内的比容。C_p(kJ/(kg·K)), $\mu\times10^4$(Pa·s), $\lambda\times10^3$(W/(m·K))值是借助 Athens 大学网站上的程序[6]用计算方法确定。$\nu\times10^6$(m^2/s), $a\times10^7$(m^2/s), Pr 值由下列公式确定: $\nu=\mu/\rho$, $a=\lambda/(C_p\rho)$, $Pr=v/a$。

表 3.9 饱和状态下重水(D_2O)的热物理性质

t(℃), p(kPa), ρ(kg/m^3), h(kJ/kg), r(kJ/kg), C_p(kJ/(kg·K)), $\mu\times10^4$(Pa·s)),
$\nu\times10^6$(m^2/s), $a\times10^7$(m^2/s), $\lambda\times10^3$(W/(m·K)), σ(mN/m)

t	p	ρ	h	r	C_p	μ	ν	a	λ	Pr	σ
3.80	0.660	1 105.46	0.00	2 327.7	4.210 7	20.871	1.888 0	1.213	564.5	15.568	74.77
4.61	**0.700**	1 105.58	3.40	2 321.6	4.214 7	20.204	1.827 5	1.215	566.0	15.045	74.65
5.00	0.720	1 105.58	5.06	2 320.6	4.216 0	19.965	1.805 8	1.215	566.5	14.856	74.61
9.63	**1.000**	1 105.95	24.60	2 308.9	4.230 2	16.995	1.536 7	1.227	574.0	12.525	73.97
10.00	1.026	1 105.95	26.18	2 307.9	4.231 4	16.991	1.536 3	1.227	574.2	12.521	73.92
14.56	1.400	1 105.83	45.48	2 296.2	4.238 8	14.558	1.316 5	1.240	581.3	10.616	73.28
15.00	1.442	1 105.83	47.36	2 295.1	4.239 3	14.367	1.299 2	1.241	581.9	10.467	73.22
20.00	1.999	1 105.34	68.57	2 282.3	4.242 5	12.461	1.127 3	1.255	588.6	8.982	72.50
20.01	**2.000**	1 105.34	68.50	2 282.3	4.242 5	12.459	1.127 2	1.255	588.7	8.979	72.50
25.00	2.737	1 104.48	89.78	2 269.4	4.242 5	10.951	0.991 5	1.269	594.8	7.811	71.77
26.50	**3.000**	1 104.12	96.15	2 265.5	4.242 1	10.551	0.955 6	1.274	596.6	7.502	71.54
30.00	3.702	1 103.27	110.99	2 256.5	4.240 4	9.718	0.880 8	1.283	600.4	6.863	71.02
31.32	**4.000**	1 102.90	116.57	2 253.1	4.299 5	9.431	0.855 1	1.269	601.8	6.738	70.82
35.00	4.950	1 101.69	132.19	2 243.7	4.236 7	8.700	0.789 7	1.297	605.6	6.086	70.25
35.18	**5.000**	1 101.69	132.93	2 243.2	4.236 5	8.667	0.786 7	1.298	605.7	6.062	70.24
38.42	6.000	1 100.59	146.66	2 234.8	4.233 5	8.102	0.736 1	1.307	608.8	5.634	69.72
40.00	6.549	1 099.99	153.36	2 230.8	4.231 8	7.848	0.713 5	1.311	610.2	5.443	69.47
43.69	8.000	1 098.42	168.99	2 221.2	4.227 8	7.305	0.665 0	1.321	613.4	5.035	68.89
45.00	8.575	1 097.94	174.51	2 217.9	4.226 3	7.128	0.649 2	1.324	614.4	4.903	68.74
47.93	**10.000**	1 096.61	186.90	2 210.3	4.222 8	6.755	0.616 0	1.332	616.6	4.626	68.20
50.00	11.121	1 095.65	195.63	2 205.0	4.220 2	6.512	0.594 4	1.337	618.2	4.445	67.86
51.50	12.000	1 094.93	201.95	2 201.1	4.218 3	6.344	0.579 4	1.341	619.3	4.331	67.62
54.59	14.000	1 093.37	214.97	2 193.1	4.214 3	6.022	0.550 8	1.348	621.3	4.085	67.12
55.00	14.289	1 093.14	216.71	2 192.1	4.213 8	5.981	0.547 1	1.349	621.6	4.054	67.04
57.32	**16.000**	1 091.94	226.47	2 186.1	4.210 7	5.760	0.527 5	1.355	623.0	3.893	66.65
59.77	18.000	1 090.63	236.79	2 179.7	4.207 4	5.538	0.507 8	1.361	624.4	3.732	66.23
60.00	18.200	1 090.51	237.77	2 179.1	4.207 1	5.518	0.506 0	1.361	624.6	3.717	66.20

续表

t	p	ρ	h	r	C_p	μ	ν	a	λ	Pr	σ
62.00	**20.000**	1 089.44	246.18	2 174.0	4.204 5	5.350	0.491 1	1.366	625.6	3.596	65.85
64.05	22.000	1 088.26	254.79	2 168.6	4.201 7	5.187	0.476 6	1.371	626.7	3.478	65.53
65.00	22.297	1 087.67	258.79	2 166.2	4.200 4	5.114	0.470 2	1.373	627.2	3.425	65.34
67.71	26.00	1 086.01	270.16	2 159.2	4.196 8	4.915	0.452 6	1.379	628.4	3.283	64.87
70.00	28.80	1 084.72	279.78	2 153.2	4.193 8	4.757	0.438 5	1.384	629.4	3.170	64.47
70.92	**30.00**	1 084.13	283.64	2 150.8	4.192 6	4.696	0.433 2	1.386	629.8	3.126	64.31
73.79	34.00	1 082.25	295.66	2 143.3	4.188 9	4.514	0.417 1	1.392	630.9	2.997	63.80
75.00	35.82	1 081.43	300.74	2 140.2	4.187 3	4.441	0.410 7	1.394	631.3	2.946	63.58
77.60	**40.00**	1 079.80	311.61	2 133.4	4.184 0	4.290	0.397 3	1.399	632.2	2.839	63.12
80.00	44.23	1 078.17	321.67	2 127.1	4.181 1	4.159	0.385 7	1.404	632.9	2.747	62.69
80.95	46.00	1 077.47	325.64	2 124.6	4.180 0	4.108	0.381 3	1.406	633.1	2.712	62.51
82.99	**50.00**	1 076.08	334.16	2 119.3	4.177 6	4.004	0.372 1	1.410	633.7	2.640	62.14
85.00	54.23	1 074.69	342.56	2 114.0	4.175 3	3.906	0.363 5	1.413	634.1	2.572	61.77
87.54	**60.00**	1 072.85	353.17	2 107.3	4.172 5	3.788	0.353 1	1.418	634.6	2.491	61.31
90.00	66.07	1 071.01	363.44	2 100.8	4.169 9	3.679	0.343 5	1.422	635.0	2.416	60.85
91.50	**70.00**	1 069.86	369.67	2 096.9	4.168 4	3.616	0.338 0	1.425	635.3	2.373	60.57
95.00	79.98	1 067.24	384.28	2 087.6	4.165 1	3.474	0.325 5	1.430	635.7	2.276	59.91
95.01	80.00	1 067.24	384.31	2 087.5	4.165 1	3.474	0.325 5	1.430	635.7	2.276	59.91
98.17	90.00	1 064.85	397.48	2 079.1	4.162 4	3.354	0.315 0	1.435	635.9	2.195	59.31
100.00	96.25	1 063.38	405.11	2 074.2	4.161 0	3.288	0.309 2	1.437	636.0	2.151	59.96
101.05	**100.00**	1 062.47	409.48	2 071.4	4.160 3	3.251	0.306 0	1.439	636.0	2.127	58.76
103.71	110.00	1 060.33	420.53	2 064.2	4.158 5	3.162	0.298 2	1.443	636.1	2.067	58.24
105.00	115.17	1 059.32	425.92	2 060.7	4.157 7	3.119	0.294 4	1.444	636.0	2.039	57.99
106.17	**120.00**	1 058.31	430.77	2 057.6	4.157 0	3.082	0.291 2	1.446	636.0	2.014	57.77
108.46	130.00	1 058.65	440.33	2 051.4	4.155 9	3.011	0.284 4	1.445	635.9	1.968	57.32
110.00	137.06	1 058.54	446.72	2 047.2	4.155 2	2.965	0.280 1	1.446	635.8	1.938	57.02
110.62	140.00	1 054.63	449.29	2 045.5	4.155 0	2.947	0.279 4	1.451	635.8	1.926	56.89
114.58	**160.00**	1 051.19	465.73	2 034.6	4.153 7	2.835	0.269 7	1.455	635.4	1.853	56.11
115.00	162.27	1 050.86	467.50	2 033.5	4.153 6	2.824	0.268 7	1.455	635.3	1.846	56.03
118.15	**180.00**	1 048.11	480.58	2 024.7	4.153 2	2.741	0.261 5	1.459	634.9	1.793	55.40
119.81	**190.00**	1 046.57	487.51	2 020.1	4.153 1	2.699	0.257 9	1.460	634.6	1.766	55.06
120.00	191.10	1 046.46	488.29	2 019.6	4.153 1	2.694	0.257 4	1.460	634.6	1.763	55.03
121.41	**200.00**	1 045.15	494.14	2 015.7	4.153 1	2.660	0.254 5	1.461	634.3	1.742	54.74
124.41	220.00	1 042.43	506.63	2 007.2	4.153 5	2.589	0.248 4	1.464	633.7	1.697	54.13
125.00	224.10	1 041.88	509.08	2 005.6	4.153 6	2.575	0.247 1	1.464	633.5	1.688	54.01
127.20	**240.00**	1 039.83	518.22	1 999.3	4.154 1	2.526	0.242 9	1.465	633.0	1.658	53.36

续表

t	p	ρ	h	r	C_p	μ	ν	a	λ	Pr	σ
129.81	260.00	1 037.34	529.06	1 991.9	4.155 1	2.469	0.238 0	1.466	632.0	1.623	53.03
130.00	261.50	1 037.24	529.87	1 991.4	4.155 2	2.465	0.237 7	1.467	632.3	1.620	52.99
131.65	280.00	1 035.09	539.84	1 984.9	4.156 3	2.419	0.233 7	1.468	631.6	1.592	52.52
134.56	**300.0**	1 032.84	548.86	1 978.2	4.157 7	2.372	0.229 7	1.469	630.9	1.563	52.04
135.00	303.9	1 032.42	550.68	1 977.0	4.157 9	2.364	0.229 0	1.469	630.8	1.558	51.95
136.75	320.0	1 030.72	557.97	1 971.9	4.159 2	2.330	0.226 1	1.470	630.2	1.538	51.58
138.83	**340.0**	1 028.70	566.64	1 965.8	4.160 9	2.291	0.222 7	1.471	629.5	1.514	51.15
140.00	351.7	1 027.54	571.51	1 962.3	4.161 9	2.269	0.220 8	1.471	629.1	1.501	50.90
140.82	360.0	1 026.69	574.90	1 959.9	4.162 7	2.255	0.219 6	1.471	628.8	1.493	50.73
142.71	380.0	1 024.80	582.81	1 954.3	4.164 6	2.221	0.216 7	1.471	628.0	1.473	50.33
144.53	**400.0**	1 022.91	590.40	1 948.9	4.166 5	2.190	0.214 1	1.472	627.3	1.455	49.94
145.00	405.3	1 022.39	592.36	1 947.5	4.167 1	2.182	0.213 4	1.472	627.1	1.450	49.85
146.28	420.0	1 021.14	597.69	1 943.7	4.167 8	2.161	0.211 6	1.472	626.6	1.437	49.57
147.96	**440.0**	1 019.37	604.71	1 938.6	4.170 7	2.133	0.209 2	1.472	625.8	1.422	49.21
149.58	460.0	1 017.71	611.48	1 933.7	4.172 9	2.107	0.207 0	1.472	625.1	1.407	48.87
150.00	465.3	1 017.29	613.24	1 932.4	4.173 5	2.100	0.206 4	1.472	624.9	1.403	48.78
151.14	480.0	1 016.05	618.02	1 928.9	4.175 2	2.083	0.205 0	1.472	624.4	1.393	48.53
152.66	**500.0**	1 014.40	624.36	1 924.2	4.175 5	2.059	0.203 0	1.473	623.7	1.379	48.20
154.12	520.0	1 012.86	630.49	1 919.7	4.179 8	2.037	0.201 1	1.472	623.0	1.367	47.89
155.00	532.3	1 011.94	634.17	1 917.0	4.181 2	2.024	0.200 0	1.471	622.5	1.359	47.70
155.54	**540.0**	1 011.33	636.45	1 915.3	4.182 2	2.016	0.199 3	1.471	622.2	1.355	47.58
156.92	560.0	1 009.90	642.23	1 911.0	4.184 6	1.996	0.197 6	1.471	621.5	1.344	47.28
158.27	580.0	1 008.37	647.86	1 906.8	4.187 0	1.997	0.198 0	1.470	620.8	1.334	46.99
159.57	**600.0**	1 006.95	653.33	1 902.7	4.189 4	1.959	0.194 5	1.470	620.1	1.324	46.70
160.00	606.7	1 006.54	655.13	1 901.3	4.190 3	1.953	0.194 0	1.470	619.9	1.320	46.61
160.84	620.0	1 005.63	658.67	1 898.7	4.191 9	1.942	0.193 1	1.470	619.5	1.314	46.43
162.08	**640.0**	1 004.22	663.87	1 894.7	4.194 4	1.925	0.191 7	1.469	618.8	1.305	46.15
163.29	660.0	1 002.91	668.95	1 890.9	4.199 6	1.909	0.190 3	1.468	618.1	1.297	45.89
164.47	680.0	1 001.60	673.91	1 887.1	4.199 4	1.894	0.189 1	1.468	617.4	1.288	45.63
165.00	689.2	1 001.00	676.15	1 885.4	4.200 0	1.887	0.188 5	1.468	617.1	1.284	45.51
165.20	700.0	1 000.30	678.76	1 883.4	4.202 0	1.879	0.187 8	1.467	616.7	1.280	45.38
166.75	720.0	999.00	683.50	1 879.7	4.204 5	1.865	0.186 7	1.467	616.1	1.273	45.13
167.85	**740.0**	997.71	688.15	1 876.1	4.207 1	1.851	0.185 5	1.466	615.4	1.265	44.88
168.93	760.0	996.51	692.70	1 872.6	4.209 7	1.837	0.184 3	1.466	614.8	1.258	44.64
169.98	780.0	995.32	697.15	1 869.1	4.212 3	1.825	0.183 4	1.465	614.1	1.252	44.41
170.00	780.3	995.22	697.23	1 869.1	4.212 3	1.824	0.183 3	1.465	614.1	1.251	44.41

续表

t	p	ρ	h	r	C_p	μ	ν	a	λ	Pr	σ
171.02	**800.0**	994.04	701.52	1 865.7	4.214 9	1.812	0.182 3	1.464	613.5	1.245	44.18
172.03	820.0	992.95	705.81	1 862.4	4.217 5	1.800	0.181 3	1.463	612.8	1.239	43.95
173.03	**840.0**	991.77	710.02	1 859.1	4.220 1	1.788	0.180 3	1.463	612.2	1.233	43.73
174.00	860.0	990.59	714.15	1 855.8	4.222 7	1.777	0.179 4	1.462	611.5	1.227	43.51
174.96	880.0	989.51	718.21	1 852.6	4.225 3	1.766	0.178 5	1.461	610.9	1.221	43.30
175.00	880.8	989.41	718.37	1 852.5	4.225 4	1.766	0.178 5	1.461	610.9	1.221	43.30
175.90	**900.0**	988.34	722.20	1 849.4	4.227 9	1.756	0.177 7	1.461	610.3	1.216	43.09
176.83	920.0	987.26	726.12	1 846.3	4.230 5	1.745	0.176 8	1.460	609.7	1.211	42.88
177.74	**940.0**	986.19	729.98	1 843.2	4.233 2	1.735	0.175 9	1.459	609.0	1.206	42.67
178.19	960.0	985.61	733.78	1 840.1	4.235 8	1.725	0.175 0	1.457	608.4	1.201	42.47
179.51	980.0	984.06	737.52	1 837.1	4.238 4	1.716	0.174 4	1.457	607.8	1.197	42.28
180.00	981.2	983.48	739.58	1 835.5	4.239 9	1.711	0.174 0	1.457	607.5	1.194	42.17
180.38	**1 000.0**	982.99	741.20	1 834.2	4.241 0	1.707	0.173 7	1.457	607.2	1.192	42.08
182.07	1 040.0	980.97	748.39	1 828.3	4.246 3	1.689	0.172 2	1.455	606.0	1.183	41.70
183.71	1 080.0	978.95	755.38	1 822.6	4.251 6	1.672	0.170 8	1.453	604.8	1.175	41.33
184.52	**1 100.0**	978.00	758.81	1 819.6	4.254 2	1.663	0.170 0	1.452	604.3	1.171	41.14
185.00	1 112.2	977.33	760.87	1 818.1	4.255 8	1.659	0.169 7	1.452	603.9	1.169	41.03
186.09	1 140.0	975.99	765.51	1 814.3	4.259 5	1.648	0.168 9	1.451	603.1	1.164	40.79
187.62	1 180.0	974.09	772.05	1 808.8	4.264 8	1.633	0.167 6	1.449	601.9	1.157	40.44
188.37	**1 200.0**	973.14	775.25	1 806.2	4.267 4	1.625	0.167 0	1.448	601.4	1.153	40.27
190.00	1 244.5	971.16	782.25	1 800.3	4.273 3	1.609	0.165 7	1.446	600.1	1.146	39.89
190.56	1 260.0	970.40	784.64	1 798.3	4.275 3	1.604	0.165 3	1.445	599.7	1.144	39.77
191.97	**1 300.0**	968.62	790.71	1 793.2	4.280 6	1.591	0.164 3	1.444	598.6	1.138	39.44
193.35	1 340.0	966.84	796.64	1 788.2	4.285 9	1.578	0.163 2	1.442	597.5	1.132	39.12
194.70	1 380.0	965.16	802.45	1 783.2	4.291 1	1.566	0.162 3	1.440	596.4	1.127	38.81
195.00	1 388.9	964.79	803.72	1 782.1	4.292 3	1.563	0.162 0	1.440	596.2	1.125	38.75
195.37	**1 400.0**	964.23	805.30	1 780.8	4.293 8	1.560	0.161 8	1.439	595.9	1.124	38.66
197.31	1 460.0	961.72	813.69	1 773.6	4.301 7	1.542	0.160 3	1.437	594.3	1.116	38.21
198.58	**1 500.0**	960.06	819.15	1 768.9	4.307 0	1.531	0.159 5	1.435	593.2	1.112	37.92
200.00	1 546.0	958.22	825.29	1 763.5	4.313 0	1.519	0.158 5	1.432	592.0	1.107	37.59
203.10	1 650.0	954.11	838.70	1 751.8	4.326 7	1.493	0.156 5	1.428	589.4	1.096	36.87
204.53	**1 700.0**	952.20	844.93	1 746.3	4.333 2	1.481	0.155 5	1.425	588.1	1.091	36.54
205.00	1 716.6	951.57	846.97	1 744.3	4.335 4	1.477	0.155 2	1.425	587.7	1.090	36.43
207.30	**1 800.0**	948.41	856.99	1 735.5	4.346 3	1.459	0.153 8	1.420	585.5	1.083	35.90
209.96	1 900.0	944.73	868.59	1 725.1	4.359 5	1.438	0.152 2	1.416	583.3	1.075	35.28
210.00	1 901.5	944.73	868.76	1 724.9	4.359 7	1.438	0.152 2	1.416	583.2	1.075	35.27

续表

t	p	ρ	h	r	C_p	μ	ν	a	λ	Pr	σ
212.51	**2 000.0**	941.18	879.75	1 714.9	4.372 6	1.418	0.150 7	1.412	580.9	1.067	34.68
214.96	2 100.0	937.73	890.52	1 705.0	4.385 7	1.400	0.149 3	1.407	578.6	1.061	34.10
215.00	2 101.5	937.73	890.68	1 704.8	4.385 9	1.400	0.149 3	1.407	578.6	1.061	34.10
217.33	2 200.0	934.40	900.93	1 695.3	4.398 9	1.383	0.148 0	1.402	576.3	1.056	33.55
220.00	2 317.5	930.58	912.73	1 684.3	4.414 3	1.364	0.146 6	1.397	573.7	1.050	32.92
223.95	**2 500.0**	924.81	930.27	1 667.6	4.438 4	1.336	0.144 5	1.454	569.8	1.041	31.98
225.00	2 550.1	923.28	934.93	1 663.1	4.445 1	1.329	0.143 9	1.386	568.7	1.039	31.74
228.04	2 700	918.70	948.49	1 650.0	4.465 0	1.309	0.142 5	1.379	565.6	1.033	31.02
230.00	2 800	915.75	957.28	1 641.4	4.478 4	1.297	0.141 6	1.374	563.5	1.031	30.55
233.75	**3 000**	910.00	974.14	1 624.8	4.505 2	1.273	0.139 9	1.365	559.5	1.025	29.66
235.00	3 069	908.02	979.79	1 619.1	4.514 5	1.265	0.139 3	1.362	558.2	1.023	29.36
237.31	**3 200**	904.40	990.27	1 608.1	4.532 3	1.251	0.138 3	1.355	555.6	1.021	28.81
240.00	3 357	900.17	1 002.48	1 596.2	4.553 8	1.235	0.137 2	1.348	552.7	1.018	28.17
240.71	**3 400**	899.04	1 005.74	1 592.9	4.559 7	1.231	0.136 9	1.346	551.9	1.017	28.00
243.96	3 600	893.73	1 020.61	1 577.6	4.587 4	1.212	0.135 6	1.337	548.2	1.013	27.22
245.00	3 666	892.06	1 025.37	1 572.6	4.596 5	1.206	0.135 2	1.334	547.0	1.013	26.98
247.08	**3 800**	888.65	1 034.97	1 562.6	4.615 4	1.197	0.134 4	1.331	545.9	1.012	26.48
250.00	3 995	883.78	1 048.45	1 548.3	4.643 1	1.178	0.133 3	1.319	541.1	1.011	25.78
250.07	**4 000**	883.63	1 048.78	1 548.0	4.643 8	1.177	0.133 2	1.318	541.0	1.010	25.76
252.95	4 200	878.73	1 062.17	1 533.6	4.672 6	1.162	0.132 2	1.309	537.6	1.010	25.08
255.00	4 347	875.20	1 071.76	1 523.2	4.694 1	1.151	0.131 5	1.302	535.1	1.010	24.59
257.08	**4 500**	871.61	1 081.51	1 512.6	4.716 7	1.140	0.130 8	1.295	532.5	1.010	24.09
260.00	4 722	866.48	1 095.31	1 497.4	4.750 0	1.125	0.129 8	1.285	528.9	1.010	23.39
261.00	4 800	864.68	1 100.04	1 492.1	4.761 8	1.120	0.129 5	1.281	527.6	1.011	23.15
263.51	**5 000**	860.14	1 112.00	1 478.1	4.792 5	1.107	0.128 7	1.272	524.4	1.012	22.55
265.00	5 122	857.41	1 119.12	1 470.7	4.811 4	1.099	0.128 2	1.267	522.5	1.012	22.19
267.14	5 300	853.46	1 129.38	1 459.0	4.839 6	1.089	0.127 6	1.258	519.7	1.014	21.68
269.47	**5 500**	849.11	1 140.64	1 446.1	4.871 7	1.077	0.126 8	1.249	516.7	1.015	21.13
270.00	5 546	848.10	1 143.10	1 443.1	4.872 9	1.075	0.126 8	1.249	516.0	1.015	21.00
272.85	5 800	842.60	1 157.07	1 426.9	4.921 1	1.061	0.125 9	1.235	512.2	1.019	20.32
275.00	5 997	838.43	1 167.61	1 414.5	4.954 3	1.051	0.125 4	1.226	509.3	1.022	19.81
275.03	**6 000**	838.43	1 167.75	1 414.3	4.954 8	1.050	0.125 2	1.226	509.2	1.022	19.80
277.15	6 200	834.24	1 178.22	1 401.9	4.989 2	1.040	0.124 7	1.216	506.3	1.025	19.29
280.00	6 476	828.50	1 192.33	1 384.9	5.037 9	1.027	0.124 0	1.204	502.4	1.030	18.62

续表

t	p	ρ	h	r	C_p	μ	ν	a	λ	Pr	σ
281.25	**6 600**	825.97	1 198.58	1 377.3	5.060 3	1.021	0.123 6	1.198	500.7	1.032	18.32
283.23	6 800	821.90	1 208.50	1 365.1	5.096 9	1.012	0.123 1	1.189	497.9	1.036	17.85
285.00	6 983	818.20	1 217.43	1 354.1	5.131 3	1.004	0.122 7	1.180	495.4	1.040	17.43
285.16	**7 000**	817.86	1 218.25	1 353.1	5.134 4	1.003	0.122 6	1.179	495.2	1.040	17.40
287.06	7 200	813.87	1 227.86	1 341.1	5.172 8	0.995	0.122 3	1.170	492.5	1.045	16.95
290.00	7 520	807.56	1 242.92	1 322.1	5.236 0	0.981	0.121 5	1.155	488.2	1.052	16.26
290.72	7 600	805.93	1 246.64	1 317.4	5.252 2	0.978	0.121 4	1.151	487.1	1.054	16.09
294.24	**8 000**	798.15	1 264.90	1 293.9	5.335 5	0.962	0.120 5	1.132	482.0	1.065	15.26
295.00	8 088	796.43	1 268.85	1 288.8	5.354 3	0.959	0.120 4	1.127	480.8	1.068	15.08
296.80	8 300	792.33	1 278.29	1 276.5	5.400 7	0.951	0.120 0	1.117	478.1	1.074	14.67
298.46	**8 600**	788.46	1 291.44	1 259.1	5.468 5	0.940	0.119 2	1.100	474.4	1.083	14.09
300.00	8 688	784.87	1 295.28	1 254.0	5.489 0	0.936	0.119 3	1.099	473.4	1.086	13.92
300.90	8 800	782.72	1 300.09	1 247.6	5.515 1	0.932	0.119 1	1.093	471.9	1.090	13.71
302.49	**9 000**	778.94	1 308.63	1 236.1	5.563 1	0.925	0.118 8	1.083	469.5	1.097	13.34
304.83	9 300	773.22	1 321.29	1 218.9	5.637 5	0.915	0.118 3	1.069	465.9	1.107	12.81
305.00	9 323	772.80	1 322.24	1 217.6	5.643 3	0.914	0.118 3	1.068	465.6	1.108	12.77
306.35	**9 500**	769.47	1 329.63	1 207.4	5.688 9	0.908	0.118 0	1.059	463.5	1.114	12.46
308.59	9 800	763.77	1 341.99	1 190.3	5.768 9	0.898	0.117 6	1.044	460.0	1.126	11.94
310.00	9 992	760.17	1 349.82	1 179.3	5.821 9	0.892	0.117 3	1.034	457.7	1.134	11.62
310.06	**10 000**	759.99	1 350.14	1 178.9	5.824 2	0.892	0.117 4	1.034	457.6	1.135	11.61
312.21	10 300	754.38	1 362.24	1 161.8	5.910 3	0.882	0.116 9	1.019	454.2	1.147	11.12
313.62	**10 500**	750.58	1 370.23	1 150.4	5.970 0	0.876	0.116 7	1.008	451.9	1.158	10.81
315.00	10 698	746.88	1 378.08	1 139.1	6.031 1	0.869	0.116 4	0.998	449.7	1.166	10.49
316.38	10 900	743.05	1 386.03	1 127.6	6.095 4	0.863	0.116 1	0.988	447.5	1.175	10.19
317.06	**11 000**	741.18	1 389.95	1 121.8	6.128 0	0.860	0.116 0	0.983	446.4	1.180	10.03
318.40	11 200	737.41	1 397.74	1 110.4	6.195 0	0.854	0.115 8	0.972	444.2	1.191	9.74
320.00	11 442	732.82	1 407.13	1 096.5	6.279 3	0.847	0.115 6	0.960	441.6	1.204	9.38
321.03	11 600	729.87	1 413.19	1 087.5	6.336 1	0.842	0.115 4	0.951	439.9	1.213	9.15
323.58	**12 000**	722.28	1 428.48	1 064.4	6.487 9	0.830	0.114 9	0.930	435.7	1.236	8.59
324.00	12 067	721.03	1 431.01	1 060.6	6.514 3	0.828	0.114 8	0.926	435.0	1.240	8.50
324.83	**12 200**	718.49	1 436.06	1 052.9	6.568 2	0.824	0.114 7	0.919	433.6	1.248	8.32
325.45	12 300	716.59	1 439.84	1 047.1	6.609 5	0.821	0.114 6	0.913	432.5	1.255	8.19
327.29	**12 600**	710.83	1 451.14	1 029.6	6.738 6	0.813	0.114 4	0.897	429.8	1.275	7.79
328.00	12 717	708.57	1 455.54	1 022.8	6.791 2	0.804	0.113 5	0.890	427.9	1.275	7.64
328.50	12 800	707.01	1 458.64	1 017.9	6.829 1	0.807	0.114 1	0.885	427.4	1.289	7.53
329.69	**13 000**	703.14	1 466.11	1 006.2	6.923 5	0.801	0.113 9	0.874	425.4	1.303	7.28

续表

t	p	ρ	h	r	C_p	μ	ν	a	λ	Pr	σ
335.43	**14 000**	683.53	1 503.19	946.6	7.465 1	0.773	0.113 1	0.815	415.7	1.388	6.07
337.60	14 400	675.54	1 517.96	922.2	7.721 5	0.761	0.112 7	0.790	411.9	1.427	5.61
338.00	14 467	674.17	1 520.41	918.1	7.766 8	0.759	0.112 6	0.785	411.3	1.434	5.54
339.79	**14 800**	667.42	1 532.72	897.4	8.006 7	0.750	0.112 4	0.764	408.3	1.471	5.18
340.00	14 839	666.62	1 534.14	895.0	8.035 9	0.749	0.112 4	0.761	407.9	1.477	5.13
340.86	**15 000**	666.36	1 540.10	884.9	8.161 7	0.744	0.111 7	0.747	406.5	1.495	4.96
342.94	15 400	653.77	1 554.91	859.5	8.500 9	0.733	0.112 1	0.725	402.9	1.546	4.55
344.00	15 606	650.53	1 562.80	846.2	8.692 8	0.727	0.111 8	0.709	401.1	1.577	4.34
344.99	15 800	646.37	1 568.78	833.5	8.885 7	0.721	0.111 5	0.696	399.5	1.602	4.15
345.99	**16 000**	642.01	1 577.26	820.3	9.098 3	0.715	0.111 4	0.681	397.8	1.636	3.95
346.99	16 200	637.63	1 584.71	806.9	9.326 3	0.709	0.111 2	0.666	396.2	1.669	3.76
348.00	16 406	633.03	1 592.53	793.0	9.579 0	0.703	0.111 1	0.651	394.5	1.707	3.57
348.95	**16 600**	628.61	1 599.90	779.6	9.836 6	0.697	0.110 9	0.636	393.0	1.744	3.39
350.00	16 818	623.60	1 608.23	764.4	10.150 5	0.691	0.110 8	0.618	391.4	1.793	3.19
350.87	**17 000**	619.31	1 615.22	751.5	10.435 0	0.685	0.110 6	0.604	390.1	1.831	3.03
352.75	17 400	609.68	1 630.80	722.3	11.146 8	0.672	0.110 2	0.570	387.4	1.933	2.69
354.00	17 669	602.99	1 641.47	702.1	11.708 3	0.664	0.110 1	0.546	385.8	2.016	2.47
354.60	17 800	599.70	1 646.71	692.1	12.009 8	0.659	0.109 9	0.535	385.1	2.054	2.36
355.51	**18 000**	594.46	1 654.82	676.4	12.513 8	0.653	0.109 8	0.516	384.1	2.128	2.21
358.00	18 557	579.24	1 678.06	630.7	14.271 0	0.633	0.109 3	0.462	382.3	2.366	1.78
358.19	**18 600**	578.03	1 679.92	627.0	14.434 0	0.632	0.109 3	0.458	382.2	2.387	1.75
359.07	18 800	572.21	1 688.61	609.5	15.259 7	0.625	0.109 2	0.438	382.1	2.493	1.61
359.93	**19 000**	566.16	1 697.51	591.4	16.214 4	0.617	0.109 0	0.416	382.3	2.620	1.47
360.00	19 015	565.67	1 698.20	590.0	16.293 7	0.616	0.108 9	0.415	382.4	2.624	1.46
361.65	19 400	553.34	1 716.04	553.1	18.653 8	0.601	0.108 6	0.372	384.3	2.919	1.20
363.33	**19 800**	539.20	1 735.89	511.0	22.197 4	0.584	0.108 3	0.325	389.0	3.332	0.95
364.00	19 962	532.99	1 744.45	492.6	24.137 9	0.576	0.108 1	0.305	392.1	3.544	0.85
364.16	**20 000**	531.49	1 746.48	488.2	24.643 9	0.575	0.108 2	0.300	392.9	3.607	0.83
365.79	20 400	514.32	1 769.56	437.3	32.009 7	0.554	0.107 7	0.246	405.7	4.378	0.60
367.39	**20 800**	493.44	1 796.65	375.5	46.715 6	0.530	0.107 4	0.186	429.4	5.774	0.40
368.00	20 953	483.51	1 809.12	347.6	57.043 9	0.519	0.107 3	0.161	443.5	6.665	0.33
368.18	**21 000**	480.40	1 813.05	339.2	61.203 4	0.515	0.107 2	0.153	448.5	7.007	0.30
369.74	21 400	444.46	1 857.32	237.0	接近临界区的计算不可信						
370.00	21 467	435.33	1 868.42	211.9							
370.74	**21 660**	**358.00**	**1 965.73**	**0.0**	临界点						

3.4 液态金属

俄罗斯研究液态金属的热物理性质已有五十多年历史。液态金属是一种全新的冷却剂，20世纪50年代初还不知道它们的性质。核动力新的需求，其中包括建造钠冷快中子反应堆，推动了这类冷却剂的研发。

与其他冷却剂(气体，水)相比较，液态金属拥有两个重要的优势：一是由于它们的沸点高，系统中压力低；二是由电子传导决定的高热导率。采用液态金属冷却剂可以保证动力装置中很大的热交换强度，保证它们结构的工作表面温度接近冷却剂温度[1,4]。

这一领域大量研究工作是在1950—1970年间进行的。在ЭЭИ科研领导人А.И. Лейпунский院士倡导下，在ЭНИН[21]进行了实验研究，液态金属热物理性质的首批表就根据这些结果编制而成。在诸多著名的专题论著[1,4,5,6,7]中都引用了这些表。

核动力的进一步发展导致必须研究铅、铅铋合金、锂、铯、钠钾合金等液态金属冷却剂的性质。其中，铅被认为在新一代反应堆和电核靶中很有应用前景。

已经查明，液态金属的许多热物理性质对动力装置中的流体力学和传热传质过程的特性有显著影响。特别是，与水相比较，液态金属固有的普朗特数和贝克来数比较低，从减小结构内温度不均匀性的观点来看，并不具有任何优势。许多液态金属的缺点是在与氧、水和结构材料相互作用时化学性很活泼，在一定条件下可能使装置中热交换变差[5]。

对液态金属热物理性质多年研究的主要结果示于参考文献[1,5,11,12,19,20,23,32,33,38,39]等评述和专题论著中。

3.4.1 基本热物理性质

表3.10 Li, Na, K, Cs的基本热物理性质[27]

性质		Li	Na	K	Cs
原子序数		3	11	19	55
相对原子质量		6.94	22.99	39.1	132.9
熔点,℃		180.5	98	63.6	28.5
K		453.7	371	336.8	301.6
沸点,℃		1 347	883	774	678
K		1 620	1 156	1 047	951.6
熔解热,kJ/kg		663	113.1	61.4	15.73
kJ/mol		4.6	2.64	2.40	2.09
蒸发热,kJ/kg		19 409	3 873	1 983	495.9
kJ/mol		134.7	89.04	77.53	65.90
密度,kg/m³	固态20 ℃时	534	966	862	1 873
	液态450 ℃时	491	844	739	1 597
比定压热容,kJ/(kg·K)	固态20 ℃时	3.569	1.230	0.756	0.242
	液态450 ℃时	4.205	1.272	0.763	0.220

续表

性　　质		Li	Na	K	Cs
热导率，W/(m·K)	固态 20 ℃时	84.7	130	102.4	35.9
	液态 450 ℃时	51.3	71.2	41.9	18.5
450 ℃时黏度，m^2/s		7.1×10^{-7}	3×10^{-7}	2.4×10^{-7}	1.28×10^{-7}
450 ℃时普朗特数		0.028 7	0.004 5	0.003 2	0.002 1
450 ℃时表面张力，mN/m		371	164	84.9	50.4
熔解时体积变化，%		+3.9	+2.65	+2.5	+2.7
临界温度，K		3 503±10	2 497±18	2 239± 49	2 035±23
临界压力，MPa		38.42±0.54	25.22±0.6	15.95±0.6	11.46±0.4
临界密度，kg/m^3		110.4±0.5	212±2	192±6	425±7
压缩率，$z=p_cV_c/RT_c$		0.083 2	0.132	0.175	0.212

表 3.11　Hg，Pb，Bi，Ga，In 的基本热物理性质[27,27a]

性　　质		Hg	Pb	Bi	Ga	In
原子序数		80	82	83	31	49
相对原子质量		200.6	207.2	209.0	69.72	114.82
熔点，℃		−38.9	327.6	271.4	29.8	156.2
K		234.3	600.6	544.4	302.9	429.32
沸点，℃		356.7	1 743	1 533	2 403	2 080
K		629.7	2 016	1 806	2 676	2 353
熔解热，kJ/kg		11.62	24.7	50.15	80.2	28.47
kJ/mol		2.331	5.12	10.48	5.59	3.27
蒸发热，kJ/kg		294.9	865.8	857	3 673	1 972
kJ/mol		59.15	179.4	179.1	256.1	226.4
密度，kg/m^3	固态 20 ℃时	14.193 (−38.9 ℃)	11 340	9 780	5 907	7 310
	液态 450 ℃时	12 510	10 520	9 854	5 822	7 010
比定压热容，kJ/(kg·K)	固态 20 ℃时	27.98	0.127	0.129	0.371	0.238
	液态 450 ℃时	0.137	0.147	0.150	0.380	0.252
热导率，W/(m·K)	固态 20 ℃时	8.34	35	8.4	40.6	81.6
	液态 450 ℃时	13	17.1	14.2	50.9	48
450 ℃时黏度，m^2/s		0.66×10^{-7}	1.9×10^{-7}	1.3×10^{-7}	1.59×10^{-7}	—
450 ℃时普朗特数		0.008 7	0.017 4	0.013 5	0.006 9	—
450 ℃时表面张力，mN/m		359	438	370	693	540
熔解时体积变化，%		+3.7	+3.6	−3.3	−3.2	+3.94
临界温度，K		1 763±15	5 000±200	5 100±200	7 200±200	6 600± 200
临界压力，MPa		153.5	180+30	150	400± 50	250±50
临界密度，kg/m^3		5 300±100	3 250±100	2 660±200	1 760±50	2 000±100
压缩率，$z=p_cV_c/RT_c$		0.039 6	0.276	0.278	0.265	0.262

表 3.12 NaK, NaKCs, PbBi, PbLi 合金的基本热物理性质[9]

性 质		NaK	NaKCs	PbBi	PbLi
原子序数		34	76.8	208.2	173.16
熔点,℃		−12.6	−78	125	235
K		260.5	195	398	508
沸点,℃		784	—	1 638	—
K		1 057	—	1 911	—
熔解热,kJ/kg		—	—	38.9	29.6
kJ/mol		—	—	8.09	5.12
蒸发热,kJ/kg		—	—	862	—
kJ/mol		—	—	179.2	—
密度,kg/m^3	固态 20 ℃时	—	—	10 474	9 495
	液态 450 ℃时	759	1 235	10 150	9 326
比定压热容,kJ/(kg·K)	固态 20 ℃时	—	—	0.128	约 0.250
	液态 450 ℃时	0.873	0.384	0.146	约 0.175
热导率,W/(m·K)	固态 20 ℃时	—	—	10	约 40
	液态 450 ℃时	26	13.7	14.2	约 51
450 ℃时黏度,m^2/s		2.4×10^{-7}	1.54×10^{-7}	1.4×10^{-7}	1.3×10^{-7}
450 ℃时普朗特数		0.006 3	0.005 3	0.014 7	0.027
450 ℃时表面张力,mN/m		110	81	393	436 (?)
熔解时体积变化,%		+2.5	+2.6	约+0.5	+3.6 (?)
合金中各元素质量分数		22/78	4.2/22.1/73.7	44.5/55.5	99.32/0.68
合金中各元素摩尔分数		32/68	13.9/43.5/42.6	43.7/56.3	83/17

3.4.2 近似关系式和表格的注解

编制表格时锂密度采用文献[33]的关系式,认为它是最准确的,因为其他文献[5, 12, 32, 39]提供的都是含 0.3%~0.5 %(质量分数)各种掺杂物的锂的数据,它们都取自文献[32]。

碱性金属的其他性质在专题论著[6]中详细研讨,其中补充了更可靠的数据来源。同一些数值也包含在近些年的其他专题论著[18, 26]中。

其他性质按下列公式算出:$a=\lambda/(C_p\rho)$ m^2/s;$\nu=\mu/\rho$ m^2/s;$Pr=v/a$

1) 锂[5, 18,26,33]

密度

$$\rho\times10^{-3}=0.537\,999\,43-0.016\,043\,986(T\times10^{-3})-0.099\,963\,362(T\times10^{-3})2+$$
$$0.054\,609\,894(T\times10^{-3})^3-0.015\,087\,628(T\times10^{-3})^4+$$

$$0.0027045593(T\times10^{-3})^5-0.00031537739(T\times10^{-3})^6\ \text{kg/m}^3 \tag{3.1}$$

比定压热容

$$C_p=(31.227+0.205\times10^6T^{-2}-5.265\times10^{-3}T+2.628\times10^{-6}T^2)/6.941\ \text{J/(kg}\cdot\text{K)} \tag{3.2}$$

热导率

$$\lambda=24.8+45.0\times10^{-3}T-11.6\times10^{-6}T^2\ \text{W/(m}\cdot\text{K)} \tag{3.3}$$

动力黏度

$$\ln\mu=-4.16435-0.63740\ln T+292.1/T\ \text{Pa}\cdot\text{s} \tag{3.4}$$

表面张力

$$\sigma=438.98-18.44\times10^{-3}T-132.20\times10^{-6}T^2+37.44\times10^{-9}T^3\ \text{mN/m} \tag{3.5}$$

蒸气压力

$$\ln p_s=-2.0532\ln(T\times10^{-3})-19.4268(T\times10^{-3})^{-1}+9.4993+0.753(T\times10^{-3})\text{MPa} \tag{3.6}$$

电阻率

$$\rho_e=(0.9249\times10^9\times T^{-1}+2.3167\times10^6-0.7131\times10^3T)^{-1}\ \Omega\cdot\text{m} \tag{3.7}$$

声速

$$a''=4783-0.5884T\ \text{m/s} \tag{3.7a}$$

2）钠[5, 33]

密度

$$\begin{aligned}\rho\times10^{-3}=&0.89660679+0.5161343(T\times10^{-3})-1.8297218(T\times10^{-3})2+\\&2.2016247(T\times10^{-3})^3-1.3975634(T\times10^{-3})^4+\\&0.44866894(T\times10^{-3})^5-0.057963628(T\times10^{-3})^6\ \text{kg/m}^3\end{aligned} \tag{3.8}$$

比定压热容

$$C_p=(38.12-0.0695\times10^6T^{-2}-19.493\times10^{-3}T+10.24\times10^{-6}T^2)/22.99\ \text{J/(kg}\cdot\text{K)} \tag{3.9}$$

热导率

$$\lambda=99.5-39.1\times10^{-3}T\ \text{W/(m}\cdot\text{K)} \tag{3.10}$$

动力黏度

$$\ln\mu=-6.4406-0.39580\ln T+556.8/T\ \text{Pa}\cdot\text{s} \tag{3.11}$$

表面张力

$$\sigma=247.00-142.3\times10^{-3}T+50.33\times10^{-6}T^2-16.62\times10^{-9}T^3\ \text{mN/m} \tag{3.12}$$

蒸气压力

$$\begin{aligned}\ln p_s=&-2.4946\ln(T\times10^{-3})-13.2905(T\times10^{-3})^{-1}+7.8441+1.7093(T\times10^{-3})\times\\&0.1716(T\times10^{-3})^2-0.0088(T\times10^{-3})^3-0.0091(T\times10^{-3})^4+\\&0.0029(T\times10^{-3})^5\ \text{MPa}\end{aligned} \tag{3.13}$$

电阻率

$$\rho_e=(4.9053\times10^9\times T^{-1}-2.7768\times10^6+0.4329\times10^3T)^{-1}\ \Omega\cdot\text{m} \tag{3.14}$$

声速

$$a''=2747-0.5673T\ \text{m/s} \tag{3.14a}$$

3）钾[33]

密度

$$\rho\times10^{-3}=0.90281376-0.16990711(T\times10^{-3})-0.26864769(T\times10^{-3})^2-0.50568188(T\times10^{-3})^3-0.46537912(T\times10^{-3})^4+0.20378107(T\times10^{-3})^5-0.034771308(T\times10^{-3})^6\ \mathrm{kg/m^3} \quad (3.15)$$

比定压热容

$$C_p=(39.288-0.086\times10^6T^{-2}-24.334\times10^{-3}T+15.863\times10^{-6}T^2)/39.098\ \mathrm{J/(kg\cdot K)} \quad (3.16)$$

热导率

$$\lambda=60.5-25.8\times10^{-3}T\ \mathrm{W/(m\cdot K)} \quad (3.17)$$

动力黏度

$$\ln\mu=-6.4846-0.42903\ln T+485.3/T\ \mathrm{Pa\cdot s} \quad (3.18)$$

表面张力

$$\sigma=130.48-45.72\times10^{-3}T-32.65\times10^{-6}T^2+12.12\times10^{-9}T^3\ \mathrm{mN/m} \quad (3.19)$$

蒸气压力

$$\ln p_s=-0.9875\ln(T\times10^{-3})-10.8427(T\times10^{-3})^{-1}+8.9156-1.5573(T\times10^{-3})+1.1129(T\times10^{-3})^2-0.1124(T\times10^{-3})^3-0.1276(T\times10^{-3})^4+0.0324(T\times10^{-3})^5\ \mathrm{MPa} \quad (3.20)$$

电阻率

$$\rho_e=(2.9394\times10^9\times T^{-1}-1.6125\times10^6+0.1580\times10^3T)^{-1}\ \Omega\cdot\mathrm{m} \quad (3.21)$$

声速

$$a''=2064-0.532T\ \mathrm{m/s} \quad (3.21a)$$

4）铯[33]

密度

$$\rho\times10^{-3}=1.9058924+0.29801989(T\times10^{-3})-2.8529531(T\times10^{-3})^2+4.6810162(T\times10^{-3})^3-4.0361819(T\times10^{-3})^4+1.736613(T\times10^{-3})^5-0.29684317(T\times10^{-3})^6\ \mathrm{kg/m^3} \quad (3.22)$$

比定压热容

$$C_p=(46.727-0.363\times10^6T^{-2}-40.865\times10^{-3}T+24.449\times10^{-6}T^2)/132.9\ \mathrm{J/(kg\cdot K)} \quad (3.23)$$

热导率

$$\lambda=18.9+4.1\times10^{-3}T-6.5\times10^{-6}T^2\ \mathrm{W/(m\cdot K)} \quad (3.24)$$

动力黏度

$$\ln\mu=-6.4072-0.40767\ln T+432.8/T\ \mathrm{Pa\cdot s} \quad (3.25)$$

表面张力

$$\sigma=88.02-59.49\times10^{-3}T-13.30\times10^{-6}T^2-4.04\times10^{-9}T^3\ \mathrm{mN/m} \quad (3.26)$$

蒸气压力

$$\ln p_s=-0.7063\ln(T\times10^{-3})-9.3205(T\times10^{-3})^{-1}+8.7226-2.4528(T\times10^{-3})+1.2463(T\times10^{-3})^2+0.4933(T\times10^{-3})^3-0.5969(T\times10^{-3})^4+0.135(T\times10^{-3})^5\ \mathrm{MPa} \quad (3.27)$$

电阻率

$$\rho_e=(0.8185\times10^9\times T^{-1}+0.1684\times10^6-0.2678\times10^3 T)^{-1}\ \Omega\cdot\text{m} \qquad (3.28)$$

声速

$$a''=1054-0.3102T\ \text{m/s} \qquad (3.28\text{a})$$

5）汞[8, 9, 20, 21, 27]

汞的热物理性质和输运性质示于参考文献[8 (1 971),27 (1 991)]。这里和以下 t (℃) = $T-273$，式中，T——以 K 为单位的温度。

密度[8]

$$\rho=13595(1-1.8144\times10^{-4}t-7.016\times10^{-9}t^2-2.8625\times10^{-11}t^3-2.617\times10^{-14}t^4)\text{kg/m}^3 \qquad (3.29)$$

比定压热容

$$C_p=0.1508-6.630\times10^{-5}T+6.4185\times10^{-8}T^2+0.8049/T\ \text{J/(kg}\cdot\text{K)} \qquad (3.30)$$

热导率

$$\lambda=8.178+1.36\times10^{-2}t-6.378\times10^{-6}t^2\ \text{W/(m}\cdot\text{K)} \qquad (3.31)$$

当 $T=(303\sim773)$K 时的动力黏度

$$\mu=0.31\times10^{-3}T^{0.07939}\exp(341.13/T)\text{Pa}\cdot\text{s} \qquad (3.32)$$

表面张力[8]

$$\sigma=497-0.281(T-234)\text{mN/m} \qquad (3.33)$$

体胀系数

$$\bar{\beta}\times10^4=1.8144+7.016\times10^{-5}t+2.8625\times10^{-7}t^2+2.617\times10^{-10}t^3\ 1/\text{K} \qquad (3.34)$$

当 $t=(-39\sim1000)$ ℃时的电阻率

$$(\rho/\rho_0)_e\times10^8=1+0.8896\times10^{-3}t+1.0075\times10^{-6}t^2-1.05\times10^{-10}t^3+2.702\times10^{-13}t^4+1.199\times10^{-15}t^5\ \Omega\cdot\text{m} \qquad (3.35)$$

式中，$\rho_0=0.9407\times10^{-6}\ \Omega\cdot\text{m}$[8]；

$\rho_0=0.9412\times10^{-6}\Omega\cdot\text{m}$[6a]。

蒸气压力

$$\ln p_s=33.197-7765.6/T-1.5337\ln T+0.864\times10^{-3}T\ \text{Pa} \qquad (3.36)$$

$t=t_{熔化}-200$ ℃时的声速

$$a=1460-0.4671\ t(\pm1\text{m/s})\text{m/s} \qquad (3.37)$$

6）镓[23, 27, 29]

$T=(303\sim1000)$ K 时的密度[23 (1982)]

$$\rho=(6.262\pm0.01)-(6.682\pm0.035)\times10^{-4}T+(4.35\pm0.015)\times10^{-8}T^2\ \text{kg/m}^3 \qquad (3.38)$$

$T=(303\sim1500)$K 时的比定压热容[27 (1991)]

$$C_p=417.781-753.308\times10^{-4}T+322.371\times10^{-7}T^2\ \text{J/(kg}\cdot\text{K)} \qquad (3.39)$$

$T=(303\sim1500)$时的热导率[23 (1982)]

$$\lambda=7.08+8.014\times10^{-2}T-2.7\times10^{-5}T^2\ \text{W/(m}\cdot\text{K)} \qquad (3.40)$$

$T=(303\sim773)$K 时的运动黏度

$$\nu\times10^7=28.6+2.0\times10^{-2}T+3.27\times10^{-6}T^2\ \text{m}^2/\text{s} \qquad (3.41)$$

公式(3.41)按照文献[29]中引文[158]数据组成。

T = (303～773)K 时表面张力[27(1991)]

$$\sigma=708-3.9\times10^{-5}(T-303)\text{mN/m} \quad (3.42)$$

T=(303～1 500)K 时的电阻率[23(1982)]

$$\rho_e\times10^8=(19.322\pm0.04)+(2.206\pm0.035)\times10^{-2}T-(2.09\pm0.012)\times10^{-6}T^2\ \Omega\cdot\text{m} \quad (3.43)$$

7) 铅[3,14,21,23,24,27,34]

密度 $$\rho\times10^{-3}=(11.42\pm0.01)-(12.42\pm0.012)\times10^{-4}T^3\ \text{kg/m}^3 \quad (3.44)$$

比定压热容 $C_p=147.3\ \text{J/(kg}\cdot\text{K)}$

热导率[34]

$$\lambda=15.8+108\times10^{-4}(T-600.4)\text{W/(m}\cdot\text{K)} \quad (3.45)$$

T=(303～773) K 时的运动黏度

$$\nu\times10^8=15.87\times10^3/T-2.65\ \text{m}^2/\text{s} \quad (3.46)$$

公式(3.46)是根据 Никольский Н. А. 等的实验数据[21]得到的经验公式。

表面张力[24]

$$\sigma=446-0.064(T-600)\text{mN/m} \quad (3.47)$$

电阻率

当 T=(600～1 200) K 时[23]

$$\rho_e\times10^8=(65.73\pm0.15)+(4.65\pm0.05)\times10^{-2}T\ \Omega\cdot\text{m} \quad (3.48)$$

当 T=(1 000～2 400) K 时[3]

$$\rho_e\times10^8=-84.5+0.3655T-2.135\times10^{-4}T^2+4.77\times10^{-8}T^3\ \Omega\cdot\text{m} \quad (3.49)$$

8) 22Na-78K 合金[33]

密度根据按质量分数相加法则计算

$$1/\rho_{NaK}=0.22/\rho_{Na}+0.78/\rho_K \quad (3.50)$$

比定压热容根据按质量分数相加法则确定

$$C_p=0.22C_p(\text{Na})+0.78C_p(\text{K})\text{J/(kg}\cdot\text{K)} \quad (3.51)$$

热导率

$$\lambda=15.0006+30.2877\times10^{-3}T-20.8095\times10^{-6}T^2\text{W/(m}\cdot\text{K)} \quad (3.52)$$

运动黏度

$$\nu\times10^8=200.7657-0.734683T+1.12102\times10^{-3}T^2-0.774427\times10^{-6}T^3+0.200382\times10^{-9}T^4\ \text{m}^2/\text{s} \quad (3.53)$$

表面张力根据按质量分数相加法则求得

$$\sigma=0.32\sigma_{Na}+0.68\sigma_K\ \text{mN/m} \quad (3.54)$$

表中以 MPa 为单位的蒸气压力按 Раул 法则求得。

电阻率

$$\rho_e\times10^8=0.0570831t+33.8419\ \Omega\cdot\text{m} \quad (3.55)$$

9) 4.2Na-22.2K-73.6Cs 合金[33]

密度根据按质量分数相加法则计算得到

$$1/\rho=0.0416/\rho_{Na}+0.2014/\rho_K+0.737/\rho_{Cs} \quad (3.56)$$

比定压热容根据按质量分数相加法则确定

$$C_p=(42.8-35.3\times10^{-3}T+23.4\times10^{-6}T^2)/76.81\ \mathrm{J/(kg\cdot K)} \tag{3.57}$$

热导率

$$\lambda=8.2+27.3\times10^{-3}T-41.0\times10^{-6}T^2+16.1\times10^{-9}T^3\ \mathrm{W/(m\cdot K)} \tag{3.58}$$

动力黏度

$$\ln\mu=-6.954-0.353\ln T+511.3/T\ \mathrm{Pa\cdot s} \tag{3.59}$$

表面张力根据按质量分数相加法则估算

$$\sigma=0.139\sigma_{\mathrm{Na}}+0.435\sigma_{\mathrm{K}}+0.426\sigma_{\mathrm{Cs}}\ \mathrm{mN/m} \tag{3.60}$$

蒸气压力

$$\ln p=0.434\ln(T\times10^{-3})-8.433(T\times10^{-3})^{-1}+6.208\mathrm{MPa} \tag{3.61}$$

电阻率

$$\rho_e\times10^8=0.23T/\lambda\Omega\cdot\mathrm{m} \tag{3.62}$$

10) 44.5Pb-55.5Bi 合金[14, 15, 21, 23, 24]

密度根据按质量分数相加法则算出

$$\rho\times10^{-3}=(11.05\pm0.01)-(12.49\pm0.012)10^{-4}T\ \mathrm{kg/m^3} \tag{3.63}$$

比定压热容 $C_p=146$ J/(kg·K)

热导率　考虑到合金两个组分的相对原子质量、它们的百分比质量分数和体积分数相近(Pb-0.491, Bi-0.509),可以按叠加法则合理估算合金的热导率,这一计算数据与实验数据[21]完全符合。

通过文献[21]实验数据的近似得到单位为 $\mathrm{m^2/s}$ 的运动黏度

$$\nu\times10^8=68.9-0.126T+6.95\times10^{-5}T^2\ \mathrm{m^2/s} \tag{3.64}$$

表面张力。考虑到合金两个纯组分的表面张力值接近,可以预计用叠加法则计算是足够准确的,该法则给出

$$\sigma=416-0.0703(T-398)\mathrm{mN/m} \tag{3.65}$$

这个结果通过直接测量[24]确证无误。

按照[15]数据的电阻率

$$\rho_e\times10^8=(83.35\pm0.5)+(5.23\pm0.09)10^{-2}T\ \Omega\cdot\mathrm{m} \tag{3.66}$$

它与按 ρ_e(Pb) 和 ρ_e(Bi)叠加法则算得的实际上一致。

(1) 99.32Pb-0.684Li (Li17Pb83)合金[12, 18, 37, 40, 41]

合金中两种元素的质量分数:Li —0.006 81,Pb—0.993 19。

密度

$$\rho\times10^{-3}=9\,499-0.850(T-508)\mathrm{kg/m^3} \tag{3.67}$$

近似公式(3.67)是将下列三种方法求得的系数平均后得到的:

1) 按体积分数叠加法则算得

$$\rho\times10^{-3}=9\,482-1.145(T-508)\mathrm{kg/m^3} \tag{3.68}$$

2) 将文献[40]中完成的数据近似[41]后算得

$$\rho\times10^{-3}=9\,495-0.695(T-508)\mathrm{kg/m^3} \tag{3.69}$$

3) 根据 H. Ruppersberg and W. Speicher. -Z. Naturfor., 1 976, Bd. 31a, s. 47. 实验数据由 G. Kuhlborsch, F. Reiter. -Nucl. Eng. Des. /Fusion, 1 984, Vol. 1, No. 2 算得

$$\rho \times 10^{-3} = 9\ 519 - 0.71(T - 508)\text{kg/m}^3 \quad (3.70)$$

比定压热容用下列两种方法算得的平均值确定：

1）按叠加法则算得

$$C_p = 0.006\ 81C_{p\text{Li}} + 0.993\ 19C_{p\text{Pb}}\text{J/(kg·K)} \quad (3.71)$$

2）将文献[37]的数据近似后得

$$C_p = 190.4 - 0.925 \times 10^{-2}(T - 508)\text{J/(kg·K)} \quad (3.72)$$

热导率。将文献[37]中数据近似和外推后得到计算公式

$$\lambda = 11.9 + 1.96 \times 10^{-2}(T - 508)\text{W/(m·K)} \quad (3.73)$$

动力黏度

$$\mu = 0.182\ 8\exp(11\ 400/RT)\text{MPa·s} \quad (3.74)$$

式中，$R = 8.314$ J/mol·K。

公式(3.74)是将下列两项工作给出的值平均后确定的：

1）引自文献[12] $\mu = 0.178\ 6\exp(11\ 160/RT)\text{MPa·s}$ (3.75)

2）当 $508\text{K} < T < 623\text{K}$ 时

$$\mu = 0.187\exp(11\ 640/RT)\text{MPa·s} \quad (3.76)$$

公式(3.76)是在文献[40]参照的 B. Schulz, KfK, Personal comunication 中使用的。稍后在 Fusion Eng. Des.，1 991，v. 14 上发表。

表面张力是将文献[12]中数据代入得到：

$$\sigma = 0.497\ 194 - 0.000\ 136\ 595t\ \text{mN/m} \quad (3.77)$$

蒸气压力是将文献[12]中数据近似得到：

$$\lg p_s = 10 - 9\ 870/T\ \text{MPa} \quad (3.78)$$

以 Ω·m 为单位的电阻率，列于表格中的数据取自文献[37]。

3.4.3 热物理性质表

表 3.13 根据方程(3.1～3.7)得到的锂的性质

T(K)，t(℃)，ρ(kg/m^3)，C_p(J/(kg·K))，λ(W/(m·K))，$a\times10^6$(m^2/s)，

$\nu\times10^8$(m^2/s)，$Pr\times10^2$，σ(mN/m)，p(MPa)，$\rho_e\times10^8$(Ω·m)

T	t	ρ	C_p	λ	a	ν	Pr	σ	p	ρ_e
473	200	513	4 357	43.5	19.45	110.79	5.70	404.6	1.290E−07	25.4
483	210	512	4 348	43.8	19.68	108.10	5.49	403.5	2.914E−07	25.7
493	220	512	4 339	44.2	19.90	105.56	5.30	402.2	6.366E−07	26.0
503	230	511	4 330	44.5	20.12	103.16	5.13	401.0	1.347E−06	26.3
513	240	510	4 322	44.8	20.35	100.89	4.96	399.8	2.768E−06	26.6
523	250	509	4 314	45.2	20.57	98.74	4.80	398.5	5.529E−06	26.9
533	260	508	4 306	45.5	20.79	96.70	4.65	397.3	1.076E−05	27.2
543	270	507	4 299	45.8	21.01	94.76	4.51	396.0	2.041E−05	27.5
553	280	507	4 292	46.1	21.22	92.91	4.38	394.7	3.783E−05	27.8

续表

T	t	ρ	C_p	λ	a	ν	Pr	σ	p	ρ_e
563	290	506	4 285	46.5	21.44	91.15	4.25	393.4	6.857E−05	28.1
573	300	505	4 279	46.8	21.66	89.48	4.13	392.1	1.217E−04	28.4
583	310	504	4 272	47.1	21.87	87.88	4.02	390.7	2.117E−04	28.7
593	320	503	4 266	47.4	22.09	86.35	3.91	389.4	3.612E−04	29.0
603	330	502	4 260	47.7	22.30	84.89	3.81	388.0	6.055E−04	29.2
613	340	501	4 255	48.0	22.52	83.49	3.71	386.6	9.976E−04	29.5
623	350	500	4 249	48.3	22.73	82.15	3.61	385.2	1.617E−03	29.8
633	360	499	4 244	48.6	22.94	80.86	3.52	383.8	2.581E−03	30.1
643	370	499	4 239	48.9	23.16	79.63	3.44	382.4	4.058E−03	30.3
653	380	498	4 234	49.2	23.37	78.45	3.36	381.0	6.292E−03	30.6
663	390	497	4 230	49.5	23.58	77.31	3.28	379.6	9.624E−03	30.9
673	400	496	4 225	49.8	23.79	76.22	3.20	378.1	1.453E−02	31.1
683	410	495	4 221	50.1	24.00	75.17	3.13	376.6	2.168E−02	31.4
693	420	494	4 217	50.4	24.20	74.15	3.06	375.2	3.196E−02	31.7
703	430	493	4 213	50.7	24.41	73.18	3.00	373.7	4.659E−02	31.9
713	440	492	4 209	51.0	24.62	72.24	2.93	372.2	6.718E−02	32.2
723	450	491	4 205	51.3	24.83	71.33	2.87	370.7	9.589E−02	32.5
733	460	490	4 201	51.6	25.03	70.46	2.81	369.2	1.355E−01	32.7
743	470	489	4 198	51.8	25.24	69.61	2.76	367.7	1.897E−01	33.0
753	480	488	4 195	52.1	25.44	68.80	2.70	366.1	2.632E−01	33.2
763	490	487	4 191	52.4	25.64	68.01	2.65	364.6	3.619E−01	33.5
773	500	486	4 188	52.7	25.85	67.25	2.60	363.0	4.935E−01	33.8
783	510	485	4 185	52.9	26.05	66.51	2.55	361.5	6.676E−01	34.0
793	520	484	4 183	53.2	26.25	65.79	2.51	359.9	8.961E−01	34.3
803	530	483	4 180	53.5	26.45	65.10	2.46	358.3	1.194E+00	34.5
813	540	483	4 177	53.7	26.65	64.43	2.42	356.7	1.579E+00	34.8
823	550	482	4 175	54.0	26.85	63.78	2.38	355.1	2.074E+00	35.0
833	560	481	4 172	54.2	27.05	63.15	2.33	353.5	2.707E+00	35.3
843	570	480	4 170	54.5	27.25	62.54	2.30	351.9	3.509E+00	35.6
853	580	479	4 168	54.7	27.44	61.95	2.26	350.3	4.522E+00	35.8
863	590	478	4 166	55.0	27.64	61.37	2.22	348.7	5.792E+00	36.1
873	600	477	4 164	55.2	27.84	60.81	2.18	347.0	7.375E+00	36.3

续表

T	t	ρ	C_p	λ	a	ν	Pr	σ	p	ρ_e
883	610	476	4 162	55.5	28.03	60.27	2.15	345.4	9.340E+00	36.6
893	620	475	4 161	55.7	28.22	59.74	2.12	343.8	1.176E+01	36.8
903	630	474	4 159	56.0	28.42	59.23	2.08	342.1	1.474E+01	37.1
913	640	473	4 157	56.2	28.61	58.73	2.05	340.4	1.838E+01	37.3
923	650	472	4 156	56.5	28.80	58.25	2.02	338.8	2.280E+01	37.6
933	660	471	4 155	56.7	28.99	57.77	1.99	337.1	2.816E+01	37.8
943	670	470	4 154	56.9	29.18	57.32	1.96	335.4	3.462E+01	38.1
953	680	469	4 152	57.2	29.37	56.87	1.94	333.8	4.237E+01	38.4
963	690	468	4 151	57.4	29.56	56.43	1.91	332.1	5.163E+01	38.6
973	700	467	4 151	57.6	29.74	56.01	1.88	330.4	6.266E+01	38.9
983	710	466	4 150	57.8	29.93	55.59	1.86	328.7	7.575E+01	39.1
993	720	465	4 149	58.1	30.11	55.19	1.83	327.0	9.121E+01	39.4
1 003	730	464	4 148	58.3	30.30	54.80	1.81	325.3	1.094E+02	39.6
1 013	740	463	4 148	58.5	30.48	54.41	1.79	323.6	1.308E+02	39.9
1 023	750	462	4 147	58.7	30.66	54.04	1.76	321.9	1.558E+02	40.1
1 033	760	461	4 147	58.9	30.84	53.68	1.74	320.1	1.849E+02	40.4
1 043	770	460	4 147	59.1	31.02	53.32	1.72	318.4	2.187E+02	40.7
1 053	780	459	4 147	59.3	31.20	52.97	1.70	316.7	2.579E+02	40.9
1 063	790	458	4 147	59.5	31.38	52.63	1.68	315.0	3.032E+02	41.2
1 073	800	457	4 147	59.7	31.55	52.30	1.66	313.2	3.553E+02	41.4
1 083	810	456	4 147	59.9	31.73	51.98	1.64	311.5	4.152E+02	41.7
1 093	820	454	4 147	60.1	31.90	51.66	1.62	309.8	4.837E+02	42.0
1 103	830	453	4 147	60.3	32.07	51.35	1.60	308.1	5.619E+02	42.2
1 113	840	452	4 148	60.5	32.25	51.05	1.58	306.3	6.511E+02	42.5
1 123	850	451	4 148	60.7	32.42	50.76	1.57	304.6	7.524E+02	42.7
1 133	860	450	4 149	60.9	32.59	50.47	1.55	302.8	8.672E+02	43.0
1 143	870	449	4 149	61.1	32.75	50.19	1.53	301.1	9.970E+02	43.3
1 153	880	448	4 150	61.3	32.92	49.91	1.52	299.4	1.143E+03	43.5
1 163	890	447	4 151	61.5	33.09	49.64	1.50	297.6	1.308E+03	43.8
1 173	900	446	4 152	61.6	33.25	49.38	1.48	295.9	1.493E+03	44.1
1 183	910	445	4 153	61.8	33.42	49.12	1.47	294.1	1.701E+03	44.4
1 193	920	444	4 154	62.0	33.58	48.86	1.46	292.4	1.933E+03	44.6
1 203	930	443	4 155	62.2	33.74	48.62	1.44	290.7	2.192E+03	44.9
1 213	940	442	4 156	62.3	33.90	48.37	1.43	288.9	2.481E+03	45.2
1 223	950	441	4 157	62.5	34.06	48.14	1.41	287.2	2.801E+03	45.4

续表

T	t	ρ	C_p	λ	a	ν	Pr	σ	p	ρ_e
1 233	960	440	4 159	62.7	34.21	47.90	1.40	285.4	3.157E+03	45.7
1 243	970	439	4 160	62.8	34.37	47.68	1.39	283.7	3.552E+03	46.0
1 253	980	438	4 162	63.0	34.52	47.45	1.37	282.0	3.988E+03	46.3
1 263	990	437	4 163	63.1	34.67	47.23	1.36	280.2	4.469E+03	46.6
1 273	1 000	436	4 165	63.3	34.82	47.02	1.35	278.5	5.000E+03	46.8
1 283	1 010	435	4 167	63.4	34.97	46.81	1.34	276.8	5.583E+03	47.1
1 293	1 020	434	4 169	63.6	35.12	46.61	1.33	275.1	6.224E+03	47.4
1 303	1 030	433	4 171	63.7	35.27	46.40	1.32	273.3	6.928E+03	47.7
1 313	1 040	432	4 173	63.9	35.41	46.21	1.30	271.6	7.697E+03	48.0
1 323	1 050	431	4 175	64.0	35.56	46.01	1.29	269.9	8.539E+03	48.3
1 333	1 060	430	4 177	64.2	35.70	45.82	1.28	268.2	9.458E+03	48.5
1 343	1 070	429	4 180	64.3	35.84	45.64	1.27	266.5	1.046E+04	48.8
1 353	1 080	428	4 182	64.5	35.98	45.45	1.26	264.8	1.155E+04	49.1
1 363	1 090	427	4 184	64.6	36.12	45.27	1.25	263.1	1.274E+04	49.4
1 373	1 100	426	4 187	64.7	36.26	45.10	1.24	261.4	1.403E+04	49.7
1 383	1 110	425	4 190	64.9	36.39	44.92	1.23	259.7	1.542E+04	50.0
1 393	1 120	424	4 192	65.0	36.52	44.75	1.23	258.0	1.694E+04	50.3
1 403	1 130	423	4 195	65.1	36.66	44.59	1.22	256.3	1.857E+04	50.6
1 413	1 140	422	4 198	65.2	36.79	44.42	1.21	254.6	2.034E+04	50.9
1 423	1 150	421	4 201	65.4	36.91	44.26	1.20	252.9	2.225E+04	51.2
1 433	1 160	420	4 204	65.5	37.04	44.11	1.19	251.3	2.431E+04	51.5
1 443	1 170	419	4 207	65.6	37.17	43.95	1.18	249.6	2.652E+04	51.9
1 453	1 180	418	4 210	65.7	37.29	43.80	1.17	247.9	2.890E+04	52.2
1 463	1 190	417	4 213	65.8	37.41	43.65	1.17	246.3	3.146E+04	52.5
1 473	1 200	417	4 217	65.9	37.53	43.50	1.16	244.6	3.421E+04	52.8
1 483	1 210	416	4 220	66.0	37.65	43.36	1.15	243.0	3.715E+04	53.1
1 493	1 220	415	4 224	66.1	37.77	43.22	1.14	241.4	4.030E+04	53.4
1 503	1 230	414	4 227	66.2	37.88	43.08	1.14	239.7	4.368E+04	53.8
1 513	1 240	413	4 231	66.3	37.99	42.94	1.13	238.1	4.729E+04	54.1
1 523	1 250	412	4 235	66.4	38.11	42.81	1.12	236.5	5.114E+04	54.4
1 533	1 260	411	4 238	66.5	38.22	42.68	1.12	234.9	5.525E+04	54.7
1 543	1 270	410	4 242	66.6	38.32	42.55	1.11	233.3	5.963E+04	55.1
1 553	1 280	409	4 246	66.7	38.43	42.42	1.10	231.7	6.429E+04	55.4
1 563	1 290	408	4 250	66.8	38.54	42.30	1.10	230.2	6.926E+04	55.8
1 573	1 300	407	4 255	66.9	38.64	42.18	1.09	228.6	7.454E+04	56.1

表 3.14 根据方程(3.8～3.14)得到的钠的性质

T(K),t(℃),ρ(kg/m^3),C_p(J/(kg·K)),λ(W/(m·K)),$a\times10^6$(m^2/s),

$\nu\times10^8$(m^2/s),$Pr\times10^2$,σ(mN/m),p(MPa),$\rho_e\times10^8$(Ω·m)

T	t	ρ	C_p	λ	a	ν	Pr	σ	p	ρ_e
373	100	925	1 382	84.9	66.42	73.67	1.11	200.1	1.848E−05	9.49
383	110	923	1 378	84.5	66.44	70.25	1.06	198.9	4.457E−05	9.81
393	120	921	1 374	84.1	66.46	67.15	1.01	197.8	1.027E−04	10.1
403	130	919	1 370	83.7	66.48	64.32	0.97	196.7	2.267E−04	10.4
413	140	917	1 366	83.3	66.51	61.74	0.93	195.6	4.813E−04	10.8
423	150	915	1 362	83.0	66.54	59.37	0.89	194.5	9.856E−04	11.1
433	160	913	1 358	82.6	66.56	57.19	0.86	193.5	1.951E−03	11.4
443	170	911	1 354	82.2	66.59	55.19	0.83	192.4	3.743E−03	11.8
453	180	909	1 350	81.8	66.62	53.33	0.80	191.3	6.972E−03	12.1
463	190	907	1 347	81.4	66.65	51.61	0.77	190.2	1.264E−02	12.5
473	200	904	1 343	81.0	66.68	50.01	0.75	189.2	2.232E−02	12.8
483	210	902	1 340	80.6	66.70	48.53	0.73	188.1	3.849E−02	13.2
493	220	900	1 336	80.2	66.73	47.14	0.71	187.1	6.489E−02	13.5
503	230	898	1 332	79.8	66.75	45.85	0.69	186.0	1.071E−01	13.9
513	240	895	1 329	79.4	66.77	44.64	0.67	185.0	1.733E−01	14.3
523	250	893	1 325	79.0	66.79	43.50	0.65	184.0	2.752E−01	14.6
533	260	890	1 322	78.7	66.81	42.44	0.64	182.9	4.293E−01	15.0
543	270	888	1 318	78.3	66.82	41.44	0.62	181.9	6.586E−01	15.4
553	280	886	1 315	77.9	66.83	40.49	0.61	180.9	9.945E−01	15.8
563	290	883	1 312	77.5	66.84	39.60	0.59	179.9	1.480E+00	16.2
573	300	881	1 309	77.1	66.85	38.76	0.58	178.9	2.170E+00	16.6
583	310	878	1 306	76.7	66.85	37.96	0.57	177.8	3.141E+00	17.0
593	320	876	1 303	76.3	66.84	37.21	0.56	176.8	4.488E+00	17.4
603	330	873	1 301	75.9	66.83	36.50	0.55	175.8	6.336E+00	17.8
613	340	871	1 298	75.5	66.82	35.82	0.54	174.8	8.843E+00	18.2
623	350	869	1 295	75.1	66.80	35.17	0.53	173.9	1.221E+01	18.6
633	360	866	1 292	74.7	66.78	34.56	0.52	172.9	1.668E+01	19.1
643	370	864	1 290	74.4	66.75	33.98	0.51	172.0	2.256E+01	19.5
653	380	861	1 287	74.0	66.72	33.42	0.50	170.9	3.024E+01	19.9
663	390	859	1 285	73.6	66.68	32.89	0.49	169.9	4.015E+01	20.4
673	400	856	1 283	73.2	66.64	32.38	0.49	167.0	5.287E+01	20.8
683	410	854	1 280	72.8	66.59	31.90	0.48	168.0	6.904E+01	21.3
693	420	851	1 278	72.4	66.54	31.44	0.47	167.0	8.946E+01	21.7
703	430	849	1 276	72.0	66.48	30.99	0.47	166.1	1.150E+02	22.2

续表

T	t	ρ	C_p	λ	a	ν	Pr	σ	p	ρ_e
713	440	846	1 274	71.6	66.42	30.57	0.46	165.1	1.469E+02	22.7
723	450	844	1 272	71.2	66.35	30.16	0.45	164.1	1.863E+02	23.1
733	460	841	1 270	70.8	66.27	29.77	0.45	163.2	2.346E+02	23.6
743	470	839	1 269	70.4	66.19	29.40	0.44	162.2	2.937E+02	24.1
753	480	837	1 267	70.1	66.10	29.04	0.44	161.3	3.654E+02	24.6
763	490	834	1 265	69.7	66.01	28.69	0.43	160.3	4.520E+02	25.1
773	500	832	1 264	69.3	65.91	28.36	0.43	159.4	5.560E+02	25.6
783	510	829	1 262	68.9	65.80	28.04	0.43	158.5	6.802E+02	26.1
793	520	827	1 261	68.5	65.69	27.73	0.42	157.5	8.279E+02	26.6
803	530	824	1 260	68.1	65.57	27.43	0.42	156.6	1.003E+03	27.2
813	540	822	1 259	67.7	65.45	27.14	0.41	155.6	1.209E+03	27.7
823	550	820	1 258	67.3	65.32	26.87	0.41	154.7	1.450E+03	28.2
833	560	817	1 257	66.9	65.18	26.60	0.41	153.8	1.732E+03	28.8
843	570	815	1 256	66.5	65.04	26.34	0.41	152.8	2.060E+03	29.3
853	580	812	1 255	66.1	64.89	26.10	0.40	151.9	2.440E+03	29.9
863	590	810	1 254	65.8	64.73	25.86	0.40	151.0	2.878E+03	30.5
873	600	808	1 253	65.4	64.57	25.62	0.40	150.1	3.382E+03	31.1
883	610	805	1 253	65.0	64.40	25.40	0.39	149.1	3.960E+03	31.6
893	620	803	1 252	64.6	64.23	25.18	0.39	148.2	4.620E+03	32.2
903	630	801	1 252	64.2	64.05	24.97	0.39	147.3	5.371E+03	32.8
913	640	798	1 252	63.8	63.86	24.77	0.39	146.4	6.223E+03	33.4
923	650	796	1 251	63.4	63.67	24.57	0.39	145.5	7.188E+03	34.0
933	660	793	1 251	63.0	63.47	24.38	0.38	144.5	8.276E+03	34.7
943	670	791	1 251	62.6	63.27	24.20	0.38	143.6	9.500E+03	35.3
953	680	789	1 251	62.2	63.06	24.02	0.38	142.7	1.087E+04	35.9
963	690	786	1 251	61.8	62.84	23.85	0.38	141.8	1.241E+04	36.6
973	700	784	1 252	61.5	62.62	23.68	0.38	140.9	1.412E+04	37.2
983	710	782	1 252	61.1	62.39	23.52	0.38	140.0	1.603E+04	37.9
993	720	779	1 252	60.7	62.16	23.36	0.38	139.0	1.815E+04	38.6
1 003	730	777	1 253	60.3	61.92	23.21	0.37	138.1	2.050E+04	39.2
1 013	740	775	1 253	59.9	61.68	23.06	0.37	137.2	2.309E+04	39.9
1 023	750	772	1 254	59.5	61.43	22.91	0.37	136.3	2.595E+04	40.6
1 033	760	770	1 255	59.1	61.17	22.78	0.37	135.4	2.910E+04	41.3
1 043	770	768	1 256	58.7	60.91	22.64	0.37	134.5	3.256E+04	42.1
1 053	780	765	1 256	58.3	60.65	22.51	0.37	133.6	3.636E+04	42.8
1 063	790	763	1 257	57.9	60.38	22.38	0.37	132.6	4.051E+04	43.5

续表

T	t	ρ	C_p	λ	a	ν	Pr	σ	p	ρ_e
1 073	800	761	1 259	57.5	60.10	22.26	0.37	131.7	4.504E+04	44.3
1 083	810	758	1 260	57.1	59.82	22.14	0.37	130.8	4.998E+04	45.0
1 093	820	756	1 261	56.8	59.53	22.02	0.37	129.9	5.535E+04	45.8
1 103	830	754	1 262	56.4	59.24	21.91	0.37	129.0	6.119E+04	46.6
1 113	840	751	1 264	56.0	58.95	21.80	0.37	128.0	6.752E+04	47.3
1 123	850	749	1 265	56.0	58.65	21.69	0.37	127.1	7.437E+04	48.1
1 133	860	747	1 267	55.2	58.35	21.59	0.37	126.2	8.177E+04	48.9
1 143	870	744	1 269	54.8	58.04	21.49	0.37	125.3	8.977E+04	49.8
1 153	880	742	1 270	54.4	57.72	21.40	0.37	124.4	9.838E+04	50.6
1 163	890	740	1 272	54.0	57.41	21.30	0.37	123.4	1.076E+05	51.4
1 173	900	737	1 274	53.6	57.09	21.21	0.37	122.5	1.176E+05	52.3
1 183	910	735	1 276	53.2	56.76	21.12	0.37	121.6	1.283E+05	53.1
1 193	920	733	1 278	52.8	56.43	21.04	0.37	120.6	1.397E+05	54.0
1 203	930	730	1 281	52.5	56.10	20.95	0.37	119.7	1.520E+05	54.9
1 213	940	728	1 283	52.1	55.76	20.87	0.37	118.8	1.651E+05	55.8
1 223	950	725	1 285	51.7	55.42	20.80	0.38	117.8	1.791E+05	56.7
1 233	960	723	1 288	51.3	55.08	20.72	0.38	116.9	1.940E+05	57.6
1 243	970	721	1 290	50.9	54.73	20.65	0.38	116.0	2.099E+05	58.6
1 253	980	718	1 293	50.5	54.38	20.58	0.38	115.0	2.267E+05	59.5
1 263	990	716	1 296	50.1	54.03	20.51	0.38	114.1	2.447E+05	60.5
1 273	1 000	713	1 299	49.7	53.67	20.45	0.38	113.1	2.637E+05	61.4
1 283	1 010	711	1 302	49.3	53.31	20.38	0.38	112.2	2.839E+05	62.4
1 293	1 020	709	1 305	48.9	52.94	20.32	0.38	111.2	3.053E+05	63.4
1 303	1 030	706	1 308	48.5	52.58	20.26	0.39	110.3	3.279E+05	64.4
1 313	1 040	704	1 311	48.2	52.21	20.21	0.39	109.3	3.518E+05	65.5
1 323	1 050	701	1 314	47.8	51.84	20.15	0.39	108.3	3.771E+05	66.5
1 333	1 060	699	1 318	47.4	51.46	20.10	0.39	107.4	4.037E+05	67.6
1 343	1 070	696	1 321	47.0	51.08	20.05	0.39	106.4	4.318E+05	68.6
1 353	1 080	694	1 325	46.6	50.70	20.00	0.39	105.4	4.613E+05	69.7
1 363	1 090	691	1 328	46.2	50.32	19.95	0.40	104.5	4.924E+05	70.8
1 373	1 100	689	1 332	45.8	49.94	19.91	0.40	103.5	5.251E+05	71.9
1 383	1 110	686	1 336	45.4	49.55	19.87	0.40	102.5	5.594E+05	73.1
1 393	1 120	684	1 340	45.0	49.16	19.83	0.40	101.5	5.954E+05	74.2
1 403	1 130	681	1 344	44.6	48.77	19.79	0.41	100.5	6.332E+05	75.4
1 413	1 140	679	1 348	44.2	48.38	19.75	0.41	99.5	6.728E+05	76.5
1 423	1 150	676	1 352	43.9	47.98	19.71	0.41	98.5	7.142E+05	77.7

续表

T	t	ρ	C_p	λ	a	ν	Pr	σ	p	ρ_e
1 433	1 160	674	1 356	43.5	47.59	19.68	0.41	97.5	7.575E+05	78.9
1 443	1 170	671	1 361	43.1	47.19	19.65	0.42	96.5	8.028E+05	80.2
1 453	1 180	668	1 365	42.7	46.79	19.62	0.42	95.5	8.502E+05	81.4
1 463	1 190	666	1 370	42.3	46.39	19.59	0.42	94.5	8.995E+05	82.7
1 473	1 200	663	1 374	41.9	45.98	19.56	0.43	93.5	9.511E+05	84.0
1 483	1 210	661	1 379	41.5	45.58	19.54	0.43	92.4	1.005E+06	85.3
1 493	1 220	658	1 384	41.1	45.17	19.52	0.43	91.4	1.061E+06	86.6
1 503	1 230	655	1 389	40.7	44.76	19.49	0.44	90.4	1.119E+06	87.9
1 513	1 240	653	1 394	40.3	44.35	19.47	0.44	89.3	1.179E+06	89.3
1 523	1 250	650	1 399	39.9	43.94	19.46	0.44	88.3	1.242E+06	90.6
1 533	1 260	647	1 404	39.6	43.53	19.44	0.45	87.3	1.308E+06	92.0
1 543	1 270	645	1 409	39.2	43.12	19.42	0.45	86.2	1.376E+06	93.4
1 553	1 280	642	1 414	38.8	42.70	19.41	0.45	85.1	1.446E+06	94.9
1 563	1 290	639	1 420	38.4	42.29	19.40	0.46	84.1	1.519E+06	96.3
1 573	1 300	637	1 425	38.0	41.87	19.39	0.46	83.0	1.595E+06	97.8

表 3.15 根据方程(3.15～3.21)得到的钾的性质

T(K),t(℃),ρ(kg/m^3),C_p(J/(kg·K)),λ(W/(m·K)),$a\times10^6$(m^2/s),

$\nu\times10^8$(m^2/s),$Pr\times10^2$,σ(mN/m),p(MPa),$\rho_e\times10^8$(Ω·m)

T	t	ρ	C_p	λ	a	ν	Pr	σ	p	ρ_e
373	100	821	813	50.9	76.22	53.87	0.71	109.5	3.033E−03	15.8
383	110	818	811	50.6	76.27	51.63	0.68	108.9	6.263E−03	16.3
393	120	816	809	50.4	76.32	49.59	0.65	108.2	1.245E−02	16.9
403	130	814	806	50.1	76.37	47.71	0.62	107.5	2.391E−02	17.4
413	140	811	804	49.8	76.42	45.99	0.60	106.9	4.444E−02	17.9
423	150	809	802	49.6	76.45	44.40	0.58	106.2	8.015E−02	18.5
433	160	806	800	49.3	76.49	42.94	0.56	105.5	1.406E−01	19.1
443	170	804	798	49.1	76.52	41.58	0.54	104.9	2.402E−01	19.6
453	180	802	795	48.8	76.54	40.32	0.53	104.2	4.007E−01	20.2
463	190	799	793	48.6	76.56	39.14	0.51	103.5	6.534E−01	20.8
473	200	797	791	48.3	76.57	38.05	0.50	102.8	1.043E−06	21.4
483	210	795	789	48.0	76.57	37.02	0.48	102.1	1.632E+00	22.0
493	220	792	788	47.8	76.57	36.07	0.47	101.5	2.507E+00	22.6
503	230	790	786	47.5	76.56	35.17	0.46	100.8	3.783E+00	23.2
513	240	788	784	47.3	76.55	34.32	0.45	100.1	5.615E+00	23.8
523	250	785	782	47.0	76.52	33.53	0.44	99.4	8.207E+00	24.4
533	260	783	781	46.8	76.49	32.78	0.43	98.7	1.182E+01	25.1

续表

T	t	ρ	C_p	λ	a	ν	Pr	σ	p	ρ_e
543	270	781	779	46.5	76.45	32.08	0.42	98.0	1.679E+01	25.7
553	280	778	778	46.2	76.40	31.41	0.41	97.3	2.355E+01	26.4
563	290	776	776	46.0	76.34	30.78	0.40	96.5	3.261E+01	27.0
573	300	774	775	45.7	76.28	30.18	0.40	95.8	4.463E+01	27.7
583	310	771	773	45.5	76.21	29.62	0.39	95.1	6.042E+01	28.4
593	320	769	772	45.2	76.13	29.08	0.38	94.4	8.094E+01	29.1
603	330	767	771	44.9	76.04	28.57	0.38	93.7	1.073E+02	29.8
613	340	764	770	44.7	75.94	28.08	0.37	93.0	1.410E+02	30.5
623	350	762	769	44.4	75.83	27.62	0.36	92.2	1.836E+02	31.2
633	360	760	768	44.2	75.71	27.18	0.36	91.5	2.370E+02	31.9
643	370	757	767	43.9	75.59	26.76	0.35	90.8	3.034E+02	32.7
653	380	755	766	43.7	75.45	26.36	0.35	90.1	3.855E+02	33.4
663	390	753	766	43.4	75.31	25.98	0.34	89.3	4.861E+02	34.2
673	400	750	765	43.1	75.16	25.61	0.34	88.6	6.086E+02	34.9
683	410	748	764	42.9	75.00	25.26	0.34	87.9	7.569E+02	35.7
693	420	746	764	42.6	74.83	24.92	0.33	87.1	9.353E+02	36.5
703	430	743	763	42.4	74.65	24.60	0.33	86.4	1.148E+03	37.3
713	440	741	763	42.1	74.46	24.29	0.33	85.7	1.402E+03	38.1
723	450	739	763	41.9	74.26	24.00	0.32	84.9	1.702E+03	38.9
733	460	736	763	41.6	74.05	23.71	0.32	84.2	2.055E+03	39.8
743	470	734	762	41.3	73.84	23.44	0.32	83.5	2.468E+03	40.6
753	480	732	762	41.1	73.62	23.18	0.31	82.7	2.949E+03	41.5
763	490	730	762	40.8	73.38	22.92	0.31	82.0	3.507E+03	42.4
773	500	727	763	40.6	73.14	22.68	0.31	81.2	4.152E+03	43.2
783	510	725	763	40.3	72.89	22.45	0.31	80.5	4.893E+03	44.1
793	520	723	763	40.0	72.64	22.22	0.31	79.7	5.743E+03	45.1
803	530	720	763	39.8	72.37	22.01	0.30	79.0	6.712E+03	46.0
813	540	718	764	39.5	72.09	21.80	0.30	78.2	7.815E+03	46.9
823	550	716	764	39.3	71.81	21.60	0.30	77.5	9.064E+03	47.9
833	560	713	765	39.0	71.52	21.41	0.30	76.7	1.047E+04	48.8
843	570	711	765	38.8	71.22	21.22	0.30	76.0	1.206E+04	49.8
853	580	709	766	38.5	70.91	21.04	0.30	75.2	1.384E+04	50.8
863	590	706	761	38.2	70.60	20.87	0.30	74.5	1.584E+04	51.8
873	600	704	768	38.0	70.27	20.70	0.29	73.7	1.806E+04	52.8
883	610	701	769	37.7	69.94	20.54	0.29	73.0	2.053E+04	53.9
893	620	699	770	37.5	69.60	20.38	0.29	72.2	2.327E+04	54.9

续表

T	t	ρ	C_p	λ	a	ν	Pr	σ	p	ρ_e
903	630	697	771	37.2	69.26	20.23	0.29	71.5	2.631E+04	56.0
913	640	694	772	36.9	68.90	20.09	0.29	70.7	2.965E+04	57.1
923	650	692	773	36.7	68.54	19.95	0.29	70.0	3.334E+04	58.2
933	660	690	775	36.4	68.17	19.81	0.29	69.2	3.738E+04	59.3
943	670	687	776	36.2	67.80	19.68	0.29	68.5	4.182E+04	60.5
953	680	685	778	35.9	67.42	19.55	0.29	67.7	4.667E+04	61.6
963	690	682	779	35.7	67.03	19.43	0.29	67.0	5.196E+04	62.8
973	700	680	781	35.4	66.64	19.31	0.29	66.2	5.772E+04	64.1
983	710	678	783	35.1	66.24	19.20	0.29	65.5	6.397E+04	65.2
993	720	675	785	34.9	65.83	19.09	0.29	64.7	7.076E+04	66.5
1 003	730	673	787	34.6	65.42	18.98	0.29	64.0	7.811E+04	67.7
1 013	740	670	789	34.4	65.00	18.88	0.29	63.3	8.605E+04	69.0
1 023	750	668	791	34.1	64.58	18.78	0.29	62.5	9.461E+04	70.3
1 033	760	666	793	33.9	64.15	18.68	0.29	61.8	1.038E+05	71.6
1 043	770	663	795	33.6	63.71	18.59	0.29	61.0	1.137E+05	73.0
1 053	780	661	797	33.3	63.27	18.50	0.29	60.3	1.244E+05	74.3
1 063	790	658	800	33.1	62.83	18.42	0.29	59.5	1.358E+05	75.7
1 073	800	656	802	32.8	62.38	18.33	0.29	58.8	1.480E+05	77.1
1 083	810	653	805	32.6	61.92	18.25	0.29	58.1	1.610E+05	78.6
1 093	820	651	807	32.3	61.46	18.17	0.30	57.3	1.749E+05	80.0
1 103	830	648	810	32.0	61.00	18.10	0.30	56.6	1.898E+05	81.5
1 113	840	646	813	31.8	60.53	18.03	0.30	55.9	2.055E+05	83.0
1 123	850	643	816	31.5	60.06	17.96	0.30	55.1	2.223E+05	84.6
1 133	860	641	819	31.3	59.58	17.89	0.30	54.4	2.401E+05	86.1
1 143	870	638	822	31.0	59.10	17.83	0.30	53.7	2.590E+05	87.7
1 153	880	636	825	30.8	58.62	17.76	0.30	52.9	2.789E+05	89.4
1 163	890	633	828	30.5	58.13	17.70	0.30	52.2	3.001E+05	91.0
1 173	900	631	831	30.2	57.64	17.65	0.31	51.5	3.224E+05	92.7
1 183	910	628	835	30.0	57.14	17.59	0.31	50.8	3.459E+05	94.4
1 193	920	626	838	29.7	56.65	17.54	0.31	50.0	3.708E+05	96.2
1 203	930	623	842	29.5	56.15	17.49	0.31	49.3	3.969E+05	97.9
1 213	940	621	845	29.2	55.64	17.44	0.31	48.6	4.244E+05	99.8
1 223	950	618	849	29.0	55.14	17.39	0.32	47.9	4.533E+05	101.6
1 233	960	616	853	28.7	54.63	17.35	0.32	47.2	4.836E+05	103.5
1 243	970	613	857	28.4	54.12	17.30	0.32	46.5	5.154E+05	105.4
1 253	980	611	861	28.2	53.61	17.26	0.32	45.8	5.487E+05	107.4
1 263	990	608	865	27.9	53.10	17.22	0.32	45.1	5.836E+05	109.4
1 273	1 000	605	869	27.7	52.58	17.19	0.33	44.4	6.201E+05	111.4

续表

T	t	ρ	C_p	λ	a	ν	Pr	σ	p	ρ_e
1 283	1 010	603	873	27.4	52.06	17.15	0.33	43.7	6.583E+05	113.5
1 293	1 020	600	877	27.1	51.54	17.12	0.33	43.0	6.981E+05	115.6
1 303	1 030	598	881	26.9	51.02	17.08	0.33	42.3	7.397E+05	117.7
1 313	1 040	595	886	26.6	50.50	17.05	0.34	41.6	7.830E+05	120.0
1 323	1 050	593	890	26.4	49.98	17.03	0.34	40.9	8.281E+05	122.2
1 333	1 060	590	895	26.1	49.45	17.00	0.34	40.2	8.751E+05	124.5
1 343	1 070	587	900	25.9	48.93	16.97	0.35	39.5	9.239E+05	126.8
1 353	1 080	585	904	25.6	48.40	16.95	0.35	38.8	9.747E+05	129.2
1 363	1 090	582	909	25.3	47.87	16.93	0.35	38.2	1.027E+06	131.7
1 373	1 100	579	914	25.1	47.35	16.91	0.36	37.5	1.082E+06	134.2
1 383	1 110	577	919	24.8	46.82	16.89	0.36	36.9	1.139E+06	136.7
1 393	1 120	574	924	24.6	46.29	16.87	0.36	36.2	1.198E+06	139.3
1 403	1 130	572	929	24.3	45.76	16.86	0.37	35.5	1.259E+06	142.0
1 413	1 140	569	934	24.0	45.23	16.84	0.37	34.9	1.322E+06	144.7
1 423	1 150	566	940	23.8	44.70	16.83	0.38	34.2	1.387E+06	147.5
1 433	1 160	564	945	23.5	44.17	16.82	0.38	33.6	1.454E+06	150.3
1 443	1 170	561	951	23.3	43.65	16.81	0.39	32.9	1.524E+06	153.3
1 453	1 180	558	956	23.0	43.12	16.80	0.39	32.3	1.596E+06	156.2
1 463	1 190	556	962	22.8	42.59	16.79	0.39	31.7	1.670E+06	159.3
1 473	1 200	553	967	22.5	42.06	16.79	0.40	31.0	1.747E+06	162.4
1 483	1 210	550	973	22.2	41.53	16.78	0.40	30.4	1.826E+06	165.6
1 493	1 220	547	979	22.0	41.01	16.78	0.41	29.8	1.907E+06	168.9
1 503	1 230	545	985	21.7	40.48	16.78	0.41	29.2	1.990E+06	172.2
1 513	1 240	542	991	21.5	39.96	16.78	0.42	28.5	2.076E+06	175.6
1 523	1 250	539	997	21.2	39.43	16.78	0.43	27.9	2.165E+06	179.2
1 533	1 260	537	1 003	21.0	38.91	16.79	0.43	27.3	2.256E+06	182.8
1 543	1 270	534	1 010	20.7	38.39	16.79	0.44	26.7	2.349E+06	186.5
1 553	1 280	531	1 016	20.4	37.87	16.80	0.44	26.1	2.445E+06	190.3
1 563	1 290	528	1 022	20.2	37.35	16.80	0.45	25.5	2.544E+06	194.1
1 573	1 300	526	1 029	19.9	36.83	16.81	0.46	24.9	2.645E+06	198.1

表 3.16 根据方程(3.22～3.28)得到的铯的性质

T(K),t(℃),ρ(kg/m^3),C_p(J/(kg·K)),λ(W/(m·K)),$a\times10^6$(m^2/s),

$\nu\times10^8$(m^2/s),$Pr\times10^2$,σ(mN/m),p(MPa),$\rho_e\times10^8$(Ω·m)

T	t	ρ	C_p	λ	a	ν	Pr	σ	p	ρ_e
303	30	1 835	245.6	19.46	44.69	36.52	0.82	71.1	3.358E−04	35.9
313	40	1 829	245.5	19.48	44.93	34.53	0.77	70.6	8.629E−04	37.0

续表

T	t	ρ	C_p	λ	a	ν	Pr	σ	p	ρ_e
323	50	1 824	245.3	19.55	45.19	32.75	0.72	70.1	2.088E−03	38.2
333	60	1 819	245.0	19.54	45.47	31.17	0.69	69.5	4.787E−03	39.4
343	70	1 813	244.6	19.54	45.78	29.74	0.65	69.0	1.044E−02	40.6
353	80	1 808	244.1	19.54	46.10	28.44	0.62	68.5	2.176E−02	41.8
363	90	1 802	243.5	19.53	46.44	27.27	0.59	68.0	4.352E−02	43.0
373	100	1 797	242.9	19.52	46.80	26.20	0.56	67.5	8.376E−02	44.2
383	110	1 791	242.2	19.52	47.17	25.23	0.53	67.0	1.556E−01	45.4
393	120	1 785	241.5	19.51	47.55	24.33	0.51	66.5	2.800E−01	46.6
403	130	1 780	240.7	19.50	47.94	23.51	0.49	65.9	4.888E−01	47.8
413	140	1 774	240.0	19.48	48.35	22.75	0.47	65.4	8.298E−01	49.0
423	150	1 768	239.2	19.47	48.76	22.05	0.45	64.9	1.373E+00	50.3
433	160	1 763	238.4	19.46	49.18	21.40	0.44	64.4	2.218E+00	51.5
443	170	1 757	237.6	19.44	49.60	20.80	0.42	63.9	3.504E+00	52.7
453	180	1 751	236.7	19.42	50.04	20.24	0.40	63.4	5.421E+00	53.9
463	190	1 745	235.9	19.40	50.47	19.71	0.39	62.9	8.225E+00	55.2
473	200	1 740	235.1	19.39	50.92	19.22	0.38	62.4	1.226E+01	56.4
483	210	1 734	234.3	19.36	51.36	18.76	0.37	61.9	1.795E+01	57.7
493	220	1 728	233.5	19.34	51.81	18.33	0.35	61.4	2.588E+01	58.9
503	230	1 722	232.7	19.32	52.26	17.93	0.34	61.0	3.675E+01	60.2
513	240	1 717	231.9	19.29	52.72	17.55	0.33	60.5	5.145E+01	61.5
523	250	1 711	231.1	19.27	53.18	17.19	0.32	60.0	7.109E+01	62.8
533	260	1 705	230.4	19.24	53.63	16.85	0.31	59.5	9.700E+01	64.1
543	270	1 699	229.6	19.21	54.09	16.53	0.31	59.0	1.308E+02	65.3
553	280	1 694	228.9	19.18	54.55	16.23	0.30	58.5	1.744E+02	66.7
563	290	1 688	228.2	19.15	55.01	15.94	0.29	58.0	2.301E+02	68.0
573	300	1 682	227.5	19.12	55.47	15.67	0.28	57.5	3.006E+02	69.3
583	310	1 677	226.8	19.08	55.93	15.41	0.28	57.1	3.890E+02	70.6
593	320	1 671	226.2	19.05	56.39	15.17	0.27	56.6	4.989E+02	72.0
603	330	1 665	225.6	19.01	56.84	14.93	0.26	56.1	6.344E+02	73.3
613	340	1 659	225.0	18.97	57.29	14.71	0.26	55.6	8.002E+02	74.7
623	350	1 654	224.4	18.93	57.75	14.50	0.25	55.1	1.002E+03	76.0
633	360	1 648	223.9	18.89	58.20	14.30	0.25	54.7	1.245E+03	77.4
643	370	1 642	223.3	18.85	58.64	14.11	0.24	54.2	1.536E+03	78.8
653	380	1 637	222.9	18.81	59.08	13.92	0.24	53.7	1.883E+03	80.2
663	390	1 631	222.4	18.76	59.52	13.75	0.23	53.3	2.293E+03	81.6
673	400	1 625	222.0	18.72	59.96	13.58	0.23	52.8	2.776E+03	83.0

续表

T	t	ρ	C_p	λ	a	ν	Pr	σ	p	ρ_e
683	410	1 620	221.5	18.67	60.39	13.42	0.22	52.3	3.342E+03	84.5
693	420	1 614	221.2	18.62	60.82	13.26	0.22	51.8	4.002E+03	85.9
703	430	1 608	220.8	18.57	61.24	13.11	0.21	51.4	4.766E+03	87.4
713	440	1 603	220.5	18.52	61.66	12.97	0.21	50.9	5.647E+03	88.9
723	450	1 597	220.2	18.47	62.07	12.84	0.21	50.4	6.660E+03	90.3
733	460	1 591	220.0	18.41	62.48	12.71	0.20	50.0	7.818E+03	91.9
743	470	1 586	219.7	18.36	62.88	12.58	0.20	49.5	9.137E+03	93.4
753	480	1 580	219.6	18.30	63.28	12.46	0.20	49.0	1.063E+04	94.9
763	490	1 574	219.4	18.24	63.67	12.35	0.19	48.6	1.232E+04	96.5
773	500	1 569	219.3	18.19	64.06	12.23	0.19	48.1	1.423E+04	98.0
783	510	1 563	219.2	18.13	64.44	12.13	0.19	47.7	1.637E+04	99.6
793	520	1 557	219.1	18.06	64.81	12.03	0.19	47.2	1.876E+04	101.2
803	530	1 551	219.1	18.00	65.17	11.93	0.18	46.7	2.143E+04	102.8
813	540	1 546	219.1	17.94	65.53	11.83	0.18	46.3	2.439E+04	104.4
823	550	1 540	219.1	17.87	65.89	11.74	0.18	45.8	2.767E+04	106.1
833	560	1 534	219.2	17.81	66.23	11.65	0.18	45.4	3.131E+04	107.8
843	570	1 528	219.3	17.74	66.57	11.57	0.17	44.9	3.531E+04	109.5
853	580	1 523	219.4	17.67	66.90	11.49	0.17	44.4	3.971E+04	111.2
863	590	1 517	219.6	17.60	67.22	11.41	0.17	44.0	4.454E+04	112.9
873	600	1 511	219.8	17.53	67.54	11.34	0.17	43.5	4.982E+04	114.7
883	610	1 505	220.0	17.45	67.85	11.26	0.17	43.1	5.558E+04	116.4
893	620	1 499	220.3	17.38	68.15	11.19	0.16	42.6	6.186E+04	118.2
903	630	1 493	220.6	17.30	68.45	11.13	0.16	42.2	6.868E+04	120.1
913	640	1 488	220.9	17.23	68.73	11.06	0.16	41.7	7.608E+04	121.9
923	650	1 482	221.3	17.15	69.01	11.00	0.16	41.3	8.409E+04	123.8
933	660	1 476	221.7	17.07	69.28	10.94	0.16	40.8	9.273E+04	125.7
943	670	1 470	222.2	16.99	69.54	10.88	0.16	40.4	1.021E+05	127.6
953	680	1 464	222.6	16.90	69.80	10.83	0.16	39.9	1.121E+05	129.5
963	690	1 458	223.1	16.82	70.05	10.78	0.15	39.5	1.229E+05	131.5
973	700	1 452	223.7	16.74	70.29	10.73	0.15	39.0	1.344E+05	133.5
983	710	1 446	224.3	16.65	70.52	10.68	0.15	38.6	1.468E+05	135.5
993	720	1 440	224.9	16.56	70.75	10.63	0.15	38.1	1.600E+05	137.6
1 003	730	1 434	225.5	16.47	70.96	10.59	0.15	37.7	1.742E+05	139.7
1 013	740	1 428	226.2	16.38	71.17	10.54	0.15	37.2	1.892E+05	141.8
1 023	750	1 422	227.0	16.29	71.37	10.50	0.15	36.8	2.052E+05	144.0
1 033	760	1 415	227.7	16.20	71.57	10.46	0.15	36.3	2.222E+05	146.2

续表

T	t	ρ	C_p	λ	a	ν	Pr	σ	p	ρ_e
1 043	770	1 409	228.5	16.11	71.75	10.43	0.15	35.9	2.403E+05	148.4
1 053	780	1 403	229.3	16.01	71.93	10.39	0.14	35.4	2.594E+05	150.7
1 063	790	1 397	230.2	15.91	72.10	10.36	0.14	35.0	2.797E+05	153.0
1 073	800	1 391	231.1	15.82	72.27	10.32	0.14	34.5	3.011E+05	155.3
1 083	810	1 384	232.0	15.72	72.43	10.29	0.14	34.1	3.237E+05	157.7
1 093	820	1 378	233.0	15.62	72.58	10.26	0.14	33.6	3.475E+05	160.1
1 103	830	1 372	234.0	15.51	72.72	10.24	0.14	33.2	3.727E+05	162.6
1 113	840	1 365	235.1	15.41	72.86	10.21	0.14	32.7	3.991E+05	165.1
1 123	850	1 359	236.1	15.31	72.99	10.18	0.14	32.3	4.269E+05	167.6
1 133	860	1 353	237.2	15.20	73.11	10.16	0.14	31.8	4.560E+05	170.2
1 143	870	1 346	238.4	15.09	73.22	10.14	0.14	31.4	4.866E+05	172.9
1 153	880	1 340	239.6	14.99	73.33	10.12	0.14	30.9	5.186E+05	175.6
1 163	890	1 333	240.8	14.88	73.44	10.10	0.14	30.5	5.522E+05	178.3
1 173	900	1 327	242.1	14.77	73.53	10.08	0.14	30.0	5.872E+05	181.1
1 183	910	1 321	243.3	14.65	73.62	10.06	0.14	29.6	6.239E+05	184.0
1 193	920	1 314	244.7	14.54	73.71	10.05	0.14	29.1	6.621E+05	186.9
1 203	930	1 308	246.0	14.43	73.79	10.03	0.14	28.7	7.019E+05	189.9
1 213	940	1 301	247.4	14.31	73.86	10.02	0.14	28.2	7.435E+05	192.9
1 223	950	1 294	248.9	14.19	73.93	10.01	0.14	27.8	7.867E+05	196.0
1 233	960	1 288	250.4	14.07	73.99	10.00	0.14	27.3	8.317E+05	199.2
1 243	970	1 281	251.9	13.95	74.05	9.99	0.13	26.9	8.784E+05	202.4
1 253	980	1 275	253.4	13.83	74.10	9.98	0.13	26.4	9.270E+05	205.7
1 263	990	1 268	255.0	13.71	74.15	9.97	0.13	26.0	9.773E+05	209.1
1 273	1 000	1 261	256.6	13.59	74.19	9.96	0.13	25.5	1.030E+06	212.6
1 283	1 010	1 255	258.3	13.46	74.23	9.96	0.13	25.1	1.084E+06	216.1
1 293	1 020	1 248	259.9	13.33	74.26	9.95	0.13	24.6	1.140E+06	219.7
1 303	1 030	1 241	261.7	13.21	74.29	9.95	0.13	24.2	1.198E+06	223.4
1 313	1 040	1 235	263.4	13.08	74.32	9.95	0.13	23.7	1.257E+06	227.2
1 323	1 050	1 228	265.2	12.95	74.34	9.95	0.13	23.2	1.319E+06	231.1
1 333	1 060	1 221	267.1	12.82	74.35	9.95	0.13	22.8	1.383E+06	235.0
1 343	1 070	1 214	268.9	12.68	74.37	9.95	0.13	22.3	1.449E+06	239.1
1 353	1 080	1 208	270.8	12.55	74.38	9.95	0.13	21.9	1.517E+06	243.3
1 363	1 090	1 201	272.8	12.41	74.39	9.95	0.13	21.4	1.587E+06	247.6
1 373	1 100	1 194	274.8	12.28	74.39	9.96	0.13	21.0	1.659E+06	252.0
1 383	1 110	1 187	276.8	12.14	74.40	9.96	0.13	20.5	1.733E+06	256.5
1 393	1 120	1 180	278.8	12.00	74.40	9.97	0.13	20.0	1.810E+06	261.1

续表

T	t	ρ	C_p	λ	a	ν	Pr	σ	p	ρ_e
1 403	1 130	1 173	280.9	11.86	74.40	9.98	0.13	19.6	1.888E+06	265.9
1 413	1 140	1 166	283.1	11.72	74.40	9.98	0.13	19.1	1.969E+06	270.8
1 423	1 150	1 160	285.2	11.57	74.39	9.99	0.13	18.7	2.051E+06	275.9
1 433	1 160	1 153	287.4	11.43	74.39	10.00	0.13	18.2	2.136E+06	281.0
1 443	1 170	1 146	289.6	11.28	74.38	10.02	0.13	17.7	2.223E+06	286.4
1 453	1 180	1 139	291.9	11.13	74.37	10.03	0.13	17.3	2.313E+06	291.9
1 463	1 190	1 132	294.2	10.99	74.37	10.04	0.14	16.8	2.404E+06	297.6
1 473	1 200	1 124	296.6	10.84	74.36	10.06	0.14	16.3	2.498E+06	303.4
1 483	1 210	1 117	298.9	10.68	74.36	10.07	0.14	15.9	2.593E+06	309.4
1 493	1 220	1 110	301.4	10.53	74.35	10.09	0.14	15.4	2.692E+06	315.7
1 503	1 230	1 103	303.8	10.38	74.35	10.11	0.14	14.9	2.792E+06	322.1
1 513	1 240	1 096	306.3	10.22	74.35	10.13	0.14	14.5	2.894E+06	328.7
1 523	1 250	1 089	308.8	10.07	74.35	10.15	0.14	14.0	2.999E+06	335.6
1 533	1 260	1 081	311.4	9.91	74.35	10.17	0.14	13.5	3.106E+06	342.7
1 543	1 270	1 074	314.0	9.75	74.36	10.20	0.14	13.1	3.215E+06	350.1
1 553	1 280	1 066	316.6	9.59	74.37	10.22	0.14	12.6	3.326E+06	357.7
1 563	1 290	1 059	319.3	9.43	74.38	10.25	0.14	12.1	3.440E+06	365.6
1 573	1 300	1 051	322.0	9.27	74.40	10.28	0.14	11.6	3.556E+06	373.8

表 3.17 根据方程(3.29～3.37)得到的饱和线上汞的性质[8,27]

T(K),t(℃),ρ(kg/m^3),C_p(J/(kg·K)),λ(W/(m·K)),$a\times10^6$(m^2/s),$\nu\times10^7$(m^2/s),$Pr\times10^2$,σ(mN/m),$\rho_e\times10^8$(Ω·m),$r\times10^{-3}$(J/kg)

T	t	ρ	C_p	λ	a	ν	Pr	σ	ρ_e	r
273	0	13 595	140.4	8.18	4.285	1.242	2.81	486	94.120	306.8
293	20	13 546	139.6	8.45	4.467	1.151	2.58	480	95.830	306.1
313	40	13 497	138.9	8.71	4.648	1.078	2.32	475	97.616	305.4
333	60	13 448	138.2	8.97	4.826	1.018	2.11	469	99.478	304.7
353	80	13 400	137.6	9.23	5.002	0.969	1.94	464	101.41	304.0
373	100	13 351	137.1	9.48	5.175	0.927	1.80	458	103.42	303.3
393	120	13 303	136.7	9.72	5.346	0.892	1.67	452	105.51	302.6
413	140	13 255	136.3	9.96	5.513	0.862	1.57	447	107.68	302.0
433	160	13 207	136.0	10.19	5.675	0.836	1.47	441	109.92	301.3
453	180	13 136	135.7	10.42	5.836	0.813	1.39	435	112.24	300.7
473	200	13 112	135.5	10.64	5.990	0.793	1.32	430	114.64	300.1
523	250	12 993	135.2	11.18	6.365	0.753	1.18	416	121.01	298.4
573	300	12 873	135.3	11.69	6.710	0.723	1.07	402	127.96	296.8
623	350	12 754	135.7	12.16	7.030	0.701	0.99	388	135.56	295.1

续表

T	t	ρ	C_p	λ	a	ν	Pr	σ	ρ_e	r
673	400	12 633	136.4	12.60	7.310	0.683	0.92	374	143.90	293.3
723	450	12 510	137.5	13.01	7.560	0.670	0.87	360	153.80	291.3
773	500	12 386	138.9	13.39	7.780	0.660	0.83	345	163.50	289.1
823	550	12 259	140.6	13.73	7.960	0.653	0.80	331	175.50	286.6
873	600	12 130	142.7	14.04	8.110	0.647	0.78	317	188.40	283.8
923	650	11 998	145.1	14.33	8.230	0.643	0.76	303	203.40	280.5
973	700	11 863	147.8	14.58	8.320	0.641	0.75	289	220.80	276.8
1 023	750	11 725	150.7	14.79	8.370	0.640	0.74	275	240.80	272.7
1 073	800	11 584	154.0	14.98	8.400	0.640	0.74	261	264.00	268.0

表 3.18 根据方程(3.38～3.43)得到的镓的性质

T(K)，t(℃)，ρ(kg/m^3)，C_p(J/(kg·K))，λ(W/(m·K))，$a\times10^6$(m^2/s)，

$\nu\times10^8$(m^2/s)，$Pr\times10^2$，σ(mN/m)，$\rho_e\times10^8$(Ω·m)

T	t	ρ	C_p	λ	a	ν	Pr	σ	ρ_e
303	30	6 084	397.9	28.9	11.93	22.84	1.91	712.6	25.81
313	40	6 077	397.4	29.5	12.22	22.66	1.85	712.1	26.02
323	50	6 071	396.8	30.2	12.52	22.48	1.80	711.7	26.23
333	60	6 064	396.3	30.8	12.81	22.30	1.74	711.2	26.43
343	70	6 058	395.7	31.4	13.09	22.12	1.69	710.7	26.64
353	80	6 052	395.2	32.0	13.38	21.95	1.64	710.3	26.85
363	90	6 045	394.7	32.6	13.67	21.77	1.59	709.8	27.05
373	100	6 039	394.2	33.2	13.95	21.59	1.55	709.3	27.26
383	110	6 032	393.7	33.8	14.24	21.42	1.50	708.9	27.46
393	120	6 026	393.2	34.4	14.52	21.25	1.46	708.4	27.67
403	130	6 020	392.7	35.0	14.80	21.07	1.42	707.9	27.87
413	140	6 013	392.2	35.6	15.08	20.90	1.39	707.5	28.07
423	150	6 007	391.7	36.2	15.36	20.73	1.35	707.0	28.28
433	160	6 001	391.2	36.7	15.64	20.55	1.31	706.5	28.48
443	170	5 995	390.7	37.3	15.92	20.38	1.28	706.1	28.68
453	180	5 988	390.3	37.8	16.19	20.21	1.25	705.6	28.88
463	190	5 982	389.8	38.4	16.47	20.04	1.22	705.1	29.09
473	200	5 976	389.4	39.0	16.74	19.87	1.19	704.7	29.29
483	210	5 969	388.9	39.5	17.01	19.70	1.16	704.2	29.49
493	220	5 963	388.5	40.0	17.28	19.53	1.13	703.7	29.69
503	230	5 957	388.1	40.6	17.55	19.37	1.10	703.3	29.89
513	240	5 951	387.6	41.1	17.81	19.20	1.08	702.8	30.09
523	250	5 944	387.2	41.6	18.08	19.03	1.05	702.3	30.29

续表

T	t	ρ	C_p	λ	a	ν	Pr	σ	ρ_e
533	260	5 938	386.8	42.1	18.34	18.87	1.03	701.9	30.48
543	270	5 932	386.4	42.6	18.60	18.70	1.01	701.4	30.68
553	280	5 926	386.0	43.1	18.86	18.54	0.98	700.9	30.88
563	290	5 920	385.6	43.6	19.12	18.38	0.96	700.5	31.08
573	300	5 913	385.2	44.1	19.38	18.21	0.94	700.0	31.27
583	310	5 907	384.8	44.6	19.63	18.05	0.92	699.5	31.47
593	320	5 901	384.5	45.1	19.88	17.89	0.90	699.1	31.67
603	330	5 895	384.1	45.6	20.13	17.73	0.88	698.6	31.86
613	340	5 889	383.7	46.1	20.38	17.57	0.86	698.1	32.06
623	350	5 883	383.4	46.5	20.63	17.41	0.84	697.7	32.25
633	360	5 876	383.0	47.0	20.88	17.25	0.83	697.2	32.45
643	370	5 870	382.7	47.5	21.12	17.09	0.81	696.7	32.64
653	380	5 864	382.3	47.9	21.36	16.93	0.79	696.3	32.83
663	390	5 858	382.0	48.3	21.60	16.78	0.78	695.8	33.03
673	400	5 852	381.7	48.8	21.84	16.62	0.76	695.3	33.22
683	410	5 846	381.4	49.2	22.08	16.47	0.75	694.9	33.41
693	420	5 840	381.1	49.7	22.31	16.31	0.73	694.4	33.60
703	430	5 834	380.8	50.1	22.54	16.16	0.72	693.9	33.80
713	440	5 828	380.5	50.5	22.77	16.00	0.70	693.5	33.99
723	450	5 822	380.2	50.9	23.00	15.85	0.69	693.0	34.18
733	460	5 816	379.9	51.3	23.23	15.70	0.68	692.5	34.37
743	470	5 810	379.6	51.7	23.45	15.55	0.66	692.1	34.56
753	480	5 804	379.3	52.1	23.67	15.39	0.65	691.6	34.75
763	490	5 797	379.1	52.5	23.89	15.24	0.64	691.1	34.94
773	500	5 791	378.8	52.9	24.11	15.09	0.63	690.7	35.12
783	510	5 785	378.6	53.3	24.33	14.94	0.61	690.2	35.31
793	520	5 779	378.3	53.7	24.54	14.80	0.60	689.7	35.50
803	530	5 773	378.1	54.0	24.75	14.65	0.59	689.2	35.69
813	540	5 768	377.8	54.4	24.96	14.50	0.58	688.8	35.87
823	550	5 762	377.6	54.8	25.16	14.35	0.57	688.3	36.06
833	560	5 756	377.4	55.1	25.37	14.21	0.56	687.8	36.25
843	570	5 750	377.2	55.5	25.57	14.06	0.55	687.4	36.43
853	580	5 744	377.0	55.8	25.77	13.92	0.54	686.9	36.62
863	590	5 738	376.8	56.1	25.96	13.78	0.53	686.4	36.80
873	600	5 732	376.6	56.5	26.16	13.63	0.52	686.0	36.99
883	610	5 726	376.4	56.8	26.35	13.49	0.51	685.5	37.17

续表

T	t	ρ	C_p	λ	a	ν	Pr	σ	ρ_e
893	620	5 720	376.2	57.1	26.54	13.35	0.50	685.0	37.35
903	630	5 714	376.0	57.4	26.73	13.21	0.49	684.6	37.54
913	640	5 708	375.9	57.7	26.91	13.07	0.49	684.1	37.72
923	650	5 702	375.7	58.1	27.09	12.93	0.48	683.6	37.90
933	660	5 696	375.6	58.4	27.27	12.79	0.47	683.2	38.08
943	670	5 691	375.4	58.6	27.45	12.65	0.46	682.7	38.26
953	680	5 685	375.3	58.9	27.62	12.51	0.45	682.2	38.45
963	690	5 679	375.1	59.2	27.80	12.37	0.45	681.8	38.63
973	700	5 673	375.0	59.5	27.97	12.24	0.44	681.3	38.81

表 3.19 根据方程(3.44～3.49)得到的铅的性质

T(K), t(℃), ρ(kg/m^3), C_p(J/(kg·K)), λ(W/(m·K)), $a\times10^6$(m^2/s),
$\nu\times10^8$(m^2/s), $Pr\times10^2$, σ(mN/m), $\rho_e\times10^8$(Ω·m)

T	t	ρ	C_p	λ	a	ν	Pr	σ	ρ_e
603	330	10 670	147.30	15.83	10.07	23.90	2.37	445.81	93.77
613	340	10 660	147.30	15.94	10.15	23.46	2.31	445.17	94.23
623	350	10 650	147.30	16.04	10.23	23.03	2.25	444.53	94.70
633	360	10 630	147.30	16.15	10.31	22.60	2.19	443.89	95.16
643	370	10 620	147.30	16.26	10.39	22.18	2.13	443.25	95.63
653	380	10 610	147.30	16.37	10.47	21.78	2.08	442.61	96.09
663	390	10 600	147.30	16.48	10.56	21.38	2.03	441.97	96.56
673	400	10 580	147.30	16.58	10.64	20.99	1.97	441.33	97.02
683	410	10 570	147.30	16.69	10.72	20.61	1.92	440.69	97.49
693	420	10 560	147.30	16.80	10.80	20.24	1.87	440.05	97.95
703	430	10 550	147.30	16.91	10.88	19.88	1.83	439.41	98.42
713	440	10 530	147.30	17.02	10.97	19.53	1.78	438.77	98.88
723	450	10 520	147.30	17.12	11.05	19.19	1.74	438.13	99.35
733	460	10 510	147.30	17.23	11.13	18.86	1.69	437.49	99.81
743	470	10 500	147.30	17.34	11.21	18.54	1.65	436.85	100.28
753	480	10 480	147.30	17.45	11.30	18.22	1.61	436.21	100.74
763	490	10 470	147.30	17.56	11.38	17.92	1.57	435.57	101.21
773	500	10 460	147.30	17.66	11.46	17.63	1.54	434.93	101.67
783	510	10 450	147.30	17.77	11.55	17.34	1.50	434.29	102.14
793	520	10 440	147.30	17.88	11.63	17.06	1.47	433.65	102.60
803	530	10 420	147.30	17.99	11.72	16.80	1.43	433.01	103.07
813	540	10 410	147.30	18.10	11.80	16.54	1.40	432.37	103.53
823	550	10 400	147.30	18.20	11.89	16.29	1.37	431.73	104.00

续表

T	t	ρ	C_p	λ	a	ν	Pr	σ	ρ_e
833	560	10 390	147.30	18.31	11.97	16.05	1.34	431.09	104.46
843	570	10 370	147.30	18.42	12.06	15.82	1.31	430.45	104.93
853	580	10 360	147.30	18.53	12.14	15.60	1.29	429.81	105.39
863	590	10 350	147.30	18.64	12.23	15.39	1.26	429.17	105.86
873	600	10 340	147.30	18.74	12.31	15.19	1.23	428.53	106.32
883	610	10 320	147.30	18.85	12.40	15.00	1.21	427.89	106.79
893	620	10 310	147.30	18.96	12.48	14.82	1.19	427.25	107.25
903	630	10 300	147.30	19.07	12.57	14.64	1.17	426.61	107.72
913	640	10 290	147.30	19.18	12.66	14.48	1.14	425.97	108.18
923	650	10 270	147.30	19.28	12.74	14.33	1.12	425.33	108.65
933	660	10 260	147.30	19.39	12.83	14.18	1.11	424.69	109.11
943	670	10 250	147.30	19.50	12.92	14.04	1.09	424.05	109.58
953	680	10 240	147.30	19.61	13.00	13.92	1.07	423.41	110.04
963	690	10 220	147.30	19.72	13.09	13.80	1.05	422.77	110.51
973	700	10 210	147.30	19.82	13.18	13.69	1.04	422.13	110.97
983	710	10 200	147.30	19.93	13.27	13.59	1.02	421.49	111.44
993	720	10 190	147.30	20.04	13.36	13.51	1.01	420.85	111.90
1 003	730	10 170	147.30	20.15	13.44	13.43	1.00	420.21	112.37
1 013	740	10 160	147.30	20.26	13.53	13.35	0.99	419.57	112.83
1 023	750	10 150	147.30	20.36	13.62	13.29	0.98	418.93	113.30
1 033	760	10 140	147.30	20.47	13.71	13.24	0.97	418.29	113.76
1 043	770	10 120	147.30	20.58	13.80	13.20	0.96	417.65	114.23
1 053	780	10 110	147.30	20.69	13.89	13.17	0.95	417.01	114.69
1 063	790	10 100	147.30	20.80	13.98	13.14	0.94	416.37	115.16
1 073	800	10 090	147.30	20.90	14.07	13.13	0.93	415.73	115.62
1 083	810	10 070	147.30	21.01	14.16	13.12	0.93	415.09	116.09
1 093	820	10 060	147.30	21.12	14.25	13.13	0.92	414.45	116.55
1 103	830	10 050	147.30	21.23	14.34	13.14	0.92	413.81	117.02
1 113	840	10 040	147.30	21.34	14.43	13.16	0.91	413.17	117.48
1 123	850	10 030	147.30	21.44	14.52	13.20	0.91	412.53	117.95
1 133	860	10 010	147.30	21.55	14.61	13.24	0.91	411.89	118.41
1 143	870	10 000	147.30	21.66	14.70	13.29	0.90	411.25	118.88
1 153	880	9 990	147.30	21.77	14.80	13.35	0.90	410.61	119.34
1 163	890	9 980	147.30	21.88	14.89	13.42	0.90	409.97	119.81
1 173	900	9 960	147.30	21.98	14.98	13.50	0.90	409.33	120.27
1 183	910	9 950	147.30	22.09	15.07	13.59	0.90	408.69	120.74

续表

T	t	ρ	C_p	λ	a	ν	Pr	σ	ρ_e
1 193	920	9 940	147.30	22.20	15.16	13.68	0.90	408.05	121.20
1 203	930	9 930	147.30	22.31	15.26	13.79	0.90	407.41	121.67
1 213	940	9 910	147.30	22.42	15.35	13.91	0.91	406.77	122.13
1 223	950	9 900	147.30	22.52	15.44	14.03	0.91	406.13	122.60
1 233	960	9 890	147.30	22.63	15.54	14.17	0.91	405.49	123.06
1 243	970	9 880	147.30	22.74	15.63	14.31	0.92	404.85	123.53
1 253	980	9 860	147.30	22.85	15.73	14.46	0.92	404.21	123.99
1 263	990	9 850	147.30	22.96	15.82	14.63	0.92	403.57	124.46
1 273	1 000	9 840	147.30	23.06	15.91	14.80	0.93	402.93	124.92

表 3.20 根据方程(3.50～3.55)得到的 22Na－78K(质量分数)合金的性质

T(K),t(℃),ρ(kg/m³),C_p(J/(kg·K)),λ(W/(m·K)),$a\times10^6$(m²/s),

$\nu\times10^7$(m²/s),$Pr\times10^2$,σ(mN/m),p(MPa),$\rho_e\times10^8$(Ω·m)

T	t	ρ	C_p	λ	a	ν	Pr	σ	p	ρ_e
273	0	863	962	21.7	26.15	7.60	2.91	146.5	7.29E－08	33.8
283	10	861	960	21.9	26.50	7.33	2.76	145.7	2.83E－07	34.4
293	20	859	958	22.1	26.85	7.06	2.63	144.9	1.00E－06	35.0
303	30	857	955	22.3	27.20	6.81	2.50	144.1	3.26E－06	35.6
313	40	855	953	22.4	27.55	6.57	2.39	143.3	9.82E－06	36.1
323	50	852	950	22.6	27.93	6.34	2.27	142.5	2.76E－05	36.7
333	60	850	948	22.8	28.28	6.12	2.16	141.7	7.27E－05	37.3
343	70	848	945	22.9	28.63	5.91	2.06	140.9	1.81E－04	37.8
353	80	846	942	23.1	28.98	5.71	1.97	140.1	4.27E－04	38.4
363	90	844	940	23.3	29.32	5.51	1.88	139.3	9.61E－04	39.0
373	100	841	937	23.4	29.70	5.33	1.79	138.5	2.07E－03	39.6
383	110	839	934	23.6	30.05	5.15	1.71	137.7	4.27E－03	40.1
393	120	837	931	23.7	30.39	4.98	1.64	136.9	8.50E－03	40.7
403	130	834	929	23.8	30.76	4.82	1.57	136.1	1.63E－02	41.3
413	140	832	926	24.0	31.10	4.67	1.50	135.3	3.04E－02	41.8
423	150	830	924	24.1	31.43	4.53	1.44	134.5	5.48E－02	42.4
433	160	827	921	24.2	31.79	4.39	1.38	133.7	9.62E－02	43.0
443	170	825	918	24.3	32.11	4.26	1.33	132.9	1.65E－01	43.6
453	180	823	916	24.5	32.43	4.13	1.27	132.1	2.75E－01	44.1
463	190	820	914	24.6	32.79	4.02	1.22	131.3	4.48E－01	44.7
473	200	818	911	24.7	33.10	3.90	1.18	130.5	7.16E－01	45.3
483	210	816	909	24.8	33.41	3.80	1.14	129.7	1.12E＋00	45.8
493	220	813	907	24.9	33.75	3.70	1.10	128.9	1.72E＋00	46.4

续表

T	t	ρ	C_p	λ	a	ν	Pr	σ	p	ρ_e
503	230	811	904	25.0	34.04	3.60	1.06	128.1	2.61E+00	47.0
513	240	809	902	25.1	34.33	3.51	1.02	127.3	3.87E+00	47.5
523	250	806	900	25.2	34.66	3.43	0.99	126.4	5.67E+00	48.1
533	260	804	898	25.2	34.94	3.35	0.96	125.6	8.18E+00	48.7
543	270	802	896	25.3	35.22	3.27	0.93	124.8	1.16E+01	49.3
553	280	799	894	25.4	35.53	3.20	0.90	124.0	1.63E+01	49.8
563	290	797	893	25.5	35.79	3.13	0.87	123.2	2.26E+01	50.4
573	300	795	891	25.5	36.04	3.07	0.85	122.4	3.10E+01	51.0
583	310	792	889	25.6	36.33	3.01	0.83	121.6	4.21E+01	51.5
593	320	790	888	25.6	36.58	2.95	0.81	120.8	5.65E+01	52.1
603	330	788	886	25.7	36.81	2.90	0.79	120.0	7.50E+01	52.7
613	340	785	885	25.8	37.08	2.85	0.77	119.2	9.87E+01	53.3
623	350	783	883	25.8	37.30	2.80	0.75	118.4	1.29E+02	53.8
633	360	780	882	25.8	37.56	2.75	0.73	117.6	1.66E+02	54.4
643	370	778	881	25.9	37.77	2.71	0.72	116.8	2.14E+02	55.0
653	380	776	879	25.9	37.96	2.67	0.70	115.9	2.72E+02	55.5
663	390	773	878	25.9	38.20	2.64	0.69	115.1	3.43E+02	56.1
673	400	771	877	26.0	38.38	2.60	0.68	114.3	4.31E+02	56.7
683	410	769	876	26.0	38.55	2.57	0.67	113.5	5.37E+02	57.3
693	420	766	875	26.0	38.77	2.54	0.65	112.7	6.65E+02	57.8
703	430	764	875	26.0	38.92	2.51	0.64	111.9	8.18E+02	58.4
713	440	762	874	26.0	39.07	2.48	0.63	111.1	1.00E+03	59.0
723	450	759	873	26.0	39.26	2.45	0.63	110.3	1.22E+03	59.5
733	460	757	873	26.0	39.39	2.43	0.62	109.5	1.47E+03	60.1
743	470	755	872	26.0	39.50	2.41	0.61	108.7	1.77E+03	60.7
753	480	752	872	26.0	39.67	2.38	0.60	107.9	2.12E+03	61.2
763	490	750	872	26.0	39.77	2.36	0.59	107.1	2.53E+03	61.8
773	500	748	871	26.0	39.86	2.34	0.59	106.2	3.00E+03	62.4
783	510	745	871	26.0	40.00	2.32	0.58	105.4	3.54E+03	63.0
793	520	743	871	25.9	40.07	2.31	0.58	104.6	4.17E+03	63.5
803	530	741	871	25.9	40.13	2.29	0.57	103.8	4.88E+03	64.1
813	540	738	871	25.9	40.24	2.27	0.56	103.0	5.70E+03	64.7
823	550	736	871	25.8	40.28	2.25	0.56	102.2	6.63E+03	65.2
833	560	733	872	25.8	40.37	2.24	0.55	101.4	7.68E+03	65.8
843	570	731	872	25.7	40.40	2.22	0.55	100.6	8.86E+03	66.4
853	580	729	872	25.7	40.41	2.21	0.55	99.8	1.02E+04	67.0

续表

T	t	ρ	C_p	λ	a	ν	Pr	σ	p	ρ_e
863	590	726	873	25.6	40.47	2.19	0.54	99.0	1.17E+04	67.5
873	600	724	873	25.6	40.46	2.18	0.54	98.2	1.34E+04	68.1
883	610	722	874	25.5	40.45	2.16	0.53	97.4	1.52E+04	68.7
893	620	719	875	25.5	40.48	2.15	0.53	96.6	1.73E+04	69.2
903	630	717	875	25.4	40.44	2.13	0.53	95.8	1.96E+04	69.8
913	640	715	876	25.3	40.39	2.12	0.52	95.0	2.22E+04	70.4
923	650	712	877	25.2	40.39	2.11	0.52	94.2	2.50E+04	71.0
933	660	710	878	25.1	40.33	2.09	0.52	93.3	2.81E+04	71.5
943	670	707	879	25.1	40.30	2.08	0.52	92.5	3.15E+04	72.1
953	680	705	881	25.0	40.22	2.06	0.51	91.7	3.52E+04	72.7
963	690	703	882	24.9	40.12	2.05	0.51	90.9	3.93E+04	73.2
973	700	700	883	24.8	40.07	2.03	0.51	90.1	4.38E+04	73.8
983	710	698	885	24.7	39.95	2.02	0.51	89.3	4.86E+04	74.4
993	720	695	886	24.6	39.87	2.01	0.50	88.5	5.39E+04	74.9
1 003	730	693	888	24.4	39.73	1.99	0.50	87.7	5.97E+04	75.5
1 013	740	691	889	24.3	39.58	1.98	0.50	86.9	6.59E+04	76.1
1 023	750	688	891	24.2	39.48	1.96	0.50	86.1	7.26E+04	76.7
1 033	760	686	893	24.1	39.31	1.95	0.50	85.3	7.99E+04	77.2
1 043	770	683	895	24.0	39.19	1.93	0.49	84.5	8.78E+04	77.8
1 053	780	681	897	23.8	38.99	1.92	0.49	83.7	9.62E+04	78.4
1 063	790	678	899	23.7	38.85	1.91	0.49	82.9	1.05E+05	78.9
1 073	800	676	901	23.5	38.64	1.89	0.49	82.1	1.15E+05	79.5
1 083	810	674	904	23.4	38.42	1.88	0.49	81.3	1.25E+05	80.1
1 093	820	671	906	23.3	38.24	1.87	0.49	80.6	1.37E+05	80.7
1 103	830	669	908	23.1	38.00	1.85	0.49	79.8	1.49E+05	81.2
1 113	840	666	911	22.9	37.81	1.84	0.49	79.0	1.61E+05	81.8
1 123	850	664	913	22.8	37.54	1.83	0.49	78.2	1.75E+05	82.4
1 133	860	661	916	22.6	37.33	1.82	0.49	77.4	1.89E+05	82.9
1 143	870	659	919	22.4	37.05	1.81	0.49	76.6	2.05E+05	83.5
1 153	880	656	922	22.3	36.82	1.80	0.49	75.8	2.21E+05	84.1
1 163	890	654	925	22.1	36.52	1.79	0.49	75.0	2.38E+05	84.7
1 173	900	651	928	21.9	36.26	1.78	0.49	74.2	2.57E+05	85.2
1 183	910	649	931	21.7	35.94	1.77	0.49	73.4	2.76E+05	85.8
1 193	920	646	934	21.5	35.67	1.76	0.49	72.6	2.97E+05	86.4
1 203	930	644	937	21.3	35.33	1.76	0.50	71.9	3.18E+05	86.9
1 213	940	641	940	21.1	35.04	1.76	0.50	71.1	3.41E+05	87.5

续表

T	t	ρ	C_p	λ	a	ν	Pr	σ	p	ρ_e
1 223	950	639	944	20.9	34.69	1.75	0.51	70.3	3.65E+05	88.1
1 233	960	636	947	20.7	34.37	1.75	0.51	69.5	3.91E+05	88.6
1 243	970	634	951	20.5	34.00	1.75	0.52	68.7	4.18E+05	89.2
1 253	980	631	955	20.3	33.67	1.76	0.52	67.9	4.46E+05	89.8
1 263	990	629	958	20.1	33.28	1.76	0.53	67.2	4.75E+05	90.4
1 273	1 000	626	962	19.8	32.94	1.77	0.54	66.4	5.06E+05	90.9
1 283	1 010	623	966	19.6	32.58	1.78	0.55	65.6	5.38E+05	91.5
1 293	1 020	621	970	19.4	32.16	1.79	0.56	64.8	5.72E+05	92.1
1 303	1 030	618	974	19.1	31.79	1.80	0.57	64.0	6.08E+05	92.6
1 313	1 040	616	978	18.9	31.36	1.82	0.58	63.3	6.45E+05	93.2
1 323	1 050	613	982	18.7	30.97	1.84	0.59	62.5	6.84E+05	93.8
1 333	1 060	611	987	18.4	30.52	1.86	0.61	61.7	7.24E+05	94.4
1 343	1 070	608	991	18.1	30.11	1.89	0.63	60.9	7.66E+05	94.9
1 353	1 080	605	996	17.9	29.70	1.92	0.65	60.2	8.10E+05	95.5
1 363	1 090	603	1 000	17.6	29.22	1.95	0.67	59.4	8.56E+05	96.1
1 373	1 100	600	1 005	17.4	28.79	1.99	0.69	58.6	9.04E+05	96.6
1 383	1 110	598	1 009	17.1	28.31	2.03	0.72	57.9	9.53E+05	97.2
1 393	1 120	595	1 014	16.8	27.86	2.07	0.74	57.1	1.00E+06	97.8
1 403	1 130	592	1 019	16.5	27.40	2.12	0.77	56.3	1.06E+06	98.4
1 413	1 140	590	1 024	16.3	26.89	2.18	0.81	55.6	1.11E+06	98.9
1 423	1 150	587	1 029	16.0	26.42	2.23	0.85	54.8	1.17E+06	99.5
1 433	1 160	584	1 034	15.7	25.94	2.30	0.89	54.0	1.23E+06	100.1
1 443	1 170	582	1 040	15.4	25.41	2.37	0.93	53.3	1.29E+06	100.6
1 453	1 180	579	1 045	15.1	24.92	2.44	0.98	52.5	1.36E+06	101.2
1 463	1 190	576	1 050	14.8	24.42	2.52	1.03	51.8	1.42E+06	101.8
1 473	1 200	574	1 056	14.5	23.87	2.60	1.09	51.0	1.49E+06	102.3
1 483	1 210	571	1 061	14.2	23.35	2.70	1.15	50.3	1.56E+06	102.9
1 493	1 220	568	1 067	13.8	22.83	2.79	1.22	49.5	1.64E+06	103.5
1 503	1 230	565	1 073	13.5	22.30	2.90	1.30	48.8	1.71E+06	104.1
1 513	1 240	563	1 078	13.2	21.72	3.01	1.39	48.0	1.79E+06	104.6
1 523	1 250	560	1 084	12.9	21.18	3.13	1.48	47.3	1.87E+06	105.2
1 533	1 260	557	1 090	12.5	20.63	3.26	1.58	46.5	1.95E+06	105.8
1 543	1 270	555	1 096	12.2	20.04	3.39	1.69	45.8	2.04E+06	106.3
1 553	1 280	552	1 102	11.9	19.47	3.53	1.81	45.0	2.13E+06	106.9
1 563	1 290	549	1 109	11.5	18.90	3.68	1.95	44.3	2.22E+06	107.5
1 573	1 300	546	1 115	11.1	18.32	3.84	2.10	43.5	2.31E+06	108.0

表 3.21 根据方程(3.56～3.62)得到的 4.2Na-22.2K-73.6Cs(质量分数)合金的性质

T(K),t(℃),ρ(kg/m^3),C_p(J/(kg·K)),λ(W/(m·K)),$a\times10^6$(m^2/s),
$\nu\times10^8$(m^2/s),$Pr\times10^2$,σ(mN/m),p(MPa),$\rho_e\times10^8$(Ω·m)

T	t	ρ	C_p	λ	a	ν	Pr	σ	p	ρ_e
203	−70	1 444	477	6.08	8.85	126	14.2	115.3	2.26E−10	7.68
213	−60	1 441	473	6.41	9.41	110	11.7	114.7	1.62E−09	7.64
223	−50	1 437	470	6.73	9.97	97.6	9.79	114.0	9.77E−09	7.62
233	−40	1 434	467	7.04	10.53	87.3	8.29	113.4	5.05E−08	7.61
243	−30	1 430	463	8.98	11.08	78.8	7.11	112.7	2.28E−07	7.61
253	−20	1 427	460	7.64	11.63	71.6	6.16	112.1	9.14E−07	7.62
263	−10	1 423	457	7.92	12.18	65.6	5.39	111.4	3.30E−06	7.63
273	0	1 420	455	8.20	12.72	60.5	4.75	110.8	1.09E−05	7.66
283	10	1 416	452	8.47	13.26	56.0	4.23	110.1	3.29E−05	7.69
293	20	1 412	449	8.73	13.79	52.2	3.78	109.4	9.23E−05	7.72
303	30	1 408	446	8.98	14.31	48.8	3.41	108.8	2.42E−04	7.76
313	40	1 404	443	9.23	14.83	45.8	3.09	108.1	5.97E−04	7.80
323	50	1 400	441	9.46	15.35	43.2	2.82	107.5	1.39E−03	7.85
333	60	1 396	438	9.69	15.86	40.9	2.58	106.8	3.09E−03	7.90
343	70	1 392	435	9.92	16.37	38.8	2.37	106.2	6.56E−03	7.96
353	80	1 388	433	10.1	16.86	36.9	2.19	105.5	1.33E−02	8.01
363	90	1 384	431	10.3	17.35	35.2	2.03	104.9	2.61E−02	8.08
373	100	1 380	428	10.5	17.84	33.7	1.89	104.2	4.91E−02	8.14
383	110	1 376	426	10.7	18.32	32.3	1.76	103.5	8.97E−02	8.21
393	120	1 372	424	10.9	18.79	31.0	1.65	102.9	1.59E−01	8.28
403	130	1 368	422	11.1	19.25	29.9	1.55	102.2	2.73E−01	8.36
413	140	1 364	419	11.3	19.70	28.8	1.46	101.6	4.59E−01	8.43
423	150	1 360	417	11.4	20.15	27.8	1.38	100.9	7.51E−01	8.51
433	160	1 356	415	11.6	20.59	26.9	1.31	100.3	1.20E+00	8.60
443	170	1 351	413	11.7	21.02	26.1	1.24	99.6	1.89E+00	8.68
453	180	1 347	412	11.9	21.44	25.3	1.18	98.9	2.90E+00	8.77
463	190	1 343	410	12.0	21.85	24.6	1.13	98.3	4.37E+00	8.86
473	200	1 339	408	12.2	22.26	23.9	1.08	97.6	6.49E+00	8.95
483	210	1 335	406	12.3	22.65	23.3	1.03	97.0	9.47E+00	9.05
493	220	1 330	405	12.4	23.03	22.7	0.99	96.3	1.36E+01	9.15
503	230	1 326	403	12.5	23.41	22.2	0.95	95.7	1.93E+01	9.25
513	240	1 322	402	12.6	23.77	21.6	0.91	95.0	2.70E+01	9.35
523	250	1 318	400	12.7	24.12	21.1	0.88	94.3	3.73E+01	9.46
533	260	1 314	399	12.8	24.47	20.7	0.85	93.7	5.08E+01	9.57
543	270	1 310	398	12.9	24.80	20.3	0.82	93.0	6.86E+01	9.68

续表

T	t	ρ	C_p	λ	a	ν	Pr	σ	p	ρ_e
553	280	1 305	396	13.0	25.12	19.9	0.79	92.4	9.15E+01	9.80
563	290	1 301	395	13.1	25.43	19.5	0.77	91.7	1.21E+02	9.91
573	300	1 297	394	13.1	25.73	19.1	0.74	91.1	1.58E+02	10.03
583	310	1 293	393	13.2	26.01	18.8	0.72	90.4	2.05E+02	10.16
593	320	1 289	392	13.3	26.29	18.4	0.70	89.8	2.64E+02	10.28
603	330	1 284	391	13.3	26.55	18.1	0.68	89.1	3.37E+02	10.41
613	340	1 280	390	13.4	26.81	17.8	0.67	88.4	4.26E+02	10.54
623	350	1 276	389	13.4	27.05	17.5	0.65	87.8	5.35E+02	10.68
633	360	1 272	388	13.5	27.28	17.3	0.63	87.1	6.67E+02	10.81
643	370	1 268	388	13.5	27.49	17.0	0.62	86.5	8.26E+02	10.95
653	380	1 264	387	13.5	27.70	16.8	0.61	85.8	1.02E+03	11.09
663	390	1 260	386	13.6	27.89	16.6	0.59	85.2	1.24E+03	11.24
673	400	1 255	386	13.6	28.07	16.3	0.58	84.5	1.51E+03	11.39
683	410	1 251	385	13.6	28.24	16.1	0.57	83.9	1.83E+03	11.54
693	420	1 247	385	13.6	28.40	15.9	0.56	83.2	2.20E+03	11.70
703	430	1 243	385	13.6	28.54	15.7	0.55	82.6	2.63E+03	11.86
713	440	1 239	384	13.7	28.67	15.5	0.54	81.9	3.13E+03	12.02
723	450	1 235	384	13.7	28.79	15.4	0.53	81.3	3.71E+03	12.18
733	460	1 231	384	13.7	28.90	15.2	0.53	80.6	4.38E+03	12.35
743	470	1 226	384	13.7	29.00	15.0	0.52	79.9	5.14E+03	12.52
753	480	1 222	384	13.6	29.09	14.9	0.51	79.3	6.01E+03	12.70
763	490	1 218	384	13.6	29.16	14.7	0.51	78.6	7.00E+03	12.88
773	500	1 214	384	13.6	29.22	14.6	0.50	78.0	8.12E+03	13.06
783	510	1 210	384	13.6	29.27	14.4	0.49	77.3	9.39E+03	13.25
793	520	1 206	384	13.6	29.31	14.3	0.49	76.7	1.08E+04	13.44
803	530	1 201	385	13.6	29.34	14.2	0.48	76.0	1.24E+04	13.63
813	540	1 197	385	13.5	29.36	14.1	0.48	75.4	1.42E+04	13.83
823	550	1 193	385	13.5	29.37	13.9	0.48	74.7	1.62E+04	14.03
833	560	1 189	386	13.5	29.36	13.8	0.47	74.1	1.84E+04	14.24
843	570	1 185	386	13.4	29.35	13.7	0.47	73.4	2.09E+04	14.45
853	580	1 180	387	13.4	29.33	13.6	0.46	72.8	2.36E+04	14.66
863	590	1 176	388	13.3	29.29	13.5	0.46	72.1	2.66E+04	14.88
873	600	1 172	388	13.3	29.25	13.4	0.46	71.5	2.99E+04	15.10
883	610	1 168	389	13.3	29.20	13.3	0.46	70.8	3.35E+04	15.33
893	620	1 163	390	13.2	29.13	13.2	0.45	70.2	3.75E+04	15.56
903	630	1 159	391	13.2	29.06	13.1	0.45	69.5	4.18E+04	15.79
913	640	1 155	392	13.1	28.98	13.1	0.45	68.9	4.65E+04	16.03

续表

T	t	ρ	C_p	λ	a	ν	Pr	σ	p	ρ_e
923	650	1 151	393	13.0	28.89	13.0	0.45	68.3	5.16E+04	16.27
933	660	1 146	394	13.0	28.80	12.9	0.45	67.6	5.72E+04	16.52
943	670	1 142	395	12.9	28.70	12.8	0.45	67.0	6.33E+04	16.78
953	680	1 138	396	12.9	28.58	12.8	0.45	66.3	6.98E+04	17.03
963	690	1 133	397	12.8	28.47	12.7	0.45	65.7	7.69E+04	17.30
973	700	1 129	399	12.7	28.34	12.6	0.45	65.0	8.45E+04	17.56
983	710	1 125	400	12.7	28.21	12.6	0.45	64.4	9.27E+04	17.83
993	720	1 120	401	12.6	28.07	12.5	0.45	63.7	1.02E+05	18.11
1 003	730	1 116	403	12.5	27.92	12.4	0.45	63.1	1.11E+05	18.39
1 013	740	1 112	404	12.5	27.77	12.4	0.45	62.4	1.21E+05	18.68
1 023	750	1 107	406	12.4	27.62	12.3	0.45	61.8	1.32E+05	18.97
1 033	760	1 103	408	12.3	27.46	12.3	0.45	61.2	1.43E+05	19.26
1 043	770	1 098	409	12.3	27.29	12.2	0.45	60.5	1.56E+05	19.56
1 053	780	1 094	411	12.2	27.12	12.2	0.45	59.9	1.69E+05	19.87
1 063	790	1 089	413	12.1	26.95	12.1	0.45	59.2	1.83E+05	20.18
1 073	800	1 085	415	12.0	26.77	12.1	0.45	58.6	1.98E+05	20.49
1 083	810	1 081	417	12.0	26.59	12.0	0.45	58.0	2.14E+05	20.81
1 093	820	1 076	419	11.9	26.41	12.0	0.45	57.3	2.30E+05	21.13
1 103	830	1 071	421	11.8	26.22	12.0	0.46	56.7	2.48E+05	21.46
1 113	840	1 067	423	11.7	26.03	11.9	0.46	56.0	2.67E+05	21.80
1 123	850	1 062	425	11.7	25.84	11.9	0.46	55.4	2.86E+05	22.13
1 133	860	1 058	428	11.6	25.65	11.8	0.46	54.8	3.07E+05	22.47
1 143	870	1 053	430	11.5	25.46	11.8	0.46	54.1	3.29E+05	22.82
1 153	880	1 049	432	11.5	25.26	11.8	0.47	53.5	3.52E+05	23.17
1 163	890	1 044	435	11.4	25.07	11.8	0.47	52.9	3.76E+05	23.52
1 173	900	1 039	437	11.3	24.87	11.7	0.47	52.2	4.02E+05	23.88
1 183	910	1 035	440	11.2	24.67	11.7	0.47	51.6	4.28E+05	24.24
1 193	920	1 030	443	11.2	24.48	11.7	0.48	50.9	4.57E+05	24.61
1 203	930	1 025	445	11.1	24.28	11.7	0.48	50.3	4.86E+05	24.98
1 213	940	1 021	448	11.0	24.08	11.6	0.48	49.7	5.17E+05	25.35
1 223	950	1 016	451	10.9	23.89	11.6	0.49	49.1	5.49E+05	25.72
1 233	960	1 011	454	10.9	23.70	11.6	0.49	48.4	5.82E+05	26.10
1 243	970	1 007	457	10.8	23.50	11.6	0.49	47.8	6.18E+05	26.48
1 253	980	1 002	460	10.7	23.31	11.6	0.50	47.2	6.54E+05	26.86
1 263	990	997	463	10.7	23.13	11.5	0.50	46.5	6.92E+05	27.24
1 273	1 000	992	466	10.6	22.94	11.5	0.50	45.9	7.32E+05	27.62
1 283	1 010	988	469	10.5	22.76	11.5	0.51	45.3	7.74E+05	28.01
1 293	1 020	983	472	10.5	22.58	11.5	0.51	44.6	8.17E+05	28.39

续表

T	t	ρ	C_p	λ	a	ν	Pr	σ	p	ρ_e
1 303	1 030	978	476	10.4	22.40	11.5	0.51	44.0	8.61E+05	28.77
1 313	1 040	973	479	10.4	22.23	11.5	0.52	43.4	9.08E+05	29.16
1 323	1 050	969	482	10.3	22.06	11.5	0.52	42.8	9.56E+05	29.54
1 333	1 060	964	486	10.3	21.89	11.5	0.52	42.1	1.01E+06	29.92
1 343	1 070	959	490	10.2	21.73	11.5	0.53	41.5	1.06E+06	30.30
1 353	1 080	954	493	10.1	21.58	11.5	0.53	40.9	1.11E+06	30.68
1 363	1 090	949	497	10.1	21.42	11.5	0.54	40.3	1.17E+06	31.05
1 373	1 100	944	501	10.1	21.28	11.5	0.54	39.6	1.23E+06	31.42
1 383	1 110	939	504	10.0	21.13	11.5	0.54	39.0	1.29E+06	31.79
1 393	1 120	934	508	10.0	21.00	11.5	0.55	38.4	1.35E+06	32.15
1 403	1 130	930	512	9.93	20.87	11.5	0.55	37.8	1.41E+06	32.51
1 413	1 140	925	516	9.89	20.74	11.5	0.55	37.2	1.48E+06	32.86
1 423	1 150	920	520	9.86	20.62	11.5	0.56	36.5	1.54E+06	33.20
1 433	1 160	915	524	9.83	20.51	11.5	0.56	35.9	1.61E+06	33.53
1 443	1 170	910	528	9.80	20.41	11.5	0.56	35.3	1.69E+06	33.86
1 453	1 180	905	533	9.78	20.31	11.5	0.57	34.7	1.76E+06	34.18
1 463	1 190	900	537	9.76	20.22	11.5	0.57	34.1	1.84E+06	34.48
1 473	1 200	895	541	9.74	20.13	11.5	0.57	33.5	1.92E+06	34.78
1 483	1 210	889	546	9.73	20.05	11.5	0.57	32.8	2.00E+06	35.07
1 493	1 220	884	550	9.72	19.98	11.5	0.58	32.2	2.08E+06	35.34
1 503	1 230	879	555	9.71	19.92	11.5	0.58	31.6	2.17E+06	35.60
1 513	1 240	874	559	9.71	19.87	11.6	0.58	31.0	2.26E+06	35.85
1 523	1 250	869	564	9.71	19.82	11.6	0.58	30.4	2.35E+06	36.08
1 533	1 260	864	569	9.71	19.79	11.6	0.59	29.8	2.44E+06	36.30
1 543	1 270	859	573	9.72	19.76	11.6	0.59	29.2	2.54E+06	36.51
1 553	1 280	853	578	9.73	19.74	11.6	0.59	28.6	2.64E+06	36.70
1 563	1 290	848	583	9.75	19.73	11.7	0.59	27.9	2.74E+06	36.87
1 573	1 300	843	588	9.77	19.73	11.7	0.59	27.3	2.84E+06	37.02

表 3.22 根据方程(3.63～3.66)得到的 44.5Pb-55.5Bi(质量分数)合金的性质

T(K),t(℃),ρ(kg/m^3),C_p(J/(kg·K)),λ(W/(m·K)),$a\times10^6$(m^2/s),

$\nu\times10^8$(m^2/s),$Pr\times10^2$,σ(mN/m),p(MPa),$\rho_e\times10^8$(Ω·m)

T	t	ρ	C_p	λ	a	ν	Pr	σ	ρ_e
403	130	10 550	146	11.0	7.17	29.41	4.10	415.65	104.41
413	140	10 530	146	11.1	7.24	28.72	3.97	414.95	104.93
423	150	10 520	146	11.2	7.31	28.04	3.83	414.24	105.45
433	160	10 510	146	11.3	7.39	27.37	3.71	413.54	105.98
443	170	10 500	146	11.4	7.46	26.72	3.58	412.84	106.50

续表

T	t	ρ	C_p	λ	a	ν	Pr	σ	ρ_e
453	180	10 480	146	11.5	7.53	26.08	3.46	412.13	107.02
463	190	10 470	146	11.6	7.61	25.46	3.35	411.43	107.54
473	200	10 460	146	11.7	7.68	24.85	3.24	410.73	108.07
483	210	10 450	146	11.8	7.76	24.26	3.13	410.02	108.59
493	220	10 430	146	11.9	7.83	23.67	3.02	409.32	109.11
503	230	10 420	146	12.0	7.90	23.11	2.92	408.62	109.64
513	240	10 410	146	12.1	7.98	22.55	2.83	407.92	110.16
523	250	10 400	146	12.2	8.05	22.01	2.73	407.21	110.68
533	260	10 380	146	12.3	8.13	21.49	2.64	406.51	111.21
543	270	10 370	146	12.4	8.21	20.97	2.56	405.81	111.73
553	280	10 360	146	12.5	8.28	20.48	2.47	405.10	112.25
563	290	10 350	146	12.6	8.36	19.99	2.39	404.40	112.77
573	300	10 330	146	12.7	8.43	19.52	2.32	403.70	113.30
583	310	10 320	146	12.8	8.51	19.06	2.24	402.99	113.82
593	320	10 310	146	12.9	8.58	18.62	2.17	402.29	114.34
603	330	10 300	146	13.0	8.66	18.19	2.10	401.59	114.87
613	340	10 280	146	13.1	8.74	17.78	2.03	400.89	115.39
623	350	10 270	146	13.2	8.81	17.38	1.97	400.18	115.91
633	360	10 260	146	13.3	8.89	16.99	1.91	399.48	116.44
643	370	10 250	146	13.4	8.97	16.62	1.85	398.78	116.96
653	380	10 230	146	13.5	9.05	16.26	1.80	398.07	117.48
663	390	10 220	146	13.6	9.12	15.91	1.74	397.37	118.00
673	400	10 210	146	13.7	9.20	15.58	1.69	396.67	118.53
683	410	10 200	146	13.8	9.28	15.26	1.64	395.96	119.05
693	420	10 180	146	13.9	9.36	14.96	1.60	395.26	119.57
703	430	10 170	146	14.0	9.44	14.67	1.55	394.56	120.10
713	440	10 160	146	14.1	9.51	14.39	1.51	393.86	120.62
723	450	10 150	146	14.2	9.59	14.13	1.47	393.15	121.14
733	460	10 130	146	14.3	9.67	13.88	1.44	392.45	121.67
743	470	10 120	146	14.4	9.75	13.65	1.40	391.75	122.19
753	480	10 110	146	14.5	9.83	13.43	1.37	391.04	122.71
763	490	10 100	146	14.6	9.91	13.22	1.33	390.34	123.23
773	500	10 080	146	14.7	9.99	13.03	1.30	389.64	123.76
783	510	10 070	146	14.8	10.07	12.85	1.28	388.93	124.28
793	520	10 060	146	14.9	10.15	12.69	1.25	388.23	124.80
803	530	10 050	146	15.0	10.23	12.54	1.23	387.53	125.33
813	540	10 030	146	15.1	10.31	12.40	1.20	386.83	125.85
823	550	10 020	146	15.2	10.39	12.28	1.18	386.12	126.37

续表

T	t	ρ	C_p	λ	a	ν	Pr	σ	ρ_e
833	560	10 010	146	15.3	10.47	12.17	1.16	385.42	126.90
843	570	10 000	146	15.4	10.55	12.07	1.14	384.72	127.42
853	580	9 980	146	15.5	10.63	11.99	1.13	384.01	127.94
863	590	9 970	146	15.6	10.72	11.92	1.11	383.31	128.46
873	600	9 960	146	15.7	10.80	11.87	1.10	382.61	128.99
883	610	9 950	146	15.8	10.88	11.83	1.09	381.90	129.51
893	620	9 930	146	15.9	10.96	11.80	1.08	381.20	130.03
903	630	9 920	146	16.0	11.04	11.79	1.07	380.50	130.56
913	640	9 910	146	16.1	11.13	11.80	1.06	379.80	131.08
923	650	9 900	146	16.2	11.21	11.81	1.05	379.09	131.60
933	660	9 880	146	16.3	11.29	11.84	1.05	378.39	132.13
943	670	9 870	146	16.4	11.38	11.88	1.04	377.69	132.65
953	680	9 860	146	16.5	11.46	11.94	1.04	376.98	133.17
963	690	9 850	146	16.6	11.54	12.01	1.04	376.28	133.69
973	700	9 830	146	16.7	11.63	12.10	1.04	375.58	134.22
983	710	9 820	146	16.8	11.71	12.20	1.04	374.87	134.74
993	720	9 810	146	16.9	11.80	12.31	1.04	374.17	135.26
1 003	730	9 800	146	17.0	11.88	12.44	1.05	373.47	135.79
1 013	740	9 780	146	17.1	11.96	12.58	1.05	372.77	136.31
1 023	750	9 770	146	17.2	12.05	12.74	1.06	372.06	136.83
1 033	760	9 760	146	17.3	12.13	12.90	1.06	371.36	137.36
1 043	770	9 750	146	17.4	12.22	13.09	1.07	370.66	137.88
1 053	780	9 730	146	17.5	12.31	13.28	1.08	369.95	138.40
1 063	790	9 720	146	17.6	12.39	13.49	1.09	369.25	138.92
1 073	800	9 710	146	17.7	12.48	13.72	1.10	368.55	139.45

表 3.23　根据方程(3.67～3.78)得到的 99.32Pb-0.68Li(质量分数)合金的性质

T(K),t(℃),ρ(kg/m^3),C_p(J/(kg·K)),λ(W/(m·K)),$a\times10^6$(m^2/s),
$\nu\times10^8$(m^2/s),$Pr\times10^2$,σ(mN/m),p(MPa),$\rho_e\times10^8$(Ω·m)

T	t	ρ	C_p	λ	a	ν	Pr	σ	p	ρ_e
513	240	9 495	183.0	12.00	6.90	27.95	4.04	464.4	5.76E−10	124.1
523	250	9 486	183.0	12.19	7.03	26.57	3.77	463.0	1.34E−09	124.6
533	260	9 478	182.9	12.39	7.15	25.32	3.54	461.7	3.04E−09	125.0
543	270	9 469	182.8	12.59	7.27	24.17	3.32	460.3	6.66E−09	125.4
553	280	9 461	182.8	12.78	7.39	23.11	3.12	458.9	1.42E−08	125.9
563	290	9 452	182.7	12.98	7.52	22.13	2.94	457.6	2.94E−08	126.3
573	300	9 444	182.6	13.17	7.64	21.22	2.77	456.2	5.95E−08	126.7
583	310	9 435	182.5	13.37	7.76	20.38	2.62	454.8	1.18E−07	127.1

续表

T	t	ρ	C_p	λ	a	ν	Pr	σ	p	ρ_e
593	320	9 427	182.5	13.57	7.89	19.61	2.48	453.5	2.27E−07	127.6
603	330	9 418	182.4	13.76	8.01	18.88	2.35	452.1	4.28E−07	128.0
613	340	9 410	182.4	13.96	8.13	18.21	2.24	450.8	7.92E−07	128.4
623	350	9 401	182.3	14.15	8.26	17.57	2.13	449.4	1.44E−06	128.8
633	360	9 393	182.2	14.35	8.38	16.99	2.03	448.0	2.56E−06	129.3
643	370	9 384	182.2	14.55	8.51	16.44	1.93	446.7	4.47E−06	129.7
653	380	9 376	182.1	14.74	8.63	15.93	1.84	445.3	7.68E−06	130.1
663	390	9 367	182.0	14.94	8.76	15.44	1.76	443.9	1.30E−05	130.5
673	400	9 359	182.0	15.13	8.89	14.98	1.69	442.6	2.16E−05	131.0
683	410	9 350	181.9	15.33	9.01	14.55	1.62	441.2	3.54E−05	131.4
693	420	9 342	181.9	15.53	9.14	14.14	1.55	439.8	5.72E−05	131.8
703	430	9 333	181.8	15.72	9.27	13.76	1.49	438.5	9.12E−05	132.2
713	440	9 325	181.7	15.92	9.39	13.40	1.43	437.1	1.44E−04	132.7
723	450	9 316	181.7	16.11	9.52	13.06	1.37	435.7	2.23E−04	133.1
733	460	9 308	181.6	16.31	9.65	12.74	1.32	434.4	3.43E−04	133.5
743	470	9 299	181.6	16.51	9.78	12.43	1.27	433.0	5.20E−04	134.0
753	480	9 291	181.5	16.70	9.90	12.13	1.23	431.6	7.81E−04	134.4
763	490	9 282	181.4	16.90	10.03	11.86	1.18	430.3	1.16E−03	134.8
773	500	9 274	181.4	17.09	10.16	11.59	1.14	428.9	1.70E−03	135.2
783	510	9 265	181.3	17.29	10.29	11.34	1.10	427.5	2.48E−03	135.7
793	520	9 257	181.3	17.49	10.42	11.10	1.07	426.2	3.58E−03	136.1
803	530	9 248	181.2	17.68	10.55	10.87	1.03	424.8	5.11E−03	136.5
813	540	9 240	181.2	17.88	10.68	10.66	1.00	423.4	7.24E−03	136.9
823	550	9 231	181.1	18.07	10.81	10.45	0.97	422.1	1.02E−02	137.4
833	560	9 223	181.1	18.27	10.94	10.25	0.94	420.7	1.42E−02	137.8
843	570	9 214	181.0	18.47	11.07	10.06	0.91	419.3	1.96E−02	138.2
853	580	9 206	180.9	18.66	11.20	9.88	0.88	418.0	2.69E−02	138.6
863	590	9 197	180.9	18.86	11.33	9.70	0.86	416.6	3.66E−02	139.1
873	600	9 189	180.8	19.05	11.47	9.53	0.83	415.2	4.94E−02	139.5

3.4.4　金属蒸气的热物理性质[5−6]

表 3.24　锂蒸气的性质

T(K), p_s(MPa), ρ''(kg/m^3), C_p''(kJ/(kg·K)), $r\times10^{-3}$(kJ/kg),

λ''(W/(m·K)), $\mu\times10^7$(Pa·s)), a''(m/s), $a\times10^6$(m^2/s)

T	p_s	ρ''	C_p''	r	λ''	μ	a''	a
900	0.138E−4	0.128E−4	3.936	21.76		106	4.253E+0.3	1 270
1 000	1.036E−4	0.872E−4	4.432	21.59	0.069	113	2.180E+0.3	1 317

续表

T	p_s	ρ''	C''_p	r	λ''	μ	a''	a
1 100	5.374E−4	0.413E−3	4.952	21.39	0.075	118	2.123E+0.3	1 364
1 200	2.111E−3	0.150E−2	5.451	21.17	0.085	123	2.066E+0.3	1 410
1 300	6.710E−3	0.444E−2	5.907	20.93	0.091	126	2.010E+0.3	1 456
1 400	1.807E−2	0.011 2	6.325	20.66	0.097	129	1.953E+0.3	1 501
1 500	4.264E−2	0.025 0	6.735	20.37	0.101	131	1.896E+0.3	1 543
1 600	9.048E−2	0.050 5	7.172	20.05	0.105	133		1 582
1 700	1.759E−1	0.094 0	7.664	19.69	0.107	135		1 617
1 800	3.183E−1	0.164	8.216	19.29	0.109	137		1 647
1 900	5.420E−1	0.272	8.795	18.84	0.111	139		1 671
2 000	8.770E−1	0.431	9.329	18.32	0.112	140		1 687
2 100	1.359	0.660	9.730	17.76	0.115	141		1 696
2 200	2.027	0.981	9.924	17.15	0.117	143		1 696
2 300	2.929	1.421	9.881	16.50	0.120	144		1 687
2 400	4.114	2.012	9.619	15.85	0.122	146		1 672
2 500	5.639	2.790	9.191	15.19	0.125	147		1 662
2 600	7.508	3.754	8.674	14.58	0.127			1 631
2 700	9.744	4.911	8.140	14.00	0.131			1 611
2 800	12.41	6.299	7.624	13.45	0.135			1 591
2 900	15.55	7.935	7.149	12.92	0.137			1 571
3 000	19.19	9.829	6.722	12.42	0.142			1 553

表 3.25 钠蒸气的性质

T(K),p_s(MPa),ρ''(kg/m^3),C''_p(kJ/(kg·K)),r (kJ/kg),

$\lambda''\times10^2$(W/(m·K))[6],$\mu\times10^7$(Pa·s)),a''(m/s),$a\times10^6$(m^2/s)

T	p_s	ρ''	C''_p	r	λ''	μ	a''	a
800	9.492E−4	0.339E−2	2.160	4 255	3.66		2.293E+0.3	614
900	5.135E−3	0.016 6	2.399	4 163	4.13	171	2.236E+0.3	644
1 000	1.977E−2	0.058 7	2.475	4 071	4.47	178	2.180E+0.3	674
1 100	5.939E−2	0.163	2.458	3 978	4.74	184	2.123E+0.3	704
1 200	0.148	0.381	2.400	3 885	4.86	190	2.066E+0.3	731
1 300	0.321	0.779	2.335	3 789	4.92	197	2.010E+0.3	757
1 400	0.622	1.433	2.279	3 688	4.97	203	1.953E+0.3	781
1 500	1.101	2.433	2.233	3 578	5.00	210		801
1 600	1.814	3.874	2.195	3 459		219		816
1 700	2.813	5.857	2.149	3 349		227		827
1 800	4.149	8.485	2.087	3 190		234		830
1 900	5.865	11.85	2.008	3 043				830
2 000	7.944	16.04	1.915	2 890				826

表 3.26 钾蒸气的性质

T(K),p_s(MPa),ρ''(kg/m^3),C_p''(kJ/(kg·K)),r (kJ/kg),
$\lambda''\times10^2$(W/(m·K)),$\mu\times10^7$(Pa·s)),a''(m/s),$a\times10^6$(m^2/s)

T	p_s	ρ''	C_p''	r	λ''	μ	a''	a
800	6.407E−3	0.039 5	1.155	2 024	1.63	141	2.064E+0.3	476
900	2.536E−2	0.142	1.193	1 973	1.79	152	2.064E+0.3	502
1 000	7.583E−2	0.389	1.181	1 920	1.97	161	2.064E+0.3	525
1 100	0.185	0.882	1.146	1 865	2.11	169	2.064E+0.3	548
1 200	0.389	1.733	1.102	1 810	2.22	177	2.064E+0.3	570
1 300	0.727	3.057	1.060	1 750	2.32	185	2.064E+0.3	589
1 400	1.240	4.965	1.021	1 685	2.41	193	2.064E+0.3	604
1 500	1.965	7.570	0.985	1 614	2.49	202		613
1 600	2.930	10.98	0.951	1 535				615
1 700	4.155	15.32	0.914	1 449				610
1 800	5.647	2.65	0.874	1 356				600
1 900	7.405	27.01	0.834	1 256				587
2 000	9.418	34.37	0.796	1 150				572

表 3.27 铯蒸气的性质

T(K),p_s(MPa),ρ''(kg/m^3),C_p''(kJ/(kg·K)),r (kJ/kg),
$\lambda''\times10^3$(W/(m·K)),$\mu\times10^7$(Pa·s)),a''(m/s),$a\times10^6$(m^2/s)

T	p_s	ρ''	C_p''	r	λ''	μ	a''	a
500	3.312E−5	1.070E−3	0.230	542				215
600	5.906E−4	1.604E−2	0.265	530				230
700	4.524E−3	0.106 5	0.296	518	6.58	204		244
800	2.059E−2	0.435 3	0.315	504	7.55	221	8.058E+0.3	257
900	6.656E−2	1.285	0.314	490	8.40	236	7.748E+0.3	270
1 000	0.170	3.031	0.314	476	9.13	250	7.438E+0.3	282
1 100	0.365	6.101	0.315	461	9.77	264	7.128E+0.3	293
1 200	0.690	10.89	0.316	444	10.37	278	6.818E+0.3	303
1 300	1.179	17.73	0.319	425	10.96	292	6.507E+0.3	311
1 400	1.863	26.97	0.323	403		306	6.197E+0.3	318
1 500	2.760	38.88	0.337	377		321		324
1 600	3.876	54.23	0.381	345		336		327
1 700	5.213	75.00	0.453	306		352		321
1 800	6.773	110.8	0.658	248		369		291
1 900	8.572	173.8		189		385		
2 000	10.66			100				

第3.1、3.2、3.3节的参考文献

[1] Тепломассообмен. Теплотехнический эксперимент: Справочник/Под общ. ред. В. А. Григорьева и В. М. Зорина. -М. : Энергоиздат, 1982. -С. 159.

[1a] Ривкин, С. Л. Термодинамические свойства газов: Справочник-4-е изд. -М. : Энергоатомиздат, 1987.

[2] Варгафтик, Н. Б. Справочник по теплофизическим свойствам газов и жидкостей. —2-е изд. -М. : Наука, 1972. -С. 525-530.

[3] Александров, А. А. , Григорьев, Б. А. Таблицы теплофизических свойств воды и водяного пара: Справочник. -М. : Издательство МЭИ, 1999.

[4] ASME Steam Tables for Industrial Use: Based on IAPWS-IF977, CRTD-Vol. 58. -1999.

[5] Hill, P. G. , Macmillan, R. D. , Lee, V. Tables of Thermodynamic Properties of Heavy Water. -The University of British Columbia. Dept. of Mech. Enging. AECL, 1981. -P. 1-13.

[6] Petropoulos, N. P. Heavy Water Thermophysical Properties/Nuclear Engineering Section, Nat. Tech. University of Athens: На сайте "Интернет" http://arcas. nuclear. ntua. gr/codes/heavywater. html.

第3.4节的参考文献

[1] Андреев, П. А. , Гремилов, Д. И. , Федорович, Е. Д. Теплообменные аппараты ядерных энергетических установок. —Л. : Издательство "Судостроение", 1965.

[2] Арсентьев, П. П. , Коледов, Л. А. Металлические расплавы и их свойства. -М. : Металлургия, 1976.

[3] Банчила, С. Н. , Филиппов, Л. П. Изучение электропроводности металлов//Теплофизика высоких температур. -1973. -Т. 11. -№ 6. -С. 1301-1304.

[4] Боришанский, В. М. , Кутателадзе, С. С, Новиков, И. И. , Федынский, О. С. Жидкометаллические теплоносители. —3-е изд. перераб. и доп. -М. : Атомиздат, 1976.

[5] Быстров, П. М. , Каган, Д. Н. , Кречетова, Г. А. и др. Жидкометаллические теплоносители тепловых труб и энергетических установок/Под ред. В. А. Кириллина. -М. : Наука, 1988.

[6] Варгафтик, Н. Б. Справочник по теплофизическим свойствам газов и жидкостей. -2-е изд. -М. : Наука, 1972.

[6a] Handbook of Physical Properties of Liquids and Gases/N. B. Vargaftik, V. K. Vinogradov, V. S. Yargin. 3-rd ang. and rev. ed. -N. Y. , Begell House Inc. , 1996.

[7] Вопросы физики металлов и металловедение: Сб. статей. -Киев: Изд. АН УССР. 1963.

[8] Вукалович, М. П. , Иванов, А. И. , Фокин, Л. Р. и др. Теплофизические свойства ртути. -М. : Изд-во стандартов, 1971.

[9] Кириллов, П. Л. , Денискина, Н. Б. Теплофизические свойства жидкометаллических теплоносителей: Обзор ФЭИ-0291. -М. : ЦНИИатоминформ, 2000.

[10] Гоголева, В. В. , Фокин, Л. Р. Оценка критических параметров лития и франция: Препринт ИВТАН №1-061. -М. : ИВТАН, 1981.

[11] Гришин, В. К. , Глазунов, М. Г. , Аракелов, А. Г. и др. Свойства лития. -М. : Металлургия, 1963.

[12] Грязнов, Г. М. , Евтихин, В. А. , Завяльский, Л. П. и др. Материаловедение жидкометаллических систем термоядерных реакторов. -М. : Энергоатомиздат, 1989.

[13] Евтихин, В. А. , Люблинский, И. Е. , Коржавин, В. М. Жидкий литий и ванадиевые сплавы в проекте ИТЭР//Перспективные материалы. -1995. -№ 6.

[14] Кириллов, П. Л. Теплофизические свойства свинца, висмута и их эвтектического сплава: Обзор ФЭИ-0286. -Обнинск: ГНЦ РФ-ФЭИ, 1998.

[15] Кржижановский, Р. Е. , Сидорова, Н. П. , Богданова, И. А. Экспериментальное исследование

теплопроводности и электросопротивления некоторых бинарных сплавов системы свинец-висмут в жидком состоянии//Инженерно-физический журнал. -1975. -Т. 29. -№ 2. -С. 322-325.

[16] Лариков, Л. Н. , Юрченко, Ю. Ф. Тепловые свойства металлов и сплавов. -Киев: Наукова думка, 1985.

[17] Ликалтер, А. А. О критических параметрах металлов//Теплофизика высоких температур. -1985. -Т. 23. -№ 3. -С. 465.

[18] Михайлов, В. Н. , Евтихин, В. А. , Люблинский, И. Е. и др. Литий в термоядерной космической энергетике XXI века. -М. : Энергоатомиздат, 1999.

[19] Мозговой, А. Г. , Фокин, Л. Р. , Чернов, А. И. Критические параметры щелочных металлов: Обзор. - М. :ИВТАН, 1984. -№ 5 (49).

[20] Ниженко, В. И. , Флока, Л. И. Поверхностное натяжение жидких металлов и сплавов: Справочник. - М. : Металлургия, 1987.

[21] Никольский, Н. А. , Калакуцкая, Н. А. , Пчелкин, И. М. и др. Теплофизические свойства некоторых металлов и сплавов в расплавленном состоянии//Вопросы теплообмена. М. : Изд. АН СССР, 1959. -С. 11-45. [См. также//Теплоэнергетика. 1959. №2. С. 92-95] .

[22] Остроушко, Ю. И. , Бучихин, П. И. , Алексеева, В. В. и др. Литий, его химия и технология. -М. : Атомиздат, 1960.

[23] Пашаев, Б. П. , Палчаев, Д. К. , Пащук, Е. Г. и др. Плотность, скорость ультразвука, электро-и теплопроводность легкоплавких металлов в жидком состоянии: Обзоры по теплофизическим свойствам веществ. -М. : ИВТАН, 1982. №3 (35).

[24] Покровский, Н. Л. , Пугачевич, П. П. , Голубев, Н. А. Исследование поверхностного натяжения растворов системы свинец-висмут//Журнал физической химии. —1969. Т. 43. Вып. 8. С. 2158-2159.

[25] Сковородько, С. Н. и др. Экспериментальное исследование плотности жидких сплавов CsNaK : Тезисы докладов VIII Всесоюзной конференции по теплофизическим свойствам веществ. Новосибирск: Ин-т теплофизики СОАН СССР, 1988. -Т. 1. -С. 199.

[26] Субботин, В. И. , Арнольдов, М. Н. , Ивановский, М. Н. и др. Литий. -М. : ИздАТ, 1999.

[27] Физические величины: Справочник/Под ред. Григорьева И. С. , Мейлихова Е. З. -М. : Энергоатомиздат, 1991.

[27a] Handbook on Lead-Bismuth Eutectic Alloy and Lead Properties, Materials Compatibility, Thermal-Hydraulics and Technologies/Ed. by Nuclear Energy Agency; Organization for Economic Co-operation and Development. -Paris: OECD Publications, 2007. NEA No. 6195.

[28] Фортов, В. Е. , Дремин, А. Н. , Леонтьев, А. А. Оценка параметров критической точки//Теплофизика высоких температур. 1975. -Т. 13. -№ 5. -С. 1072.

[29] Чиркин, Б. С. Теплофизические свойства материалов ядерной техники: Справочник М. : Атомиздат, 1968.

[30] Шпильрайн, Э. Э. , Фомин, В. А. , Качалов, В. В. и др. Теплофизические свойства щелочноземельных металлов в жидкой фазе: Обзоры по теплофизическим свойствам веществ. -М. : ИВТАН, 1983. № 2.

[31] Шпильрайн, Э. Э. , Фомин, В. А. , Сковородько, С. Н. и др. Исследование вязкости жидких металлов. М. : Наука, 1983.

[32] Шпильрайн, Э. Э. , Якимович, К. А. , Тоцкий, Е. Е. Теплофизические свойства щелочных металлов: Справочник/Под ред. В. А. Кириллина. -М. : Изд-во стандартов, 1970.

[33] Handbook of Thermodynamic and Transport Properties of Alkali Metals. /Ed. by R. W. Ohse. -Oxford: B. S. Publ. , 1985.

[34] Pottlacher, G. Measurement of Thermophysical Properties of Lead by Submicrosecond Pulse-Heating Method in the Range 2000K to 5000K//International Journal of Thermophysics. -1990. -Vol. 11. -N. 4. -P. 719-729.

[35] Pottlacher, G., lager, H. Determinations of Critical Point Data of Metals Using Subsecond Pulse Heating Techniques: Preprint Techn. Univ. Graz. -1998.

[36] Powell, R. W. The Thermal and Electrical Conductivities of Molten Metals//Proc. 8th Conf. of Thermal conductivity. West Lafayette, Ind. 1968,-N. Y., 1969. -P. 357-365.

[37] Schulz, B. Thermophysical Properties of the Li17Pb83 Alloy//Fusion Engineering and Design. -1991. -Vol. 14. -P. 199-206.

[38] Selected Values of Thermodynamic Properties of the Elements/R. Hultgren, R. D. De-cai, D. T. Hawkins et al. -Metal Park (Ohio)., Amer. Soc. Metals, 1973.

[39] Thermophysical Properties of Matter: The TPRC Data Series. /Ed. Y. S. Touloukian. -N. Y., Wash., Plenum Press, 1970.

[40] Coen, V. Lithium-Lead Eutectic as Breeding Material in Fusion Reactors//Journal of Nuclear Materials. -1985. -Vol. 133-134. -N. 1. -P. 46-51.

[41] Holroyd, R. J., Mitchell, J. D. T. Liquid Lithium as a Coolant for Tokamak Fusion Reactors//Nuclear Engineering and Design. Fusion. -1984. -Vol. 1. -Iss. 1. -P. 17-38.

第 4 章

慢　化　剂

4.1　慢化剂的基本性质

裂变时产生的中子具有一个能谱，从 0.025 eV 到 10 MeV，最可能的能量稍低——1 MeV。绝大多数反应堆都用能量 0.025 eV 的慢(热)中子工作，因为它们容易被^{235}U、^{239}Pu核吸收，比高能中子引起更多的裂变。有效的中子慢化剂是带轻核(例如，氢、氘、铍等)的材料。水含有大量氢，因而是良好的慢化剂。能量 2 MeV 的中子在水中平均经受 $\xi=19.6$ 次碰撞后慢化到 0.025 eV[1]。

慢化剂应该有高的散射截面，以保证中子被俘获前单位时间内与中子有大量碰撞，还应该有低的中子吸收截面，以便不致因在慢化剂块中的无效吸收使中子平衡恶化。这些特征的度量是比值 $\xi\Sigma_s/\Sigma_a$——慢化比。达到热能前平均碰撞数(ξ)与宏观散射截面(Σ_s)的乘积称为慢化能力[2,3]。各种慢化剂的基本中子物理性质示于表 4.1，基本热物理性质示于表 4.2。

1) 轻水的慢化能力最强，吸收截面也高。因此如果用轻水慢化中子，用天然铀的反应堆就不能临界。其后果是在动力反应堆中都采用富集度 2%～4%的燃料。反应堆内的水遭受辐射，由此产生氢气和氧气两种气体，可能形成爆燃混合物。另一个问题是水与锆(燃料元件包壳)相互作用形成 ZrO_2 和 H_2。水的缺点是沸点低，从而要求采用高压[2]。

2) 重水(D_2O)的吸收截面显著低于轻水，在所有慢化剂中慢化比最大。如果用 D_2O 作为慢化剂，天然铀反应堆就可以达到临界。重水的缺点是价格昂贵和必须采用高压[2]。

3) 石墨在一些动力堆(气冷反应堆、РБМК 等)中用作慢化剂。石墨是各向异性材料。它有良好的慢化特性和令人满意的力学性能。反应堆石墨从石油焦炭获得。人造反应堆石墨的制造工艺十分复杂，包括下列操作：破碎焦炭、为提纯材料的烧炼、各种尺寸颗粒的配料、成形(压制)。在成形过程中，在与压制轴平行方向(∥)和垂直方向(⊥)产品性质发生各向异性。随后的操作是预退火(1 000～1 300 ℃)和持续退火(450～500 ℃)、石墨化($T>$2 600 ℃)、精加工和放在含碳介质(焦油、酒精等)中浸渍以增加抗压强度。

结构用石墨具有明显的各向异性性质。但是，在铀-石墨反应堆中用的石墨(ГР-220，ГР-280)只有较小的各向异性。反应堆石墨的正常密度等于 1 600～1 700 kg/m^3，比理论密度(2 260 kg/m^3)低很多。这个差别与石墨生产过程中形成的孔隙率有关。

应用石墨的主要问题是与氧、蒸气、某些金属有化学反应，因而要求创造惰性气体氛围。当辐照时石墨晶格内由于原子位移形成内能积累。在常温(<350 ℃)和 10^{19} n/cm^2 中子注量下，石墨内可能积累到 1.7 MJ/kg。当这个能量释放(Wigner 效应)时，石墨可能升温到

1 000 ℃。因此，如果石墨在反应堆内于不高温度下工作，要将它定期缓慢加热（退火）。在高温下这个问题不存在，因为能量不断地积累和释放。

4）氢化锆（$ZrH_{1.85}$）是一种含氢的慢化剂，有良好的慢化特性，实际上与水的特性类似（见表 4.1）。氢化锆与铀均匀混合具有很大的负反应性温度系数，因而用它们的反应堆十分安全，高度稳定。氢化锆系将金属锆在 350 ℃的氢中加热获得。

表 4.1 各种慢化剂的基本中子物理性质

性 质	单位	轻水 H_2O[1,3]	重水 D_2O[1,3]	金属铍 Be[4,5]	氧化铍 BeO[6]	石墨 C[7]	氢化锆 $ZrH_{1.85}$[1,3]
相对分子质量		18.015 28	20.027 6	9.012 18	25.011 6	12.011 1	93.088 7
标准状况下的密度	kg/m^3	1 000	1 100	1 840	2 860	1 710	5 620
散射截面，σ_s	10^{-24} cm^2	44	15	6.15	11.2	4.75	44
吸收截面，σ_a	10^{-24} cm^2	660	2.6	7.6	9.0	3.53	799
宏观散射截面（超热中子），Σ_s	cm^{-1}	1.496	0.350	0.757	0.666	0.397	1.60
宏观吸收截面（热中子），Σ_a	cm^{-1}	0.019 7	3.88×10^{-5}	8.2×10^{-4}	4.7×10^{-4}	2.6×10^{-4}	0.029 1
到热能化的平均碰撞数（从 2 MeV 到 0.025 eV），n		20.6	37.4	92.7	108	116	22.3
慢化能力 ξ，Σ_s	cm^{-1}	1.385	0.178 4	0.156 1	0.115 6	0.062 6	1.37
中子与慢化剂核碰撞时的平均对数能量损失		0.926	0.510	0.206	0.176	0.165	0.856
慢化比 ξ，Σ_s/Σ_a		70.3	2 100*	190	332	240	47
扩散长度	cm	2.69	147	24.4	36.5	56.4	2.45
每 cm^3 内原子数（分别为 H，D，Be，C）	10^{23} cm^{-3}	0.669	0.662	1.230	0.689	0.852	0.673

* 含量 D_2O——99.8%，H_2O——0.2%。

5）铍的吸收截面很小，它与 1 cm^3 中原子数多和大的散射截面相结合，使之成为在反应堆内良好的慢化剂和反射层。铍由于价格昂贵，在辐照时的脆性、肿胀和脆化，因而在动力工程中没有得到广泛应用。铍的正面性质是低密度、高熔点、不大的热胀系数（见表 4.2）。在反应堆辐照作用下，在铍中发生核反应，产生氦和氚（见后）。铍的重要特性是在大多数类型辐照作用下感生活度很低。铍和它的化合物都有毒[2,14]。

表 4.2 各种慢化剂的基本热物理性质（在标准状况下）

性 质	单位	轻水 H_2O[8]	重水 D_2O[8]	金属铍 Be[9,10-11]	氧化铍 BeO[6,12]	反应堆石墨 C[7]	氢化锆 $ZrH_{1.85}$[13]
相对分子质量		18	20.03	9.012	25.01	12	93.1
熔点	K/℃	273.15/0	276.98/3.813	2 560/1 287	2 823/2 550	4 530/4 260	923/650
沸点	K/℃	373.15/100	374.58/101.43	2 744/2 471	4 393/4 120	—/—	—/—
熔解热	kJ/kg	333.8	315.2	835	3 416	27 900	—
蒸发热	kJ/kg	2 256	2 071	32 963	19 596	59 450	—

续表

性　质	单位	轻水 H_2O[8]	重水 D_2O[8]	金属铍 Be[9,10-11]	氧化铍 BeO[6,12]	反应堆石墨 C[7]	氢化锆 $ZrH_{1.85}$[13]
密度	kg/m^3	1 000	1 100	1 840	2 860	1 710	5 620
比定压热容	kJ/(kg・K)	4.217	4.23	1.825	1.229	0.710	0.410
热导率	W/(m・K)	0.560 9	0.559 5	157	93	103/89	32～36
热扩散率	m^2/s	0.133×10^{-6}	0.120×10^{-6}	0.354×10^{-4}	0.425×10^{-4}	0.847×10^{-4}	0.14×10^{-4}
体胀系数	1/K	4.55×10^{-4}	4.1×10^{-4}	34×10^{-6}	24×10^{-6}	$(9.6\sim14.7)\times10^{-6}$	—
电阻率	Ω・m	—	—	$(0.15\sim4)\times10^{-8}$	10^{10}	$(1.65\sim2.18)\times10^{-7}$	5.47×10^{-7}
T_{molt}时的表面张力	mN/m	74.64	74.6	1 100	—	—	—
T_{molt}时的蒸气压力	Pa	610	668	4.38×10^4	475	5.15×10^{-4}	2.7×10^{-4}
1 000 K 时的积分发射率	—	—	—	0.14	0.33	0.85	—

氧化铍在核反应堆中不仅用作慢化剂，而且用作弥散燃料元件的一种基体。在各种高温氧化物中，BeO 是最好的慢化剂。除此之外，BeO 还是(α,n)、(γ,n)、(n,2n)反应时形成的辅助中子源。对 BeO 的辐照效应及其辐射稳定性已作了详细研究。当 BeO 在反应堆内辐照时按(n,2n)反应产生氦和氚

$$^{9}_{4}Be+n\longrightarrow{}^{8}_{4}Be+2n;{}^{8}_{4}Be+2^{4}_{2}He\longrightarrow$$

按(α,n)反应：

$$^{9}_{4}Be+n\longrightarrow{}^{6}_{2}He+{}^{4}_{2}He;{}^{6}_{2}He\longrightarrow{}^{6}_{3}Li+\beta;{}^{6}_{3}Li+n\longrightarrow{}^{4}_{2}He+{}^{3}H$$

产生的氦大约为氚的 10 倍。关于 BeO 在辐照下性质变化的详情见文献[2,6]。

4.2　石墨(碳)

原子序数——6

相对原子质量——12.011

比容——3.42×10^{-6} m^3/mol 或 0.285×10^{-3} m^3/kg[11]

理论密度——$\rho=2\ 266$ kg/m^3[11]

碳有性质差别很大的多种变体：石墨、金钢石、(人工制造的)碳—60 等。这些变体的分子结构和它们在晶格中的排列都不同。

近年来，观测到石墨熔点的实验数据有显著差别[15-16]。这与高温实验的困难有关。按照以前的关系式，$T_{熔化}\cong3\ 700-4\ 000$ K。在随后大多数工作中，$T_{熔化}\cong4\ 530-5\ 080$ K。这个差别的原因还不清楚。由于获得石墨的方法不同，还由于结构的各向异性，热物理性质可能强烈不同。

用作慢化剂的石墨不应该含有中子吸收系数大的杂质元素(硼、镉等)。РБМК 反应堆石墨块(250×250×600)用 ГР-280 石墨制造，预定在气体氛围(组成——75% He;25% N_2;$O_2<0.01\%$)、温度 300～800 ℃、中子注量率约 3×10^{13} n/cm^2s 条件下工作[17]。

制造石墨过程中的冲压导致其物理性质的各向异性。反应堆石墨的基本物理特性示于表 4.3,其中分子是在与冲压轴平行方向上的特性值,分母是垂直方向上的特性值。

表 4.3 反应堆用 ГР-280 石墨在原始状态下的基本物理特性[7]

特性	平均值	最大值	最小值
密度,ρ/(kg/m^3)	1 710	1 780	1 630
线胀系数,$\alpha\times10^6$/(1/K)	3.2/4.9	3.6/5.4	2.7/4.6
热导率,λ/(W/(m·K))	103/89	—	—
电阻率,$\mu\Omega$·m	10/13	14/16	8/10

石墨晶格是层状结构。每层的原子排列成六角形栅格。两个平行层之间靠 Van der Waals 弱作用力联接。当冲压时焦炭粒子沿着冲压方向取向,因此石墨在这个方向的热导率和电导率都比垂直方向大。

通常石墨都有空隙率。考虑孔隙后石墨的表面面积估计为 0.47～0.87 m^2/g[18]。密度为 1 740 kg/m^3 的反应堆石墨的孔隙率为 23%量级[19]。

在反应堆内工作时,由于碳原子从晶格结点的位移,石墨的性质发生变化。辐照时晶格参数的变化取决于辐照温度、中子能谱、中子注量值、辐照速率以及原始石墨的石墨化程度。还观测到预辐照的影响。对此过程最大的影响是能量大于 0.18 MeV 的中子注量和运行条件。此时如像石墨密度、热胀系数、热导率、电阻率以及力学性能等特性也起变化。

石墨的熔解热估计为 27 900 kJ/kg[21]。石墨的蒸发热估计为 59 450 kJ/kg[18]。

石墨在较低温度下(<300 ℃)辐射照射会导致位移原子在晶格内空间积累。这引起 Wigner 能量的积聚,当温度升高到原子热振动能量使它们能重新回填到晶格中时,这个能量可以释放出来。因此石墨必须退火,以防止这个能量积聚[17]。

石墨的比焓和比热容按 MATPROP 程序的下列公式计算[22]:

$$h(T)-h(298.15)=-1\,446.04+2.023\,1T+3.932\,2\times10^{-5}T^2+4.267\,1\times10^5T^{-1}-6.601\,45\times10^7T^{-2}+3.996\,3\times10^9T^{-3}\ (\mathrm{kJ/kg}) \tag{4.1}$$

当 298 K$\leqslant T\leqslant$1 273 K 时,

$$C_p=2.031+7.864\,5\times10^{-5}T-4.267\,1\times10^5T^{-2}+1.320\,3\times10^8T^{-3}-1.199\times10^{10}T^{-4}\ (\mathrm{kJ/(kg\cdot K)}) \tag{4.2}$$

当 1 273 K$\leqslant T\leqslant$3 273 K 时,

$$C_p=1.131+6.62\times10^{-4}T-9.969\times10^{-8}T^2\ \mathrm{kJ/(kg\cdot K)} \tag{4.3}$$

当 3 273 K$\leqslant T\leqslant$5 000 K 时,

$$C_p=6.12\times10^{-5}T^{1.3}\ \mathrm{kJ/(kg\cdot K)} \tag{4.4}$$

这些公式与已知的实验数据符合良好。方程(4.2)的误差为±10%。根据方程(4.2,4.3,4.4)算得的比热容示于表 4.4。

表 4.4 根据方程(4.2,4.3,4.4)算得的比定压热容

t/℃	25.15	27	77	127	186	227	327	427	527	627	727	827
T/K	298.15	300	350	400	459	500	600	700	800	900	1 000	1 100
C_p/(kJ/(kg·K))	0.711	0.715	0.848	0.982	1.108	1.220	1.404	1.542	1.648	1.730	1.795	1.848

续表

t/℃	927	1 027	1 127	1 227	1 327	1 427	1 527	1 627	1 727	1 827	1 927	2 027
T/K	1 200	1 300	1 400	1 500	1 600	1 700	1 800	1 900	2 000	2 100	2 200	2 300
C_p/(kJ/(kg·K))	1.892	1.929	1.961	1.988	2.013	2.035	2.055	2.073	2.090	2.105	2.120	2.134
t/℃	2 127	2 227	2 327	2 427	2 527	2 627	2 727	2 827	2 927	3 027	3 127	3 227
T/K	2 400	2 500	2 600	2 700	2 800	2 900	3 000	3 100	3 200	3 300	3 400	3 500
C_p/(kJ/(kg·K))	2.147	2.160	2.172	2.183	2.195	2.206	2.216	2.227	2.237	2.247	2.257	2.267

在文献[23]中给出在 1 200～2 000 K 温度范围内牌号为 УПВ-1 石墨的比焓和比热容之值。在更高温度下不同作者的数据分歧很大(20%以上)。有关石墨比热容数据的误差示于表 4.5。

表 4.5 石墨比热容数据的误差

T/K	<500	500～800	800～2 500	2 500～3 000	>3 000
误差/%	平均 10	线性从 5 到 10	5	线性从 5 到 11	11

随温度变化的反应堆石墨的密度在表 4.6 中给出[17]。

表 4.6 原始状态下反应堆石墨的密度[17]

t/℃	20	100	200	300	400	500	600	700	800	900	1 000
ρ/(kg/m³)	1 710	1 710	1 710	1 700	1 700	1 700	1 700	1 690	1 690	1 680	1 680

根据不同的数据,随温度变化的反应堆石墨的热导率示于表 4.7。同时给出线胀系数之值,其中分子是与挤压轴平行方向的系数值,分母是垂直方向的系数值(‖/⊥)。

表 4.7 原始状态下反应堆石墨的热导率和线胀系数

t/℃	热导率 λ/(W/(m·K))			$\alpha\times10^6$/(1/K)[17] (∥/⊥)
	数据[17]	数据[24]	数据[18]	
20	103/89	120/85	—	3.2/4.9
100	90/74	113/80	—	3.4/5.0
200	77/60	103/74	—	3.8/5.2
300	70/54	93/68	—	4.2/5.5
400	65/50	85/64	—	4.4/5.7
500	59/46	79/60	88	4.6/5.8
600	53/40	73/55	—	4.8/5.9
700	48/37	68/51	75	4.9/6.0
800	45/34	65/48	—	5.1/6.1

续表

t/℃	热导率 λ/(W/(m·K))			α×10⁶/(1/K)[17] (∥/⊥)
	数据[17]	数据[24]	数据[18]	
900	43/32	—	—	5.2/6.2
1 000	40/30	—	59	5.3/6.3
1 500	—	—	45	—
2 000	—	—	40	—
2 500	—	—	36	—
3 000	—	—	26	—
3 250	—	—	18	—
3 500	—	—	6	—

石墨上方的蒸气压力。现有实验研究的结果和不同参考书中的建议有很大分歧，特别是当 $T>2\ 000$ K 时，这从较窄温度范围内是正确的下列关系式可以看出：

当 1 850～3 400 K 时根据文献[25]的数据，$\lg p=12.831\ 3-36\ 781.5/T$ Pa　　(4.5)

当 1 700～3 000 K 时根据文献[11]的数据，$\lg p=15.748\ 8-40\ 384.5/T$ Pa　　(4.6)

电极石墨的电阻率随温度的变化示于表 4.8，其中 a 和 b 分别是与挤压相垂直和平行的方向[26]。

表 4.8　电极石墨的电阻率 $\rho_e\times10^5$ Ω·m

T/℃	0	100	200	300	400	500	600	700	800	900	1 000
a	2.18	1.97	1.87	1.80	1.77	1.77	1.80	1.82	1.85	1.92	1.97
b	1.65	1.5	1.45	1.42	1.38	1.38	1.39	1.40	1.42	1.48	1.55

T/℃	1 100	1 200	1 300	1 400	1 500	1 600	1 700	1 800	1 900	2 000
a	2.0	2.03	2.10	2.15	2.20	2.25	2.32	2.37	2.42	2.50
b	1.58	1.60	1.65	1.70	1.73	1.77	1.82	1.87	1.92	1.95

$\lambda=0.65$ μm 时石墨的发射率在表 4.9 给出，其中，ε_λ——光谱发射率；ε_T——积分发射率[25,27]。

表 4.9　石墨的发射率

T/℃	1 000	1 200	1 400	1 600	1 800	2 000	2 200	2 400	2 600	2 800
ε_T^*	0.87	0.86	0.86	0.86	0.86	0.86	0.86	0.86	0.85	0.84
ε_λ^{**}	0.94	0.90	0.88	0.86	0.85	0.84	0.83	0.81	0.80	0.79

* ε_T——热发射率(同一温度下物体全辐射与黑体全辐射之比)；** ε_λ——光谱热发射率(同一波长和温度下波长 $\lambda=0.65$ μm 时物体辐射与黑体辐射之比)。

在辐照温度 500～550 ℃和测量温度 20 ℃下，在文献[17]中研究了辐照对石墨热物理性质的影响。实验结果示于表 4.10，其中 a 是与挤压相平行的方向，b 是与挤压相垂直的方向。

表 4.10 500～550 ℃下，辐照对石墨热物理性质的影响[17,28]

ρ_{20}(kg/m^3)，λ_{20}(W/(m·K))，α_{20}(1/K)，ρ_{e20}(Ω·m)

中子注量 $F\times10^{-21}$(1/cm^2) $E>0.18$ MeV	$\rho_{20}\times10^{-6}$	λ_{20}		$\alpha_{20}\times10^{-6}$		ρ_{e20}	
		a	b	a	b	a	b
0	1 710	75	55	4.4	5.7	10	13
0.5	1 710.5	42	30.8	4.54	5.87	22	23.4
1	1 712	31.5	23.1	4.62	5.98	29	31.2
2	1 710	24.8	18.1	4.8	6.20	32	37.8
3	1 692	24.0	17.6	4.94	6.44	32	37.8
4	1 686	23.3	17.1	5.02	6.55	32	37.8
5	1 677	23.3	17.1	5.06	6.72	32	37.8
6	1 671	22.5	17.1	5.1	6.89	32	37.8
7	1 664	22.5	17.1	5.15	6.95	32	37.8
8	1 657	22.5	17.1	5.19	7.06	32	37.8
9	1 650	22.5	17.1	5.24	7.12	32	37.8
10	1 643	22.5	17.1	5.24	7.17	32	37.8
11	1 638	22.5	17.1	5.28	7.24	32	37.8
12	1 636	22.5	17.1	5.28	7.29	32	37.8
13	1 634	22.5	17.1	5.28	7.40	32	37.8
14	1 633	22.5	17.1	5.28	7.45	32	37.8
15	1 638	21.0	15.4	5.28	7.52	32	37.8
16	1 640	19.5	14.3	5.28	7.57	32.5	37.8
17	1 648	17.3	12.6	5.28	7.63	33	39
18	1 657	15.8	11.5	5.24	7.68	34	41.7
19	1 671	14.2	10.5	5.24	7.74	37	45.5
20	1 696	12.8	9.4	5.19	7.80	40	49.4
21	1 772	11.3	8.3	5.15	7.80	46	55.9
22	1 772	10.0	7.1	5.1	7.85	54	67.5
23	1 840	—	—	5.06	7.91	60	78
24	—	—					

4.3 铍

原子序数	4
相对原子质量	$M=9.012$
比容	4.877×10^{-6} m^3/mol 或 0.541×10^{-3} m^3/kg[25]
理论密度	1 848 kg/m^3[29]
熔点	1 287 ℃=(1 560±10) K[11]
沸点	2 471 ℃=2 744 K[25]
熔解热 *	1 442 kJ/kg[4]
蒸发热	32 290 kJ/kg[25]
声速	12 650～13 000 m/s[25,30]

* 数据处在 877 kJ/kg～1 625 kJ/kg 范围内。

4.3.1 随温度变化的固态铍的性质

根据文献[11]的数据，密度按下列公式计算：

$$\rho(T)=1\,869.84-0.071\,68T-1.615\,1\times10^{-5}T^2\ \mathrm{kg/m^3} \tag{4.7}$$

比热容按下列关系式计算[5,30]：

$$C_p=2.109\,7+0.985\times10^{-3}T-0.381\times10^5T^{-2}\ \mathrm{kJ/(kg\cdot K)} \tag{4.8}$$

热导率从按推荐数据获得的下列公式求得[31]：

$$\lambda=202.5-0.172\,3T+5.467\times10^{-5}T^2\ \mathrm{W/(m\cdot K)} \tag{4.9}$$

以 m^2/s 为单位的热扩散率用公式 $a=\lambda/C_p\rho$ 求得。

根据方程(4.7,4.8,4.9)算出的基本热物理性质示于表 4.11。

表 4.11 根据方程(4.7,4.8,4.9)算出的固态铍的基本热物理性质

t(℃)，T(K)，ρ(kg/m^3)，C_p(kJ/(kg·K))，

λ(W/(m·K))，$a\times10^5$(m^2/s)，$\rho_e\times10^8$(Ω·m)

t	T	ρ 1)	C_p 2)	λ 3)	a	ρ_e [6]
20	293	1 847	2.398	157	3.54	4.0
100	373	1 841	2.477	146	3.20	6.5
200	473	1 832	2.576	133	2.82	9.0
300	573	1 823	2.674	122	2.50	12.5
400	673	1 814	2.773	111	2.21	15
500	773	1 805	2.871	102	1.97	18
600	873	1 795	2.970	94	1.76	22
700	973	1 785	3.068	87	1.58	26
800	1 073	1 774	3.167	81	1.43	30
900	1 173	1 764	3.265	76	1.31	34
1 000	1 273	1 752	3.364	72	1.22	—
1 100	1 373	1 741	3.462	69	1.15	—
1 200	1 473	1 729	3.561	67	1.09	—
1 287	1 560	1 719	3.646	67	1.07	—

1) 对于热压铍。

2) 参考资料中给出的比热容数据经常有差别，因为没有与铍的结构和密度相关联。

3) 样品 2——在 1 300 K 下保持 1 000 h 的热压铍的平滑曲线。

铍样品的热导率取决于它们的密度、纯度、获得方法和加工方法。正如从表 4.12 中看出，热导率可以差 1.5～2 倍[31]。在表 4.12 中，样品 1——良好退火的高纯多晶铍，样品 2——在 1 300 K 下保持 1 000 h 的热压铍，样品 3——热压铍，样品 4——冷压铍。对于各种铍样品的电导率也观测到类似情景。

表 4.12 随结构和制造方法变化的铍的热导率[31]

样品	λ/(W/(m·K))												
T/K	300	400	500	600	700	800	900	1 000	1 100	1 200	1 300	1 400	1 500
1	200	161	139	126	115	106	98.2	90.8	84.2	78.7	73.8	69.4	—
2	156	146	132	119	110	100	86	80	78	75	73	—	67
3	182	170	156	145	134	120	109	96	86	84	82	—	76
4	97	91	84	78	74	68	64	61	57	55	51	—	46

铍的发射率。固态铍和液态铍对于波长 0.65 μm 的光谱发射率 ε_λ 等于 0.61[11]；对于波长 0.55 μm，分别等于 0.61 和 0.81[30]。铍的积分发射率与温度的关系在表 4.13 中给出[30]。

表 4.13 铍的积分发射率 ε_T（从文献[30]的数据外推）

t/℃	20	100	200	300	400	500	600	700	800	900	1 000	1 100	1 200	1 287
T/K	293	373	473	573	673	773	873	973	1 073	1 173	1 273	1 373	1 473	1 560
ε_T	0.044	0.047	0.050	0.054	0.062	0.077	0.103	0.142	0.198	0.274	0.373	0.497	0.651	0.811

铍的线胀系数。相应温度范围的平均线胀系数 $\bar{\alpha}$ 值示于表 4.14[30]。在与挤压轴平行方向的线胀系数 $\alpha_{/\!/}$ 和垂直方向的线胀系数 $\alpha_\perp$ 之值在表 4.15 中给出。退火后 $\alpha_{/\!/}$ 要减少(5～10)%，而 $\alpha_\perp$ 要增加(20～30)%[25,32]。

表 4.14 铍的平均线胀系数 $\bar{\alpha}$

t/℃	25～100	25～200	25～300	25～400	25～500	25～600	25～700	25～800	25～900	25～1 000
$\bar{\alpha}\times10^6$/(1/K)	11.5	13.5	14.4	15.2	16.0	—	17.2	—	—	18.8

表 4.15 铍的线胀系数的各向异性

T/K	300	400	500	600	800	1 000	1 200
$\alpha_{/\!/}\times10^6$/(1/K)	9.2	11.5	12.9	14.0	15.9	17.6	19.5
$\alpha_\perp\times10^6$/(1/K)	12.4	14.9	16.9	18.3	20.2	21.4	23.4

铍上方的蒸气压力。已知下列关系式：

由文献[4,30,33]，当 $T<T_{\text{melt}}$ 时，$\lg p=6.186+1.454\times10^{-4}T-\dfrac{16\ 734}{T}$ (4.10)

由文献[30]，当 $T_{\text{melt}}<T<2\ 058$ K 时，$\lg p=6.494-\dfrac{11\ 710}{T}$ mmHg (4.11)

由文献[25]的数据，当 960 K≤T≤1 500 K 时得到关系式

$$\lg p=11.389-\frac{16\ 755}{T}\ \text{Pa} \tag{4.12}$$

由文献[11]的数据，当 1 000 K≤T≤2 000 K 时得到关系式

$$\lg p=10.900-\frac{16\ 252}{T}\ \text{Pa} \tag{4.13}$$

按方程(4.10～4.13)算得的铍上方的蒸气压力值在表 4.16 中给出。此时方程(4.10，4.11)都转换为国际单位制[p(Pa)]。

表 4.16 铍上方的蒸气压力

T(K)，p(Pa)

T	500	600	700	800	900	1 000	1 100	1 200	1 300
p(4.10,4.11)	6.059×10^{-23}	2.371×10^{-17}	2.364×10^{-13}	2.380×10^{-10}	5.190×10^{-8}	3.882×10^{-6}	1.333×10^{-4}	2.554×10^{-3}	0.031 2
p(4.12)	—	—	—	—	5.920×10^{-8}	4.305×10^{-6}	1.40×10^{-4}	2.67×10^{-3}	0.031 7
p(4.13)	—	—	—	—	—	5.470×10^{-6}	1.64×10^{-4}	2.80×10^{-3}	0.030 8

续表

T	1 400	1 500	1 600	1 700	1 800	1 900	2 000
p(4.10,4.11)	0.268 1	1.737	19.911	53.656	129.51	284.90	579.23
p(4.12)	0.263 7	1.654	8.263	34.129	120.41	—	—
p(4.13)	0.240 7	1.43	6.8	26.915	91.44	273.10	731.14

4.3.2 随温度变化的液态铍的性质

99.8%理论密度的铍在 $T<2\ 750$ K 时的密度按文献[11]数据用下列公式描述：

$$\rho(T)=1\ 690-0.116(T-1\ 560)\ \text{kg/m}^3 \tag{4.14}$$

当 $T>T_{\text{melt}}$ 时液态铍的比定压热容等于 3.3 kJ/(kg・K)[11]。

液态铍的表面张力在 1 773 K 时等于 1 100 mN/m[1]，在 1 553K 时等于 1 145 mN/m[25]。

4.4 氧 化 铍

相对分子质量	M=25.011 6
摩尔体积	$8.31\times10^{-6}\ \text{m}^3/\text{mol}$ 或 $3.322\times10^{-4}\ \text{m}^3/\text{kg}$
理论密度	(3 010±0.3) kg/m^3 [25]
熔点	2 550 ℃(2 823 K)[6]
沸点	4 120 ℃(4 393 K)[25]
熔解热	3 416 kJ/kg[25]
蒸发热	19 600 kJ/kg[6]

当温度 2 050～2 150 ℃时，发生 $\alpha\rightarrow\beta$ 的同质异形相变。相变热等于(2.1±0.04)kJ/kg[6]。

氧化铍的基本热物理性质示于表 4.17。

表 4.17 密度为 2 870 kg/m^3 的氧化铍的基本热物理性质

t(℃)，T(K)，ρ(kg/m^3)，C_p(kJ/(kg・K))，

λ(W/(m・K))，$a\times10^5$(m^2/s)，$\alpha\times10^6$(1/K)

t	T	ρ (4.15)	C_p (4.17,4.18)	λ[6]	a	α (4.16)
100	373	3 005	1.229	157	4.253	5.60
200	473	2 999	1.464	79.9	1.819	6.05
300	573	2 992	1.617	66.9	1.383	6.50
400	673	2 985	1.731	54.1	1.047	6.95
500	773	2 977	1.826	47.4	0.872	7.37
600	873	2 968	1.910	40.8	0.720	7.79
700	973	2 958	1.988	35.7	0.607	8.19
800	1 073	2 948	2.014	30.6	0.515	8.57
900	1 173	2 937	2.036	(27.0)	0.452	8.93

续表

t	T	ρ (4.15)	C_p (4.17,4.18)	λ[6]	a	α (4.16)
1 000	1 273	2 926	2.057	24.0	0.399	9.27
1 100	1 373	2 915	2.079	(21.0)	0.347	9.58
1 200	1 473	2 903	2.101	18.8	0.308	9.87
1 300	1 573	2 891	2.122	(16.5)	0.269	10.12
1 400	1 673	2 879	2.144	15.5	0.251	10.35
1 500	1 773	2 867	2.166	(14.0)	0.225	10.54
1 600	1 873	2 855	2.187	(12.5)	0.200	10.70
1 700	1 973	2 844	2.209	(12)	0.191	10.81
1 800	2 073	2 833	2.231	(11.9)	0.188	10.89
1 900	2 173	2 822	2.253	—	—	10.93
2 000	2 273	2 813	2.274	—	—	10.92
2 100	2 373	—	2.296	—	—	—
2 200	2 473	—	2.318	—	—	—

氧化铍的密度由下列关系式求得[25]：

$$\rho=\rho_0(1-\beta t)\ (\mathrm{kg/m^3}) \tag{4.15}$$

式中，$\rho_0=\rho(t=0)=2\ 870\ \mathrm{kg/m^3}$；$\beta=3\alpha$——体胀系数；$\alpha$——线胀系数。这里和以后 $t=(T-273)$℃，T 是以 K 为单位的温度。

氧化铍的线胀系数按下式计算：

$$\alpha\times10^6=5.133+4.65\times10^{-3}t-1.539\times10^{-7}t^2-3.621\times10^{-10}t^3\ (1/\mathrm{K}) \tag{4.16}$$

这个方程综合了文献[6,12]中的数据。还知道在文献[6]第 56 页以 $\alpha=f(t)$形式发表的数据。线胀系数的数据有显著差别。起主要作用的是样品纯度(杂质的数量和形式)以及制造工艺。按同一工艺制造的样品显示有较大分歧，达 20%～25%(见文献[6]第 57 页表 34)。分歧的原因认为是使用的方法和设备不完善[6]。BeO 线胀系数值的比较示于表 4.18。

表 4.18 BeO 线胀系数值的比较

t(℃)；$\alpha\times10^6$(1/K)

来源	t	100	200	400	600	800	1 000	1 100	1 200	1 300
按文献[31,32,34～37]的平均值	α	6.0	7.2	9.0	9.8	10.5	11	—	11.5	—
按文献[6,12,25]的数据	α	5.5	6.0	7.2	7.7	8.4	9.3	9.6	10.0	10.15

来源	t	1 400	1 500	1 600	1 700	1 800	1 900	2 000	2 100
按文献[31,32,34～37]的平均值	α	12.2	—	12.6	—	—	—	—	—
按文献[6,12,25]的数据	α	10.4	10.5	10.6	10.8	10.9	10.9	10.9	10.9

氧化铍的比热容由下列关系式确定[6,38]：

当 298 K≤T≤1 200 K 时，

$$C_p = 1.455 + 0.606 \times 10^{-3} T - 0.544 \times 10^5 T^{-2}\ \mathrm{kJ/(kg \cdot K)} \tag{4.17}$$

当 1 200 K≤T≤2 820 K 时，

$$C_p = 1.791 + 0.201 \times 10^{-3} T\ \mathrm{kJ/(kg \cdot K)} \tag{4.18}$$

在所有氧化物中，氧化铍的比热容最大。当温度 $T>2\ 820$ K 时，$C_p = 2.678$ kJ/(kg · K)。

热导率。氧化铍具有异常高的热导率，远超过其他大多数氧化物的热导率。氧化铍的热导率也像其他许多性质一样，取决于样品纯度、它的密度、温度以及其他参数，可能变化一个量级（见表 4.19）[31]。

表 4.19 随密度和温度变化的氧化铍的热导率[31]

温度		热导率，λ/(W/(m · K))				
t /℃	T/K	ρ =3 010 kg/m³	ρ=2 870 kg/m³	ρ =2 620 kg/m³	ρ =2 000 kg/m³	ρ =1 890 kg/m³
100	373	220	157	157.8	58.3	33.5
200	473	174.6	79.9	113	41.9	25.1
300	573	133.8	66.9	84.4	34.5	20.9
400	673	93	54.1	66.6	27.2	16.7
500	773	69.6	47.4	54.0	22.1	15.65
600	873	46.9	40.8	46.1	17.1	14.6
700	973	36.9	35.7	41.0	15.2	12.5
800	1 073	27.01	30.6	—	13.4	10.5
900	1 173	20.3	24	—	8.8	8.6
1 000	1 273	17.25	18.8	—	—	—
1 200	1 473	16.3	15.5	—	—	—
1 400	1 673	15.4	(12.01)	—	—	—
1 800	2 073	—	—	—	—	—

当中子辐照时，热导率降低；样品密度越高，降得越多。辐照引起的热导率变化可以用 1 400 ℃的热退火来消除。

氧化铍的电阻率也像它的其他性质一样，在很大程度上取决于样品纯度和它的密度。在氮氛围中于 2 100 ℃下烧结获得密度为 2 250 kg/m³、杂质含量约 1.5%的 BeO 样品[6,c.103]，它的数据示于表 4.20。

表 4.20 氧化铍的电阻率[6]

t(℃)，ρ_e(Ω · m)

t	1 000	1 100	1 200	1 300	1 400	1 500	1 600	1 700	1 800	1 900	2 000	2 100
ρ_e	8×10^9	1.6×10^9	8×10^8	8×10^7	2.5×10^7	8×10^6	3.5×10^6	1.5×10^6	6.5×10^5	3.5×10^5	1.6×10^5	8×10^4

当温度为 100 ℃时，BeO 的 ρ_e 值约等于 10^{12} Ω · m。高纯 BeO 样品有高得多的电阻：当 20 ℃时为 10^{20} Ω · m，当 1 000 ℃时为 10^{16} Ω · m，当 1 600 ℃时为 10^{12} Ω · m，当 2 000 ℃时为 10^9 Ω · m[6]。

氧化铍的发射率数据示于表 4.21[6]。

表 4.21 氧化铍的发射率[6]

T/K	发射率		
	积分，ε_t	总，ε	单色，$\varepsilon_\lambda(\lambda=0.665\ \mu m)$
900	0.34	—	—
1 000	0.37	—	—
1 100	0.40	—	—
1 200	0.42	0.336～0.351	—
1 300	0.44	0.361～0.382	0.057
1 400	0.46	0.392～0.405	0.068
1 500	0.48	0.420～0.425	0.08
1 600	0.49	0.439～0.447	0.091
1 700	0.50	0.453～0.474	0.102
1 800	0.51	0.463～0.499	0.113
1 900	—	0.470～0.513	0.124
2 000	—	0.474～0.517	0.135
2 100	—	0.475～0.514	0.146

固态氧化铍上方的蒸气压力由下列关系式确定[37]：

当 1 000 K≤T≤2 800 K 时，$\lg p=13.13-\dfrac{31\ 030}{T}$ Pa (4.19)

根据文献[6,37]中给出的计算，氧化铍的蒸发主要以铍原子形式发生。液态氧化铍上方的蒸气压力由下式确定：

当 2 850 K≤T≤4 120 K 时，$\lg p=17.88-\dfrac{42\ 920}{T}$ Pa (4.20)

按方程(4.19，4.20)算出的 BeO 上方的蒸气压力值示于表 4.22。但是，算得的数据与实验的比较表明它们之间有显著差别。

表 4.22 按方程(4.19，4.20)算出的氧化铍上方的蒸气压力

t (℃)	T (K)	p (Pa)
固态(方程(4.19))		
800	1 073	1.63×10^{-16}
900	1 173	4.75×10^{-14}
1 000	1 273	5.68×10^{-12}
1 100	1 373	3.39×10^{-10}
1 200	1 473	1.16×10^{-8}
1 300	1 573	2.53×10^{-7}
1 400	1 673	3.82×10^{-6}
1 500	1 773	4.25×10^{-5}
1 600	1 873	4.252×10^{-4}
1 700	1 973	2.53×10^{-3}
1 800	2 073	1.45×10^{-2}
1 900	2 173	7.08×10^{-2}
2 000	2 273	3.01×10^{-1}
2 100	2 373	1.13
2 200	2 473	3.82
2 300	2 573	15.8
2 500	2 773	252.5

续表

t (℃)	T (K)	p (Pa)
液态(方程(4.20))		
2 550	2 823	475
2 700	2 973	2780
2 900	3 173	226×10^2
3 100	3 373	143×10^3
3 300	3 573	737×10^3
3 500	3 773	319×10^4
3 700	3 973	119×10^5

第 4 章参考文献

[1] Галанин, А. Д. Введение в теорию ядерных реакторов на тепловых нейтронах. М. : Энергоатомиздат, 1984. С. 395 - 397.

[2] Урсу, И. Физика и технология ядерных материалов. М. : Энергоатомиздат, 1988.

[3] Справочник по ядерной энерготехнологии: Пер. с англ. /Под ред. В. А. Легасова - М. : Энергоатомиздат, 1989. С. 312.

[4] Уайт, Д. , Берк, Д. Бериллий: Пер. с англ. М. : ИИЛ, 1962.

[5] Hausner, H. H. Berillium as a Moderator//Atomic Energy Review. 1963. Vol. 1. - N. 2. - P. 99 - 166.

[6] Беляев,Р. А. Окись бериллия. Изд. 2-е перераб. и доп. М. : Атомиздат, 1980.

[7] Вяткин, С. Е. и др. Реакторный графит. М. : Атомиздат, 1967.

[8] Варгафтик, Н. Б. Справочник по теплофизическим свойствам газов и жидкостей. М. : Наука, 1972.

[9] Зиновьев, В. Е. Теплофизические свойства металлов при высоких температурах: Справочник. М. : Металлургия, 1989.

[10] Ажажа, В. М. и др. //Атомная энергия. 1965. - Т. 19. - С. 269.

[11] Свойства элементов: Справочник/Под ред. М. Е. Дрица, Н. Т. Кузнецова; в 2 т. - М. :Металлургия, 1997.

[12] Кржижановский, Р. Е. , Штерн, З. Ю. Теплофизические свойства неметаллических материалов (окислы): Справочная книга. -Л. : Энергия, 1973.

[13] Гидридные системы: Справочник. М. : Металлургия, 1992.

[14] Материалы для ядерных реакторов: Пер. с англ. /Под ред. Ю. Н. Сокурского. -М. : Госатомиздат, 1963.

[15] Савватимский, А. И. Плавление графита и жидкий углерод//Успехи физических наук. 2003. Т. 173. № 12. С. 1 371-1 379.

[16] Башарин, А. Ю. и др. Пути повышения точности измерений при экспериментальном определении температуры плавления графита//Теплофизика высоких температур. 2004. Т. 42. № 1. С. 64-71.

[17] Габараев, Б. А. , Прозоров, В. К. , Новоселький, О. Ю. Максимальная расчетная температура графитовой кладки: Препринт НИКИЭТ № ЕТ-01/53. М. , НИКИЭТ, 2001.

[18] Убеллоде, А. Р. , Льюис, Ф. А. Графит и его кристаллические соединения: Пер. с англ. М. : Мир, 1965.

[19] Currie, L. M. et al. //Proc. Int. Conf. on Peaceful Uses of Atomic Energy. -1956. -Vol. 8. P. 451.

[20] Бучнев, Л. М. и др. Экспериментальное исследование энтальпии квазимонокристаллов графита//Теплофизика высоких температур. -1987. Т. 25. № 6. С. 1 120-1 125.

[21] Glocker, G. //Journal Chem. Phys. 1954. Vol. 22. P. 159, [цитируется по [18]].

[22] Enthalpy and Heat Capacity of Graphite: На сайте "Интернет"-http://www. insc. gov/matprop/

graphite/ent-hc/index. php.

[23] Графит УПВ-1Т. Энтальпия и теплоемкость в диапазоне температур 1 200-2 000 К: ГСССД 25-90. М.: Изд-во стандартов, 1990.

[24] Трофимов, А. Н., Чусов, И. А., Трофимов, М. А. и др. Экспериментальное исследование температурных полей канала реактора РБМК//Известия вузов. Ядерная энергетика. 2000. № 3. С. 103-114.

[25] Физические величины: Справочник/Под ред. И. С. Григорьева, Е. З. Мейлихова. М.: Энергоатомиздат, 1991.

[26] Техника высоких температур: Пер. с англ. М.: ИИЛ, 1959.

[27] Островский, В. С., Виргильев, Ю. С., Костиков, В. И., Шипков, Н. Н. Искусственный графит. М.: Металлургия, 1986.

[28] Wockham, A. J. International Database on Irradiated Nuclear Graphite Properties//Proc. 4-th Int. Nucl. Graphite Spec. Meet., Japan, 13-16. 09, 2003.

[29] Самсонов, Г. В. Бериллиды. . -Киев. Наукова Думка, 1966.

[30] Дарвин, Дж., Баддери, Дж. Бериллий: Пер. с англ. М.: ИИЛ, 1962.

[31] Теплопроводность твердых тел: Справочник/Под ред. Охотина А. С. -М.: Энергоатомиздат, 1984.

[32] Новикова, С. И. Тепловое расширение твердых тел. М.: Наука, 1974.

[33] Gulbransen, E. A. et al. //Journal. Electrochem. Soc. 1950. Vol. 97. -P. 383 [цитируется по[30]].

[34] Beryllium Oxide//Journal of Nuclear Materials. 1964. Vol. 14.

[35] Окись бериллия: Пер. с англ. //Труды первой Международной конференции по окиси бериллия; 21-25. 10. 1963. Сидней. -М.: Атомиздат, 1968.

[36] Котельников, Р. Б. и др. Особо тугоплавкие элементы и соединения. -М.: Металлургия, 1969 цитируется по[6].

[37] Торопов, Н. А., Барзаковский, В. П. Высокотемпературная химия силикатных и других окисных систем. -М.: Изд-во АН СССР, 1963.

[38] Гурвич, Л. В. Термодинамические свойства индивидуальных веществ: Справочник//Вычисления термодинамических свойств; Т. 1, 2-М.: Изд-во АН СССР, 1982.

第 5 章

吸收材料

吸收中子的材料在反应堆堆芯有 3 种用途：1）反应堆应急保护棒、补偿棒和调节功率棒；2）可燃吸收剂，它们可以均匀分布在燃料中或者放在堆芯一定段落中；3）添加到慢化剂中补偿剩余反应性，或者添加到堆芯应急冷却系统（ECCS）的冷却剂中。每种用途都有自身的特性和问题。

补偿棒补偿超过临界质量的燃料多余量，当燃料燃烧时从堆芯拔出，直到完全提出为止。调节棒处在堆芯范围内，用来精细调节和从一个功率转为另一个功率。应急保护棒用于在事故工况下快速停止连锁反应。在正常工作时它们处于堆芯之外，在必要时快速插入其中。在某些情况下吸收棒可以兼有几种功能[1-2]。

对调节棒和可燃吸收剂的基本要求是：大的中子吸收截面，在工作温度下的稳定性。吸收材料应该具有高抗辐照作用、在冷却剂介质中良好的腐蚀稳定性。这些要求限制了材料的选择。

中子吸收截面大的化学元素的物理性质和核性质[2-6]示于表 5.1，吸收材料的基本热物理性质示于表 5.2。

表 5.1　中子吸收截面大的化学元素的物理性质和核性质[2-6]

元素	原子序数	相对原子质量	20 ℃下的密度/(kg/m³)	T_{melt}/℃	T_{boil}/℃	所有稳定同位素的平均吸收截面/10^{-24} cm²	同位素	混合物中的百分含量/%	最有效同位素的吸收截面/10^{-24} cm²
硼	5	10.81	2 330	2 075	2 550	790	10	19.9	3 990
银	47	107.87	10 500	961.9	2 167	63	107 109	51.8 48.2	37.6 91
镉	48	112.41	8 650	320.9	766.5	2 550	113	12.36	20 600
铟	49	114.82	7 310	156.6	2 024	194	115	95.8	202
钆	64	157.25	7 895	1 311	3 233	48 900	155 157	14.8 15.65	61 000 254 000
镝	66	162.50	8 550	1 412	2 562	948	161 162 163 164	19.0 25.5 24.9 28.1	585 180 130 2 700

续表

元素	原子序数	相对原子质量	20 ℃下的密度/(kg/m³)	T_{melt}/℃	T_{boil}/℃	所有稳定同位素的平均吸收截面/10^{-24} cm²	同位素	混合物中的百分含量/%	最有效同位素的吸收截面/10^{-24} cm²
铪	72	178.49	13 310	2 230	3 100	105	177 178 179 180	18.4 27.0 13.8 35.4	1 500 75 65 14
汞	80	200.59	13 550	−39	356.7	363	199	16.9	2 150
铕	63	151.96	5 240	822	1 597	1 850	151 155	47.9 52.1	9 200 390

表 5.2 吸收材料的热物理性质

性质	天然 B [3,4]	B_4C [7,8]	BN [7,8]	ZrB_2 [7,8]	TiB_2 [7,8]	Hf B_2 [7,8]	Hf [3,4]	AgInCd 合金 [1,2]	Eu_2O_3 [10]	Dy_2O_3 [10]	Ta [3,4]
相对分子质量	10.811	55.24	24.81	112.85	69.5	200.1	178.5	108.1	352	373	180.9
熔点,℃	2 075	2 450	3 000	3 050	2 920	3 240	2 230	800	2 050	2 340	2 996
密度,kg/m³	2 330	2 510	2 250	6 090	4 520	11 200	13 090	10 170	7 340	8 100	16 650
比热容,J/(kg·K)	1 100	960	848	230	387	396	145	230	413	290	140
热导率,W/(m·K)	27	15～20	28.7	23	26	22.6	22.3	60	2.2	2.3	57
线胀系数 α,10^{-6} 1/K	5	4.5	2	5.5	7.3	5.3	5.9	22.5	10.1	8.3	6.6
电阻率,Ω·m	1.8 10^4	(3÷8) 10^{-3}	1.7×10^7	9.2	28.4	12	35.1×10^{-8}				12.4×10^{-8}

5.1 调节棒材料

水冷反应堆中用的调节棒材料是碳化硼(B_4C)和银基合金(80% Ag,15% In,5% Cd)。B_4C 以粉末或芯块形式装入奥氏体钢管内,而 AgInCd 则装入奥氏体钢或镍合金包壳内。在液态金属冷却的快中子反应堆内采用 B_4C。

调节棒(堆芯内唯一的运动部分)材料应该具有高的力学强度,抗冲击、振动和磨蚀,可以使调节棒快速移动的低密度,低价格以及良好的可加工性[9]。

5.1.1 (天然)硼,碳化硼

(天然)硼由 19% ^{10}B 和 81% ^{11}B 两种同位素组成。^{10}B 的热中子吸收截面为 $3\ 840\times10^{-24}$ cm²。由于稀释,天然硼的吸收能力较低。硼很少以纯形式使用。碳化硼是熔点 2 450 ℃的难熔材料。使用碳化硼的主要问题在于核反应产生氦使它肿胀[1,9]:

$$^{10}B+n\rightarrow{}^{3}H+2\,^{4}He;\ ^{10}B+n\rightarrow{}^{7}Li+{}^{4}He$$

利用碳化硼的棒工作几年之后要予以更换，使包壳不致破坏。也可以不用棒，而用不锈钢板，它或者掺硼，或者带有空隙填充 B_4C 粉末。平板也要每隔 4～7 年定期更换。

^{10}B 每吸收一个中子通过(n，α)反应产生 2.78 MeV 能量。因此控制棒必须冷却，且要留有空隙收集氦气，以减少棒包壳内的压力。在快中子反应堆内，由于与热中子堆相比中子注量率较高，因此在其中使用 B_4C 特别复杂，B_4C 的工作期限要缩短。在 B_4C 内的释热率达到 75 W/cm^3。

最近几年[11]开始研发利用金属陶瓷 B_4C+Cu 作为快堆的吸收材料。研发的工艺允许获得 B_4C 体积达 70%的高密度金属陶瓷。虽然铜的体积份额不高，但金属陶瓷的热导率在 400～700 ℃ 时处在(45～50)W/(m·K)范围内，比 B_4C 的(15～20) W/(m·K)显著提高，这可以保证结构的温度较低。

5.1.2 AgInCd 合金

AgInCd 合金的补偿能力比 B_4C 低 15%。它在中子流作用下的肿胀不大，因此可以在反应堆内使用 10 年。AgInCd 合金的缺点是半衰期为 270 d 的放射性同位素^{110}Ag 可能污染冷却剂[1,9]。合金在水中低腐蚀稳定性和高的价格迫使转向用铪作为吸收材料。

5.1.3 铪

(天然)铪是六种同位素的混合物，其中^{174}Hf 的热中子吸收截面最大。铪的优点在于：当与中子相互作用时其中不会产生氦，它在水中的腐蚀稳定性超过锆包壳的腐蚀稳定性。它可以不用包壳使用，具有必要的力学强度、在辐照下保持高力学性能的良好稳定性和能力，加工性能良好。铪棒的工作期限可以超过 10 年[9,12]。几种控制棒材料特性的比较在表 5.3 中给出[2]。

表 5.3 几种控制棒材料特性的比较

材料	每 cm^3 的原子数，10^{-22}		密度，kg/m^3	补偿能力	辐照时的肿胀	可加工性	相对价格(B_4C=1)	水中的腐蚀稳定性	注解
	化合物中的硼	金属和其他化合物							
B_4C(73%理论密度)	8.0		1 780	1	高	好	1		基本材料
AgInCd 合金			10 200	0.85	低	好	10～15	中等	基本材料
Ag		4.8							
In		0.059							
Cd		0.023							
铪		4.4	13 100	0.85	低	好	4～8	好	最好材料之一
硼	13.0		2 340	1.1	高	差	3～5	差	低工作能力
铕		1.9	4 800	0.9	—		30	差	没有技术优点
Eu_2O_3		2.3	6 700	0.95	高	中等	20～25	—	没有技术优点
EuB_6	7.4	1.2	4 500	约 1.1	高	差	20～30	—	—
Eu_2O_3−70% B_4C	6.9	0.7	3 600	>1	—	差	10	差	没有工艺
Cd B_6	7.6	1.5	4 700	>1	—	差	>5	差	没有工艺
W-70% B_4C	6.9	1.7	6 800	约 1	—	中等	>2	差	
焦性石墨 $DySmHf_2O_2$			8 300	0.93	—	中等	>2	好	

5.2 可燃吸收剂

可燃吸收剂有两种形式:一种是放在堆芯某些段落的固态吸收剂的棒状结构;另一种是与燃料均匀放置的混合物。可燃吸收剂材料应该具有必要的吸收剂浓度,使得它的燃耗速率与燃料的燃耗速率相当。可燃吸收剂用来补偿燃料循环初期的剩余反应性,以便修整堆芯内热流密度分布,达到最佳燃耗。

在压水堆内通常采用 $Al_2O_3+B_4C$(3.3%~7%)混合物的芯块,或者是含 12.5% B_2O_3 的硼硅玻璃,或者是在冷却剂中的硼化合物(氧化硼)溶液。

在水中加硼溶液,在燃料中将氧化钆与二氧化铀混合,这样综合应用可以将冷却剂内氧化硼的初始浓度减为 1/6。钆的同位素 ^{155}Gd 和 ^{157}Gd 具有很大的热中子俘获截面。钆在燃料循环末期较完全燃烧,这保证更好的中子平衡和更好的燃料利用。利用 $UO_2+8\%Gd_2O_3$ 均匀混合的芯块可以保证在堆芯工作期间反应性变化很小(或者不变)。采用这种混合物的缺点是:1)与 UO_2 比较,热导率较低,熔点也较低;2)制造燃料组件复杂。尽管如此,$UO_2+8\%Gd_2O_3$ 混合物的优点还是超过它的缺点[1-2]。

第 5 章参考文献

[1] Поглощающие материалы для регулирования ядерных реакторов: Пер. с англ. /Под ред. В. Г. Арабея, В. В. Чекунова. -М. : Атомиздат, 1965.

[2] Справочник по ядерной технологии: Пер. с англ. /Под ред. акад. В. А. Легасова. -М. : Энергоатомиздат, 1991. -С. 305-311.

[3] Свойства элементов: Справочник/Под ред. М. Е. Дрица, Н. Т. Кузнецова; в 2 т. -М. : Металлургия, 1997.

[4] Чиркин, В. С. Теплофизические свойства материалов ядерной техники: Справочник. -М. : Атомиздат, 1968.

[5] Куликов, И. С. Изотопы и свойства элементов. -М. : Металлургия, 1990.

[6] Варгафтик, Н. Б. Справочник по теплофизическим свойствам газов и жидкостей. -М. : Наука, 1972.

[7] Самсонов, Г. В. , Марковский, Л. Я. , Жигач А. Ф. , Валяшко, М. Г. Бор, его соединения и сплавы. -Киев, изд-во АН УССР, 1960.

[8] Самсонов, Г. В. Тугоплавкие соединения. -М. : Металлургия, 1963.

[9] Урсу, И. Физика и технология ядерных материалов. -М. : Энергоатомиздат, 1988.

[10] Кржижановский, Р. Е. , Штерн, З. Ю. Теплофизические свойства неметаллических материалов (окислы): Справочная книга. -Л. : Энергия, 1973.

[11] Maruyama, T. , Onose, S. Thermal Conductivity of B_4C/Cu Cermet//Journal of Nuclear Science and Technology. -1999. -Vol. 36. -N. 4. -P. 380-385.

[12] Герасимов, В. В. , Монахов, А. С. Материалы ядерной техники. -М. : Энергоатомиздат, 1982.

第 6 章

结构材料

6.1 概　　述

在核动力装置堆芯结构中用到许多不同的材料。一些堆芯材料应该具有尽可能小的热中子俘获截面，另一些材料——吸收剂、屏蔽材料刚好相反，要有很大的热中子俘获截面。金属很少以纯形式使用，主要以合金(Al，Mg，Zr，Ni，Nb，Mo)形式和钢合金形式使用。根据结构的不同，钢还细分成珠光体钢、马氏体钢、铁素体钢和奥氏体钢。钢和合金的牌号由元素名称及其后的数字组成，数字表示合金元素的百分数平均含量。钢牌号中的化学元素用字母表示(见表 6.1)。

表 6.1　钢的符号[12]

<table>
<tr><th>钢牌号中的字母符号
俄文(拉丁文)</th><th>钢中的合金元素</th><th rowspan="21">用特殊方法获得的钢和合金，在牌号末端短划后用字母补充表示俄文(拉丁文)：
A(A)——如果字母在牌号开头是自动化钢，如果字母在牌号末端是高质量钢；
A-A(A-A)——核动力专用；
ВД(VD)——真空电弧重熔；
ВИ(VI)——真空感应重熔；
ВО(VO)——真空氧气精炼；
ГР(GR)——氧化气体精炼；
ПД(PD)——等离子加入后真空电弧重熔；
Р(R)——如果字母在牌号开头是高速钢；
У(U)——碳钢；
Ш(Sh)——如果字母在牌号末端是电渣重熔，如果字母在牌号开头是轴承钢；
如果没有特殊说明，钢牌号前第一个数字表示碳质量百分含量。</th></tr>
<tr><td>А(A)</td><td>氮</td></tr>
<tr><td>Б(B)</td><td>铌</td></tr>
<tr><td>В(V)</td><td>钨</td></tr>
<tr><td>Г(G)</td><td>锰</td></tr>
<tr><td>Д(D)</td><td>铜</td></tr>
<tr><td>Е(E)</td><td>硒</td></tr>
<tr><td>К(K)</td><td>钴</td></tr>
<tr><td>Л(L)</td><td>铸造材料</td></tr>
<tr><td>М(M)</td><td>钼</td></tr>
<tr><td>Н(N)</td><td>镍</td></tr>
<tr><td>П(P)</td><td>磷</td></tr>
<tr><td>Р(R)</td><td>硼</td></tr>
<tr><td>С(S)</td><td>硅</td></tr>
<tr><td>Т(T)</td><td>钛</td></tr>
<tr><td>У(U)</td><td>根据含量不同。
Al 或其他元素</td></tr>
<tr><td>Ф(F)</td><td>钒</td></tr>
<tr><td>Х(Kh)</td><td>铬</td></tr>
<tr><td>Ц(Ts)</td><td>锆</td></tr>
<tr><td>Ю(Yu)</td><td>铝</td></tr>
<tr><td>“r”</td><td>稀土元素</td></tr>
</table>

某些结构材料在熔点下的基本物理性质示于表 6.3。

表 6.2　某些结构材料在标准状况下的基本物理性质

材料，参考文献	相对原子质量	热中子俘获截面，$10^{-24}cm^{2}$[35]	核浓度，$10^{22}cm^{-3}$[35]	熔点 t_{melt}，℃	密度 ρ，kg/m^3	比热容 C_p，kJ/(kg·K)	热导率 λ，W/(m·K)	线胀系数 α，10^{-6}1/K	电阻率 ρ_e，$10^{-8}\Omega\cdot m$
铝[14,19]	26.98	0.215	6.23	660	2 700	0.897	220	23.3	2.5～2.66
铍[14,19]	9.01	0.09	1.23	1 288	1 848	1.825	200	11.3	3.2～4.0
镁[14,19]	24.3	0.060	4.31	650	1 740	1.040	156	24.8	3.5～4.2
铁[14,19]	55.85	2.43	8.49	1 538	7 870	0.450	74	11.8	8.6～9.7
钼[1,14,19,36]	95.94	2.4	6.4	2 623	10 200	0.249	147	5.2	4.9
镍[14,19]	58.7	4.8	9.13	1 455	8 900	0.440	88	13.5	6.14～6.84
铌[14,19]	92.91	1.15	5.55	2 477	8 570	0.265	54	7.3	12.5
铬	52	3.07	8.31	1 907	7 150	0.450	95	4.9	12.9
钢1)(13%Cr)[3]	54.70	2.70	8.53	1 480～1 500	7 750～7 810	0.48	42	11.2	57.0
奥氏体不锈钢2)[3]	55.93	2.88	8.56	1 440	7 950	0.50	16	16.0	72.0
锆 99.99%[14,19]	91.22	0.185	4.29	1 855	6 520	0.278	24	5.7	40
Zr+1Nb[31,34]	91.24	0.178	4.32	1 837	6 550	0.320	18	5.8	70.0
Zr+2.5Nb[31,34]	91.26	0.191	4.33	1 827	6 570	0.315	19	5.2	72.0
锆 2 合金[31,34]	91.37	0.180 6	4.31	1 845	6 550	0.290	17	5.8	74.0
锆 4 合金[31,34]	91.38	0.181 2	4.34		6 580	0.293	14.1	5.8	

1——低碳高铬马氏体-铁素体不锈钢。

2—— 1X18H10T 和 SS 316 型奥氏体不锈钢。

表 6.3　某些结构材料在熔点下的基本物理性质[1,6,14-15,19,36]**

性　质	铝 Al	铍 Be	镁 Mg	铁 Fe	镍 Ni	铌 Nb	铬 Cr	锆 Zr 99.99%[34]	钢[1] (C<0.2；13%Cr)[9]	钢[2] 1X18H10T[9]	Zr+1%Nb[34]	Zr+2.5%Nb[34]	钼 Mo
熔点,K	933	1 560	923	1 811	1 728	2 750	2 180	2 128	1 770	1 713	2 110	2 100	2 896
沸点,K	2 792	2 744	1 363	3 134	3 186	5 017	2 945	4 682	3 010	3 090	约 4 600	约 4 600	约 5 080
熔解热,kJ/kg	397	880	357	240	295	302	400	230*	约 240*	约 240*	约 200*	约 215*	382
蒸发热,kJ/kg	10 896	32 963	5 267	5 916	6 441	7 426	6 519	6 358	—	—	—	—	6 191
液态材料密度,kg/m^3	2 368	1 690	1 580	7 034	7 770	7 580	6 290	6 000	—	6 980	6 020	6 040	9 080
比定压热容,J/(kg·K)	1 177	3 330	1 410	835	735	450	962	467	852	775	467	467	420
液态材料热导率,W/(m·K)	98	75*	84	33	69	65	46	36*	—	22*	45*	39*	70
动力黏度,10^{-3}Pa·s	1.24 (1.95)	2.25	1.41	4.6～5.4	4.85	(5.88)	4.7～5.8	7.8 (4.31)	(4.82)*	4.45 (4.81)	(4.61)	(4.62)	(6.25)
表面张力,mN/m[8]	915	1 100	550	1 830	1 735	2 040	1 540	1 455	1 520	约 1 500	约 1 550	约 1 550	2 130
液态材料电阻率,$10^{-8}\Omega\cdot m$	24.8	45	26.1	138	83	109	115	141	—	—	—	—	100
熔化时体积膨胀 $\Delta V/V$,%	6.6	1.7	2.8	3.58	3.2～5.4	4.5	5.8～6.2	3.6	约 4	3.9	约 5.1	约 6.0	约 6

1——低碳高铬马氏体-铁素体不锈钢。

2——1X18H10T 和 SS 316 型奥氏体不锈钢。

* ——这些数据要求更加准确。

** ——参考文献只对金属。

6.2 金 属

6.2.1 铝

在水冷研究堆中，当温度 100～130 ℃时使用铝。铝合金制成铀芯块的包壳，在反应堆内工作在温度 200 ℃以下和不高的压力下。在更高温度下，铝与铀接触会形成金属间化合物 UAl_3、UAl_4，降低金属的强度特性。铝与镍、铁的合金用作弥散燃料元件的包壳和基体。

加入不同元素的铝合金可以提高工作温度范围[32]：

$$\text{到 } 150\sim320\ ℃\begin{cases}\text{Fe } 0.1\%\sim1.3\%\\ \text{Ni } 0.6\%\sim2.5\%\\ \text{Cr } 0.09\%\sim0.6\%\end{cases}$$

$$\text{到 } 100\sim300\ ℃\begin{cases}\text{Si } 0.1\%\sim1.2\%\\ \text{Mg } 0.5\%\sim3.2\%\end{cases}$$

$$\text{到 } 100\sim300\ ℃\begin{cases}\text{Mn } 0.09\%\sim1.0\%\\ \text{Cu } 0.12\%\sim2.0\%\end{cases}$$

杜拉铝合金经过热处理后在常温下获得高强度(见表 6.4)。

表 6.4 几种牌号杜拉铝的成分(%)[3]

牌 号	Cu	Mg	Mn	Si	Fe
Д1(D1)	3.8～4.8	0.4～0.8	0.4～0.8	⩽0.7	⩽0.7
Д16(D16)(高强度)	3.8～4.5	1.2～1.8	0.3～0.9	⩽0.5	⩽0.5

由于 Cu 和 Mn 的吸收截面大，分别为 3.6×10^{-24} cm^2 和 13.4×10^{-24} cm^2，因此在核工程中不采用这些合金。此外，这些元素的同位素具有半衰期较长的强感生放射性：^{64}Cu——$\tau(1/2)=12.8$ h；^{56}Mn——$\tau(1/2)=2.6$ h[35]。当 $t>200$℃时，杜拉铝合金在水和蒸气中的腐蚀稳定性低也妨碍了它在核工程中应用。

与杜拉铝相比，含 7.5%以下 Mg 的铝镁合金 AMr-5，AMr-7 具有良好的核性质，在与水接触时腐蚀活性较低，因而在某些结构中获得应用[33]。

6.2.2 镁

镁用来制造燃料元件包壳和弥散燃料元件基体，它具有小的热中子吸收截面、低密度和高热导率。用镁合金做包壳的燃料元件在铀-石墨堆、重水堆中找到应用，在那些堆中燃料是天然铀，而冷却剂是温度为 350～450 ℃的二氧化碳(CO_2)。Magnox 型镁合金(Mg+0.01% Be+0.8%Al)在 500 ℃以下与金属铀有良好的相容性；有高的抗氧化稳定性。这些合金的缺点是有晶粒长大的严重倾向、丧失强度特性、当存在蒸气时会氧化。镁在氧气和空气氛围下当 470～500 ℃时可能燃烧[32-33]。

6.2.3 锆及其合金

锆是高熔点(1 850 ℃)的金属，热中子吸收截面小于 1×10^{-24} cm^2。它与燃料良好相容，具有高的工艺性质。锆的热导率与不锈钢相近。锆的缺点是低的强度性质和低的高温强度，但这可以通过加铌予以改善。

6.2.3.1 锆的基本性质

原子序数	40
相对原子质量	$M=91.224$
标准状况下的密度	6 511 kg/m^3[34]
熔点	1 855 ℃=2 128 K[31]
沸点	4 409 ℃=4 680 K[31]
熔解热	(153±4) kJ/kg[23]
蒸发热	638 kJ/kg[1]
摩尔体积	$0.140\ 2\times10^{-8}$ m^{-3}[14]
热中子俘获截面	0.18×10^{-24} cm^2[35]

锆铌合金用作 ВВЭР、РБМК 和运输反应堆燃料元件包壳，并是 РБМК 工艺管的基体。锆合金能够在水冷反应堆内应用的最高温度取决于合金的腐蚀稳定性。在美国 Zircalloy 合金(锆锡合金)得到广泛应用，其中主要的合金元素是锡，它改善力学性能。但是这个合金元素恶化了在水和蒸气中的腐蚀稳定性，从而需要进一步合金化[33]。

在俄罗斯研发了低合金化合金 Оженит-0.5(0.25Sn，0.1Fe，0.1Nb，0.1Ni)。它可以用在温度达 400 ℃的水和蒸气中，其力学性能与 Zircalloy 相近[34]。H-1(Э-110)Zr+1%Nb 合金用作燃料元件包壳，H-2.5(Э-125)Zr+2.5%Nb 合金用作工艺管道的管子。加铌的合金之所以在 400～550 ℃的水和蒸气中有高的腐蚀稳定性，是因为能够形成保护膜而钝化。在 8 000 h 的试验中 Zr+2.5%Nb 的腐蚀速率不超过 0.024 g/(m^2 · d)[16-17]。在辐照条件下腐蚀速率只增加 5%～10%[18]。氧化动力学用下列表达式描述：

$$\Delta m=k\tau^n \tag{6.1}$$

式中，Δm——在 τ 小时内锆由于形成氧化膜增加的重量；系数 k 和 n 取决于合金成分和温度。某些数据示于表 6.5。

表 6.5 锆及其合金的氧化动力学参数[17]

金属	条件			方程(6.1)的参数	
	介质	T/℃	p/MPa	k	n
锆	水	350	16.8	0.5	0.3
	蒸气	400	30.0	0.7	0.38
Zr+1%Nb 合金	水	350	16.8	0.2	0.5
	蒸气	400	30.0	0.3	0.58
	蒸气	450	30.0	0.35	0.71
Zr+2.5%Nb 合金	水	300	8.8	0.2	0.47
	蒸气	350	16.8	0.22	0.62

6.2.3.2 随温度变化的固态锆的性质[19-25]

密度由下列关系式决定：

$$\rho(T)=6\ 550-0.168\ 5T\ \mathrm{kg/m^3} \tag{6.2}$$

比热容[20]

对于 298 K≤T≤1 100 K 时的 α 相

$$C_p=238.596+0.181T-96.1\times10^{-6}T^2+36.2\times10^{-9}T^3\ \mathrm{J/(kg\cdot K)} \tag{6.3}$$

对于 1 100 K≤T≤2 128 K 时的 β 相

$$C_p=276.462+0.014\ 1T-3.08\times10^{-6}T^2+10.7\times10^{-9}T^3\ \mathrm{J/(kg\cdot K)} \tag{6.4}$$

$T<2\ 000$ K 时的热导率，误差±10%

$$\lambda=8.852\ 7+7.082\ 0\times10^{-3}T+2.532\ 9\times10^{-6}T^2+2.991\ 8\times10^{3}T^{-1}\ \mathrm{W/(m\cdot K)} \tag{6.5}$$

热扩散率由 $a=\lambda/C_p\rho$ 确定，单位 $10^{-6}(\mathrm{m^2/s})$。

电阻率

当 $T<1\ 100$ K 时

$$\rho_e\times10^8=-2.142+7.904\times10^{-2}T+4.249\times10^{-4}T^2-5.71\times10^{-7}T^3+2.08\times10^{-10}T^4\ \Omega\cdot\mathrm{m} \tag{6.6}$$

当 1 100 K≤T≤2 000 K 时

$$\rho_e\times10^8=92.85+2.27\times10^{-2}T\ \Omega\cdot\mathrm{m} \tag{6.7}$$

表 6.6　固态锆的性质

T(K)，ρ(kg/m^3)，C_p(J/(kg·K))，λ(W/(m·K))，a(m^2/s)，ρ_e(Ω·m)

T	ρ	C_p	λ	$a\times10^6$	$\rho_e\times10^8$
298	6 500	285	21.2	11.46	46
300	6 499	285	21.2	11.42	46
400	6 483	298	19.6	10.13	66
500	6 466	310	19.0	9.50	85
600	6 449	320	19.0	9.19	102
700	6 432	331	19.3	9.09	115
800	6 415	340	19.9	9.10	126
900	6 398	350	20.6	9.20	133
1 000	6 382	360	21.5	9.35	139
1 100	6 365	370	22.4	9.53	143
1 200	6 348	307	23.5	8.30	120
1 300	6 331	313	24.6	8.11	122
1 400	6 314	320	25.9	7.90	125
1 500	6 297	327	27.2	7.66	127
1 600	6 280	335	28.5	7.40	129
1 700	6 264	344	30.0	7.11	131
1 800	6 247	354	31.5	6.80	134
1 900	6 230	366	33.0	6.47	136
2 000	6 213	378	34.6	6.12	138
2 100	6 196	392	36.3	5.76	141
2 128	6 191	396	36.7	5.66	141

6.2.3.3 随温度变化的液态锆的性质[20-24]

密度

$$\rho=6\ 844.5-0.609\ 898T+2.050\ 08\times10^{-4}T^2+4.478\ 29\times10^{-8}T^3-3.264\ 69\times10^{-12}T^4\ \mathrm{kg/m^3} \tag{6.8}$$

$\rho(T_{\mathrm{melt}})=6\ 107\ \mathrm{kg/m^3}$；$\rho(T_{\mathrm{boil}})=5\ 590\ \mathrm{kg/m^3}$。

比定压热容

$$C_p=-1.48+1.745\ 88\times10^{-3}T-5.261\ 74\times10^{-7}T^2+5.568\ 31\times10^{-11}T^3\ \mathrm{J/(kg\cdot K)} \tag{6.9}$$

电阻率

$$\rho_e\times10^8=130+8\times10^{-3}T\ \Omega\cdot\mathrm{m} \tag{6.10}$$

或者更准确的表达式

$$\rho_e\times10^8=-65.631\ 92+0.103\ 19T-5.093\ 7\times10^{-5}T^2+1.167\ 91\times10^{-8}T^3-9.643\ 05\times10^{-13}T^4\ \Omega\cdot\mathrm{m} \tag{6.11}$$

平均体胀系数 $\beta=39\times10^{-6}\ 1/\mathrm{K}$。

黏度 $\mu=8\times10^{-3}\ \mathrm{Pa\cdot s}$[24]。

表面张力[23]

当 2 128 K(1 855 ℃)时 $\sigma=1\ 455\ \mathrm{mN/m}$；

当 2 733 K(2 460 ℃)时 $\sigma=1\ 395\ \mathrm{mN/m}$。

按关系式(6.8～6.11)算出的在 2 128 K 到 2 733 K 范围内液态锆的性质在表 6.7 中给出。

表 6.7　液态锆的性质[21-23]

T (K)，ρ (kg/m³)，C_p(J/(kg·K))，ρ_e(Ω·m)

T	ρ	C_p	$\rho_e\times10^8$	T	ρ	C_p	$\rho_e\times10^8$
2 128	6 110	700	147.3	3 200	5 867	539	155.8
2 200	6 095	645	147.9	3 300	5 842	548	156.8
2 300	6 073	510	148.6	3 400	5 817	558	157.8
2 400	6 051	445	149.3	3 500	5 791	568	158.9
2 500	6 029	462	150.1	3 600	5 765	580	159.9
2 600	6 007	477	150.8	3 700	5 738	593	161.0
2 700	5 984	490	151.5	3 800	5 711	608	162.0
2 800	5 962	502	152.3	3 900	5 683	625	163.0
2 900	5 939	512	153.1	4 000	5 655	644	164.0
3 000	5 915	522	154.0	4 100	5 626	667	164.9
3 100	5 891	531	154.9				

6.2.3.4 锆铌(1%)合金 H-1(Э-110)

以锆为基体的 Zr＋1%Nb 合金的成分(%)是：Nb—0.9～1.1；Fe—0.015；Ni—0.007；Al—0.004；Ti—0.003；C—0.02；Si—0.004；O—0.05；N—0.003；H—0.001～0.002。

熔点	2 130 K
相变温度	1 140 K
熔解热	150～160 kJ/kg
相变热	42 kJ/kg
298 K 时的密度	6 550 kg/m^3

密度[34]

当 300 K≤T≤1 100 K 时　$\rho=6\ 636-0.286T$ kg/m^3　(6.12)

比热容[26,27]

当 300 K≤T≤1 100 K 时　$C_p=238+0.159T$ J/(kg·K)　(6.13)

当 1 100 K≤T≤2 000 K 时　$C_p=281+0.066\ 3T$ J/(kg·K)　(6.13a)

热导率[28]

当 300 K≤T≤1 100 K 时　$\lambda=23.5-0.019\ 2T+1.68\times10^{-5}T^2$ W/(m·K)　(6.14)

当 1 100 K≤T≤1 600 K 时　$\lambda=1.5+0.02T$ W/(m·K)　(6.14a)

热扩散率由 $a=\lambda/C_p\rho$ 确定,单位 10^{-6}(m^2/s)。

线胀系数[29]

当 300 K≤T≤1 100 K 时　$\alpha\times10^6=5.22+1.82\times10^{-3}T$ 1/K　(6.15)

电阻率[28]

当 300 K≤T≤1 100 K 时

$$\rho_e\times10^8=-9.08+0.253\ 5T-2.039\ 1\times10^{-4}T^2+9.505\times10^{-8}T^3\ \Omega\cdot m \quad (6.16)$$

当 1 200 K≤T≤1 500 K 时

$$\rho_e\times10^8=94.86+1.411\times10^{-2}T+2.74\times10^{-6}T^2\ \Omega\cdot m \quad (6.16a)$$

温度 350～450 K 时光谱发射率等于 ε=(0.167～0.184)[34]。

用关系式(6.12～6.16 a)算得的合金性质示于表 6.8。

表 6.8　Zr+1%Nb 合金的性质

T(K),ρ(kg/m^3),C_p(J/(kg·K)),λ(W/(m·K)),

a(m^2/s),α(1/K),ρ_e(Ω·m)

T/K	ρ	C_p	λ	$a\times10^6$	$\alpha\times10^6$	$\rho_e\times10^8$
300	6 550	286	19.3	10.3	5.77	51
400	6 522	302	18.5	9.4	5.95	66
500	6 493	318	18.1	8.8	6.13	79
600	6 464	333	18.0	8.4	6.31	90
700	6 436	349	18.3	8.1	6.49	101
800	6 407	365	18.9	8.1	6.68	112
900	6 379	381	19.8	8.2	6.86	123
1 000	6 350	397	21.1	8.4	7.04	136
1 100	6 321	413	22.7	10.1	7.22	150
1 200	6 293	360	25.5	11.2		116
1 300	6 264	367	27.5	12.0		118
1 400	6 236	374	29.5	12.6		120
1 500	6 207	380	31.5	13.3		122
1 600	6 178	387	33.5	14.0		
2 100	6 035	420	35.5	14.0		

锆铌合金 Э-635，它与 Э-110 的差别在于添加了合金元素 Sn，Fe。

合金成分(%)：Zr——基体；Nb——0.9～1.1；Sn——1.0～1.5；Fe——0.3～0.5。

Э-635 合金的热物理性质大体上接近 Э-110 合金的性质。具体的关系式列在下面[37-38]：

密度(20 ℃)6 530 kg/m³。

相变温度　　$\alpha \to (\alpha+\beta)$　630～650 ℃；

　　　　　　$(\alpha+\beta) \to \beta$　880～910 ℃。

在 β 相(T>1 200 K)的比热容

$$C_p = 221 + 0.172T - 5.87 \times 10^{-5} T^2 \text{ J/(kg·K)} \tag{6.17}$$

热导率[37]

当 400 K≤T≤1 500 K 时，

$$\lambda = 10.583 + 348T^{-1} + 1.04 \times 10^{-4} T + 8.735 \times 10^{-6} T^2 \text{ W/(m·K)} \tag{6.18}$$

在[38]中给出 Э-635 合金在未辐照状态和辐照状态(2×10^{22} n/cm²，E>0.1MeV)下热导率的数据：

辐照前　$$\lambda = 13.1 + 1.6 \times 10^{-2}(T - 273) \text{ W/(m·K)} \tag{6.18a}$$

辐照后　$$\lambda = 13.1 + 5.5 \times 10^{-3}(T - 273) \text{ W/(m·K)} \tag{6.18b}$$

温度 1 700～2 000 K 时的光谱发射率由[37]的数据用下列表达式描述：

$$\varepsilon(\lambda = 0.65\mu\text{m}) = 1.02 - 3 \times 10^{-4} T \tag{6.19}$$

6.2.3.5　锆铌(2.5%)合金 H-2.5(Э-125)[31]

以锆为基体的 Zr+2.5%Nb 合金的成分(%)是：Nb—2.5；Fe—0.015；Ni—0.007；Al—0.004；Ti—0.003；C—0.02；Si—0.004；O—0.05；N—0.003；H—0.001～0.002。

熔点	2 130 K
相变温度	1 140 K
熔解热	150～160 kJ/kg
相变热	40 kJ/kg
298 K 时的密度	6 570 kg/m³

密度

$$\rho = 6\,657 - 0.286\,1T \text{ kg/m}^3 \tag{6.20}$$

比热容

当　300 K≤T≤1 100 K 时，$C_p = 221 + 0.172T - 5.87 \times 10^{-5} T^2$ J/(kg·K)　(6.21)

当　1 100 K≤T≤1 600 K 时，C_p=380 J/(kg·K)

热导率

$$\text{当 } 300 \text{ K} \le T \le 1\,100 \text{ K 时}，\lambda = 14 + 0.011\,5\,T \text{ W/(m·K)} \tag{6.22}$$

热扩散率由 $a = \lambda / C_p\rho$ 确定，单位 10^{-6}(m²/s)。

用关系式(6.20～6.22)算得的 Zr+2.5%Nb 合金性质示于表 6.9。线胀系数之值取自[29]。

表 6.9 Zr+2.5%Nb 合金的性质

T(K),ρ(kg/m^3),C_p(J/(kg·K)),λ(W/(m·K)),a(m^2/s),α(1/K)

T/K	ρ	C_p	λ	$a\times10^6$	$\alpha\times10^6$
300	6 571	267	17.5	9.9	4.3
400	6 543	280	18.6	10.1	4.7
500	6 514	292	19.8	10.4	4.8
600	6 485	303	20.9	10.6	4.9
700	6 457	313	22.1	10.9	5.3
800	6 428	321	23.2	11.2	5.4
900	6 400	328	24.4	11.6	4.0
1 000	6 371	334	25.5	12.0	3.0
1 100	6 342	339	26.7	12.4	
1 200	6 314	380			
1 300	6 285	380			
1 400	6 256	380			
1 500	6 228	380			
1 600	6 199	380			
2 100	6 056				

6.3 钢

6.3.1 高温不锈铬钢

加合金元素铬的钢，由于铬能改善钢在高温下的腐蚀稳定性，因而在反应堆建造中得到广泛应用。

核动力装置部件所用材料最重要的热物理性质是热导率和热胀系数。这两个性质决定了传热过程和结构中产生的热应力[1~10]。

根据铬和其他合金元素含量、构造和热处理的不同，钢还分成：珠光体钢、马氏体钢、铁素体钢和奥氏体钢。主要钢种的性质示于表 6.10[16]。

表 6.10 主要钢种的性质[16C,65]

ρ(kg/m^3),t_{melt}(℃),C_p(J/(kg·K)),λ(W/(m·K)),α(1/K),ρ_e(Ω·m)

性质		珠光体钢			马氏体钢		奥氏体钢		镍钢
		10	35	12X1MΦ	20X13	11X11H2B2MΦ	12X18H9T	20X25H20C2	XH67MBTЮ
ρ		7 830	7 810	7 800	7 750	7 860	8 000	7 820	8 170
t_{melt}		1 530	1 490～1 450	1 400～1 450	1 410～1 440	1 450～1 500	1 400～1 425	1 383～1 410	1 390
C_p	(100 ℃)	451	459	471	438	475	492	492	442
	(700 ℃)				966		945		615(900℃)

续表

性质	珠光体钢			马氏体钢		奥氏体钢		镍钢
	10	35	12X1MΦ	20X13	11X11H2B2MΦ	12X18H9T	20X25H20C2	XH67MBTЮ
λ	50.5	47.7	41.2	27.1	25.0	16.5	14.3	12.5
$\alpha\times10^6$ (20～100 ℃)	11.6	11.09	10.8	9.6	10.75	16.6	15.0	11.7
$\alpha\times10^6$ (20～500 ℃)	14.6	14.02	13.2	11.3	13	17.9	18.0	13.5
$\rho_e\times10^8$(20 ℃)	15		32	60	105	75	73～95	124

随着铬含量增加，钢的热导率减小。当 Cr 含量＜0.5％时，钢的热导率随着温度升高而减少；当 Cr 含量＞12％时，钢的热导率随着温度升高而增加。在核动力装置热交换设施中用到的铬钢和合金的热导率在表 6.11 中给出[15]。线胀系数随着铬含量增加而减小，随着温度升高而增大。

表 6.11　在核动力装置热交换设施中用到的钢和合金的热导率[15]

合金牌号	下列温度(℃)下的热导率 λ,(W/(m·K))									
	100	200	300	400	500	600	700	800	900	1 000
1X2M	48.9	48.3	47.7	47.0	46.2	45.6				
X2MΦБ	41.0	38.9	38.0	37.3	36.8	36.6				
X18H9	16.3	18.0	18.8	20.1	21.5	23.8	25.6	26.8	27.4	28.1
X18H10T	14.4	16.2	18.7	21.2	23.0	25.0				
05XH46MBБ4	—	12.3	14.7	18.4	20.5	24.7	27.2			
03X21H32M3Б	—	13.8	15.9	18.4	20.5	22.6	24.7			
XH55MBЦ	11	14	16	18	20	22	25	27	29	31
0X18H16M3Б (ЭИ-847)	14.4	16.3	18.0	19.7	21.4	23.0	24.4	25.7	26.4	

珠光体钢是少量合金化的合金。在热电厂中它们用来制造高压容器和管子。在许多情况下用它们代替更贵的铬镍不锈钢。珠光体钢不能经受晶间腐蚀和应力腐蚀开裂。某些珠光体钢的化学组成示于表 6.12。

表 6.12　某些珠光体钢的化学组成[16]

钢牌号	元素含量/％							
	C	Cr	Mo	Mn	V/Nb	Ni	Si	Cu/Al
15M	0.10～1.8		0.4～0.7	—	—	—	—	—
12XM	0.09～0.16	0.4～0.6	0.4～0.6	—	—	—	—	—
12X1MΦ	0.08～0.15	0.9～1.2	0.25～0.35	—	0.15～0.30/—			
12X2MΦБ	0.08～0.12	2.1～2.6	0.5～0.7	—	0.2～0.35/ 0.5～0.8	—	—	—
15X2MΦA	0.13～0.18	2.5～3.0	0.6～0.8	0.3～0.6	0.25～0.35/—	≤0.4	0.17～0.37	≤0.025/—
15X2HMΦA	0.13～0.18	1.8～2.3	0.5～0.7	0.3～0.6	0.1～0.12/—	1.0～1.5	0.17～0.37	≤0.3/—
X3HMΦA	0.12～0.16	2.2～2.7	0.5～0.8	0.3～0.6	0.08～0.15/—	0.8～1.3	0.17～0.37	≤0.15/—

续表

钢牌号	元素含量/%							
	C	Cr	Mo	Mn	V/Nb	Ni	Si	Cu/Al
25X3MΦA	0.22~0.27	2.8~3.3	0.6~0.8	0.3~0.6	0.25~0.35/—	≤0.4	0.17~0.37	≤0.025/—
16ΓHM	0.13~0.18	—	0.4~0.55	0.8~1.1	—	1.1~1.3	—	—
10XCHД	<0.12	0.6~0.9	—	—	—	0.5~0.8	0.8~1.1	0.4~0.65/—
48TC-1	0.22~0.27	2.5~3.0	0.6~0.8	—	0.25~0.35/—	0.4~0.7	—	—
38XMЮA	0.35~0.42	1.35~1.65	0.15~0.25	—	—	—	—	—/0.7~1.1

在核动力中用它们制造反应堆容器和顶盖、管道、蒸气发生器和其他部件，这些部件工作在 250~580 ℃温度范围，并与水、蒸气、液态金属接触。低合金钢具有较高的热导率(30~50) W/(m·K)(高合金钢为(12~17) W/(m·K))和较低线胀系数$(12\sim13)\times10^{-6}K^{-1}$(铬镍不锈钢为$(15\sim17)\times10^{-6}K^{-1}$)。这些特性对估算反应堆容器内的热应力十分重要[9]。珠光体钢有良好的工艺性质。珠光体钢的腐蚀产物不含杂质 Co，不会产生半衰期 5.26 a 的同位素^{60}Co，从而不会恶化辐射环境。

珠光体钢的主要缺点是当铬含量低(≤1%)时在空气中抗氧化能力弱。加进合金元素钼和钒(12X1MΦ)将提高这些钢的高温强度。含(2%~2.5%)Cr 和 1%Mo 的珠光体钢在空气中冷却时有形成脆性结构的倾向，使得制造时变形、焊接和其他操作很困难。加合金元素铌将消除这些缺点。

12X2MΦБ 钢及其类似物具有高塑性、相互间以及与其他钢的良好可焊性。它们用于长期工作(管道、过热器、联箱)。15X2HMΦA 和 10ΓH2MΦA 牌号钢的比热容由下列关系式确定[12,13]：

对于 15X2HMΦA 钢

$$C_p=482.2-0.2979T+0.7404\times10^{-3}T^2\ \text{J/(kg·K)} \tag{6.23}$$

对于 10ΓH2MΦA 钢

$$C_p=536.3-0.5290T+0.9614\times10^{-3}T^2\ \text{J/(kg·K)} \tag{6.24}$$

某些珠光体钢的性质在表 6.13 中给出。

表 6.13 某些珠光体钢的性质

t(℃)，T(K)，C_p(J/(kg·K))，λ(W/(m·K))，a(m²/s)，α(1/K)

t	T	钢 15X2HMΦA 15X2MΦA 15X3HMΦA 25X3MΦA				钢 10ΓH2MΦA	
		C_p[12]	λ[11]	$a\times10^6$[11]	$\alpha\times10^6$[11]	C_p[12]	$a\times10^6$[13]
20	293	458	(55)	12.4	11.2	466	14.3
100	373	474	(52)	11.4	11.9	476	13.2
200	473	507	47.3	10.1	12.5	505	11.9
300	573	555	41.9	8.85	13.15	553	10.5
400	673	617	37.6	7.57	13.5	621	9.17
500	773	694	38.2	6.28	14.0	708	7.87
600	873	786	30.7	5.05	14.4	814	6.43
700	973	893	28.0	3.80	14.8	940	4.81

续表

t	T	钢 15X2HMΦA 15X2MΦA 15X3HMΦA 25X3MΦA				钢 10ΓH2MΦA	
		C_p[12]	λ[11]	$a\times10^6$[11]	$\alpha\times10^6$[11]	C_p[12]	$a\times10^6$[13]
800	1 073	1 015	25.8	4.00	15.2	1 084	5.0
900	1 173	1 152	24.4	4.93	15.6	1 248	6.1
1 000	1 273	1 303	23.6	5.35	16.0	1 431	6.73
1 100	1 373	1 469	23.1	5.47	16.4	1 633	7.5

马氏体铬钢。铬含量超过 2%～3%的钢具有马氏体结构，它增加了制造零件的困难。在核动力中，如果要求比珠光体钢有更高的抗氧化能力，可以用这些钢来制造管道、蒸气过热器、热交换器、阀件。

Cr 含量 14%～16%的钢属于不锈钢一类，用于在高度抗氧化的同时要有高腐蚀稳定性的场合。在核动力中，具有不同碳和其他合金元素含量的 X13 型钢用来制造管道、紧固件、控制机构。当加进 Mo、W、Nb 后，含 13%Cr 的钢的高温强度增高。多元合金铬钢的化学组成示于表 6.14[9]。

表 6.14　多元合金铬不锈钢的化学组成[9]

钢牌号	元素含量/%						
	C	Cr	Mo	V	W	Nb	其他元素
0X13	≤0.08	11～13	—	—	—	—	—
1X13	0.09～0.15	12～14	—	—	—	—	—
2X13	0.16～0.24	12～14	—	—	—	—	—
1X11MΦ	0.12～0.19	10.0～11.5	0.6～0.8	0.25～0.40	—	—	—
1X12B2 MΦ	0.10～0.17	11～13	0.6～0.9	0.15～0.30	1.7～2.2	—	—
1X12MBБΦ	约 0.14	约 11.6	约 0.7	约 0.42	约 0.30	0.30	—
1X13M2БΦP	0.12	13	1.5	0.20～0.30	—	0.4	B 0.004
1X12MB4Б	约 0.10	约 12	约 1	—	约 4	0.8	—
2X11MΦБ	0.15～0.21	10.0～11.5	0.8～1.1	0.20～0.40	—	0.20～0.45	—
2X12BHMΦ	0.12～0.18	11.0～13.0	0.5～0.7	0.15～0.30	0.7～1.1	—	Ni 0.4～0.8

当在核动力中，特别是在沸水堆中使用铬钢时，必须考虑它们取决于钢中铬含量的腐蚀稳定性。在高温的水和蒸气中，低合金珠光体钢和马氏体钢的腐蚀稳定性比高铬含量的不锈钢低得多。

这导致必须采取措施，以减少传热表面的腐蚀沉积物，从而改善辐射环境。

当具有间隙、缝隙等时，铬钢在带杂质的水中的腐蚀速率增加。如果在回路中存在铬镍钢，则由于形成电池偶，铬钢的腐蚀速率增大。

在钠中，铬钢的组成——Fe、Cr、Nb、V 等的溶解度很小，不会超过千分之几。对钠中腐蚀过程有重大影响的是钠中的杂质氧。在氧作用下，于非等温条件下或者系统中具有不同种类材料时的传质加强。少合金珠光体钢与钠接触导致钢表面层脱碳。在含氧量≤5×10^{-3}%的非等温钠流中，含 12% Cr 的钢在 600 ℃下有很高的腐蚀稳定性。但是由于温度超过 600 ℃高温时强度低，铬钢几乎不应用。

铁素体钢。这类高铬(15%～30% Cr)不锈钢在高温下有显著抗氧化能力，在腐蚀性介质和大气中有高的腐蚀稳定性。它们可以用作电阻加热器的元件。

含铬 17%的钢具有低的高温强度，辐照时肿胀很小，具有晶粒长大、变脆的倾向。含 25%～30%铬的钢具有很高的抗氧化能力。为了减小它们晶粒长大的倾向，向其中添加 Ti、Nb、Ta、N，以及合金元素硅和铝(1%～5%)。这些钢可以用在液态金属(Pb、PbBi)回路中。某些马氏体-珠光体铬钢的性质在表 6.15 中给出[8]。

表 6.15 某些马氏体-珠光体铬钢的性质[8]

t(℃)，T(K)，C_p(J/(kg·K))，λ(W/(m·K))，α(1/K)，ρ_e(Ω·m)，a(m²/s)

t	T	钢 08X13,12X13,20X13				钢 16X12HMC (ЭП-823Ш)	
		C_p	λ	$\alpha\times10^6$	$\rho_e\times10^8$	λ	$\alpha\times10^6$
20	293	440	(22)		(180)		
100	373	468	(23.2)	10.1	160	22.7	12.9
200	473	522	24.8	10.7	142	23.4	13.0
300	573	561	26.2	11.0	127	23.1	13.1
400	673	620	27.2	11.4	116	24.7	13.2
500	773	689	27.7	11.65	107	25.4	13.6
600	873	780	28.1	12.0	98	26.1	13.7
700	973	966	28.5	12.3	89	27.3	13.9
800	1 073		(28.8)	(12.5)	80		14.1
900	1 173		(29.2)				
1 000	1 273		(29.5)				

6.3.2 高温不锈铬镍(奥氏体)钢

这些钢是制造核动力装置各种部件(燃料元件包壳、堆内构件、热交换器、蒸气发生器、管道、泵、阀件)的基本结构材料。它们可以在 650～750 ℃下工作，而铬钢的极限温度为 580～620 ℃。某些铬镍不锈钢的成分示于表 6.16[9]。

表 6.16 某些铬镍不锈钢的成分[9]

钢牌号	元素含量,%							备　注
	C	Cr	Ni	Ti	Nb	Mo	W	
0X18H10	≤0.08	18	10	—	—	—		类似于 304 钢
0X18H10T	0.03～0.06	18	10	C 5(%)	—	—		类似于 321 钢
1X18H10T	≤0.12	18	10	0.5	—	—		
0X18H12Б	≤0.06	18	12	—	0.6	—		
X18H12M2T	≤0.12	18	12	0.4	—	2.5		类似于含钛 316 钢
X18H12M3	≤0.08	18	12	—	—	3.0		
1X14H14B2M	≤0.15	14	14	—	—	0.5	2.4	类似于 316 钢
0X16H15M3Б	≤0.06	16	15	—	0.65	3.0	—	类似于 317 钢(ЭИ-847)
0X16H15M3БP	≤0.06	16	15	—	0.75	2.7	—	B-0.07
4X14H14B2M	0.45	14	14	—	—	0.4	2.4	
X15H35B3T3ЮP	≤0.08	15	35	3.0	—	—	2.8	Al-1.2；B-0.005

某些牌号的奥氏体钢的性质在表 6.17[11-13]、表 6.18 和表 6.19[8,11,12,14]中给出。

表 6.17　08X18H10T 奥氏体钢的性质[11-13]

t(℃), T(K), ρ(kg/m^3), C_p(J/(kg · K)), λ(W/(m · K)), a(m^2/s), α(1/K)

t	T	ρ	C_p	λ	$a\times10^6$	$\alpha\times10^6$
20	293	7 900	478	16.6	4.4	15.8
100	373	7 862	495	17.2	4.42	16.2
200	473	7 821	516	18.0	4.45	16.7
300	573	7 778	537	18.7	4.47	17.2
400	673	7 732	558	19.4	4.50	17.7
500	773	7 684	579	20.1	4.51	18.2
600	873	7 634	600	20.8	4.53	18.7
700	973	7 582	622	22.2	4.70	19.2
800	1 073	7 527	643	23.4	4.83	19.7
900	1 173	7 470	664	24.8	5.00	20.2
1 000	1 273	7 411	685	26.1	5.15	20.7
1 100	1 373	7 349	706	27.5	5.30	21.1
1 200	1 473	7 285	727	28.9	5.45	21.6

表 6.18　12X18H9T 和 12X18H10T 奥氏体钢的性质[8,11,12,14]

t(℃), T(K), ρ(kg/m^3), C_p(J/(kg · K)), λ(W/(m · K)), α(1/K), ρ_e(Ω · m)

t	T	C_p	λ	$\alpha\times10^6$	$\rho_e\times10^8$
20	293	468	(15.1)		75
100	373	486	16.3	16.1	80
200	473	510	17.6	17.0	87
300	573	531	18.9	17.4	94
400	673	553	20.5	17.8	99
500	773	574	21.8	18.2	105
600	873	594	23.5	18.6	109
700	973	614	24.7	19.1	114
800	1 073	634	26.4	19.4	
900	1 173	655	28.5		
1 000	1 273	676	(31.1)		

表 6.19 12X18H9 奥氏体钢的性质[8,11,12,14]

t(℃), T(K), C_p(J/(kg・K)), λ(W/(m・K)), α(1/K), ρ_e(Ω・m)

t	T	C_p	λ	$\alpha\times10^6$	$\rho_e\times10^8$
20	293	512	15.9	(15.2)	71
100	373	529	16.3	16.0	74
200	473	546	18.0	17.0	82
300	573	567	18.9	17.5	89
400	673	592	20.1	17.9	95
500	773	630	20.4	18.5	100
600	873	638	23.9	18.6	105
700	973	642	25.6	18.9	109
800	1 073	646	26.8	19.1	
900	1 173	651	27.4	19.3	
1 000	1 273		28.1	19.5	

对核动力有重要意义的是加(2%～3%)Mo 的铬镍钢，这提高了它们在水和蒸气中的高温强度和腐蚀稳定性。用水和液态金属冷却的反应堆运行经验表明，当 $t<550$ ℃时，最广泛应用的 1X18H10T 奥氏体不锈钢可以保证燃料元件包壳可靠工作。

对于更高的温度，要求转用加 Mo、Nb、W 和其他合金元素的钢。在此情况下，在钢结构中可能出现一些金属互化物，这促使钢增强（金属互化物增强）。在铬镍钢中加合金元素 Ti (2.3%)、Al(1%～3%)的金属互化物增强获得最广泛应用；这些钢的镍含量都较高(20%～35%)。

为提高高温强度加入奥氏体钢的主要元素是 Mo 和 W，这主要是提高了原子间键的强度。

当温度为 100～400 ℃时，奥氏体钢受中子辐照将提高强度和屈服限，降低塑性。当 625～650 ℃时，这些效应不再出现，这与辐照损伤的退火有关。当中子注量为 10^{23} n/cm^2 时，观测到铬镍钢的肿胀。它体现在尺寸、零件形状、结构、力学性能的变化。当中子注量为 2×10^{23} n/cm^2 时，材料的每个原子经受 50 个以上的位移，这是一个复杂问题。辐照损伤的程度在很大程度上取决于合金化，例如与 0X18H10 钢相比，加钼合金钢(0X18H12M2-3)使燃料元件包壳的肿胀减少一半；Cr、Ni 起相反作用。

在奥氏体钢中可能有腐蚀开裂，这可能限制它们的工作能力。在短时间内，没有经受全面腐蚀的金属被贯穿裂纹摧毁，在没有明显变化时瞬间破坏。水冷核动力装置的经验表明，沸水堆的蒸气发生器、热交换器、燃料元件包壳最容易损坏。在大多数情况下，破坏的原因归之以两种因素的综合作用——违反水工况标准（水中的氯和氧含量增加）和拉应力的作用。

在蒸气（饱和蒸气、过热蒸气，特别是当超临界参数时）中含氧的情况下，奥氏体钢可能发生腐蚀开裂，防止这种开裂要靠影响该过程的减缓因素（见前面）。

另一个危险的腐蚀形式是晶间腐蚀(ICC)。金属的晶粒边界在水、蒸气中遭到选择性的破坏。钢中碳含量越高，遭受 ICC 也越多，认为这是在晶粒边界形成碳化铬的结果。

加合金元素钛或铌防止 ICC，此时钛含量应该等于 5(C-0.01%)，铌含量应该等于

8(C-0.01%)，式中 C 是碳含量。加钛合金的钢(1X18H10T 等)用得最多。

奥氏体 316 不锈钢(类似于 X18H12M3)的成分为(%)：C——0.08；Cr_t——(16～18)；Ni——(10～14)；Mn——≤2；Mo——(2～3)；Si——≤1.0；P——<0.045；S——<0.03。

6.3.2.1　316 不锈钢的基本性质[5]

相对分子质量	55.935 4
熔点	1 430 ℃(1 703 K)
沸点	2 817 ℃(3 090 K)
蒸发热	7 450 kJ/kg
熔解热	270.0 kJ/kg[23]
熔解时体积增加	3.86%
临界参数	p_c=456.7 MPa T_c=9 600 K ρ_c=1 143 kg/m³

6.3.2.2　随温度变化的固态 316 奥氏体不锈钢的性质

密度

$$\rho = 8\ 084 - 0.420\ 9T - 3.894\times10^{-5}T^2\ \mathrm{kg/m^3} \tag{6.25}$$

比热容

$$C_p = 462 + 0.134T\ \mathrm{J/(kg\cdot K)} \tag{6.26}$$

热导率

$$\lambda = 9.248 + 0.015\ 71T\ \mathrm{W/(m\cdot K)} \tag{6.27}$$

线胀系数

$$\alpha\times10^6 = 17.89 + 2.398\times10^{-3}T + 3.269\times10^{-7}T^2\ \mathrm{1/K} \tag{6.28}$$

用关系式(6.25～6.28)算得的固态 316 奥氏体不锈钢的性质在表 6.20 给出。

表 6.20　固态 316 奥氏体不锈钢的性质

T(K)，ρ(kg/m³)，C_p(J/(kg·K))，λ(W/(m·K))，a(m²/s)，α(1/K)

T	ρ	C_p	λ	$a\times10^6$	$\alpha\times10^6$
300	7 954	502	14.0	3.5	18.6
400	7 909	516	15.5	3.8	18.9
500	7 864	529	17.1	4.1	19.2
600	7 817	542	18.7	4.4	19.4
700	7 770	556	20.2	4.7	19.7
800	7 722	569	21.8	5.0	20.0
900	7 674	583	23.4	5.2	20.3
1 000	7 624	596	25.0	5.5	20.6
1 100	7 574	609	26.5	5.7	20.9
1 200	7 523	623	28.1	6.0	21.2
1 300	7 471	636	29.7	6.2	21.6
1 400	7 418	650	31.2	6.5	21.9
1 500	7 365	663	32.8	6.7	22.2
1 600	7 311	676	34.4	7.0	22.6
1 700	7 256	690	35.9	7.2	22.9

6.3.2.3 随温度变化的液态316奥氏体不锈钢的性质

密度

$$\rho = 7\,433 + 0.039\,3T - 1.801 \times 10^{-4} T^2 \ \mathrm{kg/m^3} \tag{6.29}$$

比热容

$$C_p = 775\ \mathrm{J/(kg \cdot K)}$$

热导率[5]

$$\lambda = 12.41 + 0.003\,279T\ \mathrm{W/(m \cdot K)} \tag{6.30}$$

热扩散率由 $a=\lambda/C_p\rho$ 确定，单位 $10^{-6}\ \mathrm{m^2/s}$。

线胀系数

$$\alpha \times 10^6 = 18.64 + 3.917 \times 10^{-4} T + 2.833 \times 10^{-6} T^2\ 1/\mathrm{K} \tag{6.31}$$

黏度

$$\lg\mu = \frac{2\,385.2}{T} - 3.595\,8\ \mathrm{mPa \cdot s} \tag{6.32}$$

蒸气压力

$$\lg p = 11.118\,3 - \frac{18\,868}{T}\ \mathrm{Pa} \tag{6.33}$$

或者是

$$\lg p = 23.474\,96 - \frac{22\,027.61}{T} + 67.267\,8 \times 10^{-6} T - 1.435\,9 \ln T\ \mathrm{Pa} \tag{6.34}$$

其误差为±30%。

用关系式(6.29～6.34)算得的、在1 750～5 000 K温度范围内液态316奥氏体不锈钢的性质在表6.21给出。

表6.21 液态316奥氏体不锈钢的性质

T(K)，ρ(kg/m^3)，λ(W/(m·K))，a(m^2/s)，α(1/K)，μ(mPa·s)，p(Pa)

T	ρ	λ	$a\times10^6$	$\alpha\times10^6$	μ	p
1 750	6 950	18.1	3.4	1.86	5.9	2.2
2 000	6 790	19.0	3.6	1.87×10	4.0	4.8
2 250	6 610	19.8	3.9	1.97×10	2.9	5.4×10^2
2 500	6 410	20.6	4.2	5.94×10	2.3	3.7×10^3
2 750	6 180	21.4	4.5	9.52×10^2	1.9	1.8×10^4
3 000	5 930	22.2	4.8	1.29×10^4	1.6	6.7×10^4
3 250	5 660	23.1	5.3	1.2×10^5	1.4	2.1×10^5
3 500	5 360	23.9	5.8	8.1×10^5	1.2	5.3×10^5
3 750	5 050	24.7	6.3	4.2×10^6	1.1	1.2×10^6
4 000	4 710	25.5	7.0	1.8×10^7	1.0	2.5×10^6
4 250	4 350	26.3	7.8	6.5×10^7	0.92	4.8×10^6
4 500	3 960	27.2	8.8	2.0×10^8	0.86	8.4×10^6
4 750	3 560	28.0	10.1	5.6×10^8	0.81	1.4×10^7
5 000	3 130	28.8	11.9	1.4×10^9	0.76	2.2×10^7

6.4 镍基合金

这些合金有望用作超临界参数反应堆燃料元件的包壳，这种堆蒸气的压力为 23～25 MPa，温度达 600 ℃。它们也用作控制棒孔道。镍基合金的主要优点是高的高温强度，在辐照下高温强度下降。工作温度可达 800～850 ℃，而奥氏体钢只有 650～750 ℃。某些镍基合金的性质示于表 6.22[1-3]。这些合金的主要合金元素是 Cr、Al、Ti(见表 6.23)。

表 6.22 某些镍基合金的性质[1-3]

性　质	钢的牌号			
	X18H12	X20H80	XH77TЮ	X15H60M20B5
在 20～800 ℃范围内的线胀系数 $\alpha\times10^6$(1/K)	20	15.8	15.1	15.2
热导率，λ，(W/(m·K))				
当温度 100 ℃时	16.3	11.3	10.5	9.2
当温度 500 ℃时	21.0	19.3	17.6	18.0
当温度 700 ℃时	26.0	25.2	24.2	—
电阻率 $\rho_e\times10^6$(Ω·m)	70	126	135	140

表 6.23 镍基合金的成分[8,16]

合金牌号	元素含量/%									
	C	Ni	Cr	Ti	Al(Mn)	Fe	Mo	W	Ce	Nb	其他
X20H80(нихром)	≤0.15	77	20	—	≤0.2	基体	—	—	—	—	—
X15H60	≤0.15	58	16	—	≤0.2	基体	—	—	—	—	—
XH77TЮ	≤0.06	基体	21	2.5	0.75	≤1.0	—	—	≤0.01	—	—
XH77TЮP	≤0.07	基体	21	2.6	0.8	≤1.0	—	—	≤0.01	—	Be≤0.01
XH75BMФЮ	≤0.12	75	10	—	4.3	≤5.0	约 5.7	约 5.0	—	—	B-0.01～0.02 V 约为 0.7
XH70BMTЮ	≤0.12	其余	15	2.1	2	≤5.0	约 5	约 6	≤0.02		V 约为 0.3
XH80TБЮ	0.08	其余	16	2.1	0.8	≤3.0	—	—	—	约 1.25	—
XH82TЮMБ	0.10	其余	9	3	1.8	≤3.0	约 2.3	—	—	约 1.8	—
Hastalloy C	≤0.12	其余	16	—	—	6	约 1.6	约 4.5	—	—	—
Hastalloy X	≤0.15	45	22	—	—	20	9	0.6	—	—	—
Inconel 800	0.04	32	20.5	—	Mn-0.75	46	—	—	—		Si-0.35，Cu-0.30
Inconel 600	0.15	基体	17	—	Mn-1.0，Al-1	10	—	—	—		Si-0.5
Inconel X 750	0.08	基体	17	2.75	Mn-1.0，Al-0.8	9	—	—	—	1.2	Si-0.5
Inconel 718	0.10	55	21	1.15	Mn-0.35，Al-0.4	基体	3.3	—	—	5.5	Si-0.35
Inconel 625	0.10	基体	23	0.4	Mn-0.5	5	—	—	—	4.15	Si-0.5

6.5 难熔金属

这是指熔点在 2 400～3 400 ℃或更高的金属(V,Nb,Ta,Cr,Mo,W)。这些金属工作温度的极限值大约为 0.5t_{melt}(℃)。对核动力装置最有前景的是铌及其合金,因为其高温强度、腐蚀特性、核特性和工艺性质有有利的组合。它们可以用作液态金属(1 000～1 100 ℃的 Na、K、NaK 合金)核动力装置的燃料元件包壳、管子、泵零件和回路其他部件,还可用作水冷核动力装置的蒸气过热器[17]。铌钼合金的成分在表 6.24 给出。

表 6.24 铌钼合金的成分[1,9]

合金牌号	元素含量/%					
	Nb	Mo	Zr	W	C	Ti 或其他
BH-3	基体	4.6	1.4	—	0.12	—
BH-4	基体	6.0	0.72	—	0.1	0.03 Ce
D-43	基体	—	1.7	10	0.1	—
F-48	基体	5	1.0	10	0.1	—
BM-1	—	基体	0.08～0.25	≥0.6	≤0.01	小于 0.4 Ti
BM-2	—	基体	0.25～0.40	≥0.2	≤0.02	小于 0.2 Ti
TZM	—	基体	0.08	—	0.02	0.5 Ti
TZC	—	基体	0.15	—	0.15	1.25 Ti

BH-3,BH-4,BM-1,BM-2 ——用于温度 1 250～1 500 ℃(俄罗斯);
D-43,F-48,TZM,TZC ——用于温度 1 000～1 300 ℃(美国)。

几种难熔金属的基本物理性质示于表 6.25[5,16]。

表 6.25 几种难熔金属的基本物理性质[5,16]

性　质	材料					
	钒 V	铌 Nb	钽 Ta	铬 Cr	钼 Mo	钨 W
原子序数	23	41	73	24	42	74
相对原子质量	50.942	92.906	180.95	51.996	95.94	183.85
原子体积,cm^3/mol	8.35	10.83	10.88	7.23	9.42	9.54
核密度,$10^{22}/cm^3$	0.722	0.555	0.552	0.833	0.641	0.632
宏观中子俘获截面,10^{-24} cm^2						
热中子	4.98	1.1	21.3	2.9	2.5	19.2
快中子(65 keV)	0.03	0.135	0.44	0.003 5	0.069	0.19
熔点,℃	1 890	2 477	3 017	1 907	2 623	3 422
密度,kg/m^3	6 110	8 570	16 400	7 150	10 220	19 300
比热容,J/(kg·K)	0.422	0.265	0.140	0.450	0.250	0.132
热导率,W/(m·K)	33	54	57～63	67～94	138	170
线胀系数,10^{-6} 1/K	8.3	7.3	6.3	4.9～7.5	4.8～5.2	4.3～4.6
电阻率,10^{-8} Ω·m	18.2～22	12.5～16	12.5～15	12.9～15	5～5.7	4.9～5.65

6.6 屏蔽材料

在辐射源周围放上用吸收辐射材料组成的壁或夹层，用来屏蔽辐射。存在三种形式的辐射：1）重电离粒子（α 粒子、质子、裂变碎片）；2）β 粒子（带正电荷或负电荷）；3）γ 粒子和中子。

防护前两种辐射不成问题，因为 α、β 粒子的自由行程长度不长。但是，β 粒子被吸收时会给出二次（韧致）辐射，其形式是 0.5 MeV 的 γ 量子和 X 射线。屏蔽材料应该具有高的慢化能力（即包含轻元素），要有大的中子吸收截面、对 γ 量子大的散射截面和吸收截面。带小相对原子质量和重金属的物质的混合物具有对 γ 和中子辐射最佳的屏蔽性质。它们保证有效慢化和吸收辐射。但是这种屏蔽经济性较差，只有在研究反应堆和其他反应堆中采用[8~15]。

最广泛应用的屏蔽材料是水、混凝土和重元素。混凝土屏蔽比其他屏蔽材料便宜得多，它是小相对原子质量和中等相对原子质量元素的混合物。人们认为，最经济的是采用普通混凝土——沙子、砾石、硅酸盐水泥和水的混合物。用添加剂（例如，硫酸钡、褐铁矿、碎铁等）以增加必要的性质。混凝土中含的水有 3 种形式：1）与其他化合物的结合状态；2）吸附在水泥膏的表面上；3）混凝土微孔中的水分。

添加下列强吸收中子物质将改善混凝土的屏蔽特性：含硼化合物——B_4C、$2CaO\cdot3B_2O_3\cdot H_2O$，褐铁矿——$2Fe_2O_3\cdot3H_2O$，以及高密度材料。

含约 10% 水的普通混凝土的密度大约为 2 450 kg/m^3，比热容——840 J/(kg·K)，热导率约为(1.2～1.5) W/(m·K)，热扩散率(0.5～1.5)$\times10^{-6}$ m^2/s。

混凝土有两种功能——作为建筑材料和作为辐射屏蔽材料。混凝土工艺是一项专门的工程领域。用不同成分组成的混凝土可以把考虑必要要求的材料组成结合起来。核电厂用的许多屏蔽混凝土的基本性质在表 6.26 中给出[14-15]。

表 6.26　核电厂用的屏蔽混凝土的性质(质量分数%)[14-15]

混凝土名称	水泥	填料		添加剂	密度 ρ/(kg/m^3)	弛豫长度/cm		中子消除截面 Σ/cm^{-1}	极限工作温度/℃
		小块	大块			中子	γ 辐射		
重混凝土	7.5(M-500)	钢砂 37.5	碎金属 52.5	水 2.5	6 000	8.1	8.7	0.15	350
蛇纹石混凝土	15.8(M-400)	蛇纹石 29.7	蛇纹石 45.6	水 8.9	2 300	9.9	15.2	0.09	300～400
铁-蛇纹石混凝土	11.8(M-400)	金属 50.8	蛇纹石 29.6	水 6.6 B_4C 1.5	3 550	8.4	9.3	0.108	400～450

水由于有大的氢核密度，因而具有良好的屏蔽性质。氢可以以水、石蜡、聚乙烯、塑料、金属氢化物等形式参与屏蔽。混凝土含有以化合水和自由水形式的大量氢。

石蜡是良好的中子屏蔽材料。它无味、无毒，与酸、碱、油和大多数溶液都不起作用。但是它辐照稳定性低，有火灾危险。当 104～116 ℃时，石蜡变软，因此它在温度 100℃以下应用。

中子屏蔽还采用含硼材料，如碳化硼、硼钢、碳化硼铝——(10%～50%)碳化硼与铝粉的混合物，用铝片包覆并在热态下轧制。

在许多反应堆内，采用氢化锂、碳化硼或碳化硼与铝混合物作为中子屏蔽材料。氢化锂在高温下不稳定，当约 700 ℃时，它熔解、分离成氢和锂[9]。

为了减弱对中子屏蔽的 γ 辐射，添加由铅、钼、钨、铀等材料的层。

第 6 章参考文献

第 6.1、6.2 节参考文献

[1] Зиновьев, В. Е. Теплофизические свойства металлов при высоких температурах: Справочник. -М.: Металлургия, 1989.

[2] Транспортные свойства металлических и шлаковых расплавов: Справочник/Под ред. акад. Н. А. Ватолина. -М.: Металлургия, 1995.

[3] Теплоэнергетика и теплотехника: Справочник/Изд. 3-е; под ред. А. В. Клименко и В. М. Зорина. -М.: Издательство МЭИ, 2001. -Т. 1.

[4] Уолтер, А., Рейнольдс, А. Реакторы-размножители на быстрых нейтронах: Пер. с англ. -М.: Энергоатомиздат. 1986.

[5] Morita, K., Fisher, E. A., Thurnay, K. Thermodynamic properties and EOS for fast reactor safety analysis. Pt. Ⅱ Properties of fast reactor materials//Nuclear Engineering and Design. -1998. -Vol. 183. -P. 193-211.

[6] Уббелоде, А. Р. Расплавленное состояние вещества: Пер. с англ. /Под ред Ю. Н. Тарана. -М.: Металлургия, 1982.

[7] Фортов, В. Е. Дремин, А. Н., Леонтьев, А. А. Оценка параметров критической точки//Теплофизика высоких температур. -1975. -Т. 13. -№ 5. -С. 1072-1080.

[8] Ниженко, В. И., Флока, Л. И. Поверхностное натяжение жидких металлов и сплавов: Справочник. -М.: Металлургия, 1981.

[9] Арсентьев, П. П., Коледов, Л. А. Металлические расплавы и их свойства. -М.: Металлургия, 1976.

[10] Теплопроводность твёрдых тел: Справочник/Под ред. А. С. Охотина. -М.: Энергоатомиздат, 1984.

[11] Смитлз, К. Дж. Металлы: Справочник/Сокр. пер. с англ. 5-го изд.; под ред. С. Г. Глазунова. -М.: Металлургия, 1980.

[12] Система маркировки сталей в России и других странах СНГ: На сайте "Интернет" http://www.metaldata/info/

[13] Румянцев, В. Н., Попов, В. В., Троянов, В. М., Ефанов, А. Д. Определение теплофизических и физических параметров//Проблемы удержания активной зоны в корпусе реактора: сб. тезисов. -Обнинск: ГНЦ РФ ФЭИ, 1994. -С. 74-75.

[14] Properties of Metals: На сайте "Интернет" http://www.efunda.com/materials/

[15] Лариков, Л. Н., Юрченко, Ю. Ф. Тепловые свойства металлов и сплавов. -Киев: Наукова Думка, 1985.

[16] Доллежаль, Н. А., Емельянов, И. Я. Канальный ядерный энергетический реактор. -М.: Атомиздат, 1980.

[17] Самойлов, А. Г. Тепловыделяющие элементы ядерных реакторов. -М.: Энергоатомиздат. 1985.

[18] Громова, А. И., Герасимов, В. В. и др. Коррозионное и электрохимическое поведение циркониевого сплава с 2,5% Nb в воде и паре при высокой температуре//Атомная энергия. -1970. -Т. 29. -№ 5. -С. 364-365.

[19] Properties of Metals: The Online Materials Database. -На сайте "Интернет" http://www.matweb.com/

[20] Enthalpy and Heat Capacity of Solid Zirconium. Preliminary Recommendation: На сайте "Интернет" http://www.insc.anl.gov/matprop/zirconium/

[21] Коробенко, В. Н. , Савватимский, А. И. Температурная зависимость плотности и электро-сопротивления жидкого циркония до 4100 К//Теплофизика высоких температур. -2001. -Т. 39. -№ 4. -С. 566-572.

[22] Коробенко, В. Н. , Савватимский, А. И. Удельная теплоемкость жидкого циркония до 4100 К//Теплофизика высоких температур. -2001. -Т. 39. -№ 5. -С. 712-719.

[23] Коробенко, В. Н. , Савватимский, А. И. свойства жидкого циркония до 4100 К//Журнал физической химии. -2003. -Т. 77. -№ 10. -С. 1742-1747.

[24] Постовалов, В. Г. , Романов, Е. П. , Кондратьев, В. П. , Кононенко, В. И. Теория переноса в жидких металлах. Расчёт динамической вязкости//Теплофизика высоких температур. -2003. -Т. 41. -№ 6. -С. 860-869.

[25] Пелецкий, В. Е. , Грищук, А. П. , Мусаева, З. А. Экспериментальное исследование переносных свойства циркония//Теплофизика высоких температур. -1992. -Т. 30. -№ 6. -С. 1090-1093.

[26] Liusternik, V. U. , Peletsky, V. E. , Petrova, I. I. //High Temperature-High press. -1993. -Vol. 25. -P. 539-543.

[27] Люстерник, В. У. , Пелецкий, В. Е. , Петрова, И. И. Экспериментальное исследование калориметрических свойства реакторных материалов на основе циркониевого сплава Е-110//Теплофизика высоких температур. -1993. -Т. 31. -№ 4. -С. 560-564.

[28] Коростин, О. С. , Никулина. А. В. и др. Экспериментальные исследования свойств сплава Zr-1% Nb//Теплофизика высоких температур. -1998. -Т. 36. -№ 2. -С. 223-236.

[29] Прасолов, П. Е. , Шестак, В. Е. и др. Анизотропия констант деформации и коэффициентов термического расширения смесей Zr-1%Nb и Zr-2. 5%Nb//Атомная энергия. -1990. -Т. 68. -№ 2. -С. 98-101.

[30] Петрова, И. И. , Пелецкий, В. Е. Спектральное ($\lambda = 0.65\mu m$) излучение при температуре солидуса сплава Zr-1%Nb//Теплофизика высоких температур. -1995. -Т. 33. -№ 5. -С. 710-714.

[31] Thermophysical Properties of Materials for Water Cooled Reactors: Report IAEA TEC-DOC-949. -Vienna: International Atomic Energy Agency, 1997.

[32] Урсу, И. Физика и технология ядерных материалов. -М. : Энергоатомиздат, 1998.

[33] Конструкционные материалы ядерных реакторов/Под ред. Н. М. Бескоровайного; в 2 ч. -М. : Атомиздат, 1997.

[34] Займовский, А. Е. , Никулина, А. В. , Решетников, Н. Г. Циркониевые сплавы в ядерной энергетике. -М. : Энергоатомиздат, 1994.

[35] Справочник по ядерной технологии: Пер. с англ. /Под ред. В. А. Легасова. -М. : Энергоатомиздат, 1989.

[36] Emsley, J. The Elements (Oxford Chemistry Guides). -Oxford University Press, USA, 1989. [рус. пер. -М. : Мир, 1993].

[37] Пелецкий, В. Э. , Петрова, И. И. , Самсонов Б. Н. , Никулина, А. В. Экспериментальное исследование теплофизических свойств сплава Э635 при высоких температрах. //Теплофизические аспекты безопасности ВВЭР: труды международной конференции/Под ред. А. Д. Ефанова. -Обнинск. : ГНЦ РФ-ФЭИ, 1994. -Т. 2. -С. 162-170.

[38] Кобылянский, Г. П. , Новоселов, А. Е. Радиационная стойкость циркония и сплавов на его основе: Справочные материалы по радиационному материаловедению/Под ред. В. А. Цыканова. -Димитровград. : ГНЦ РФ-НИИАР, 1996. -176С.

第 6.3 节参考文献

[1] Машиностроение. Энциклопедия в 40 т. -М. : Машиностроение, 1999. -Т. 1-2.

[2] Конструкционные материалы: Справочник/Под ред. Б. Н. Арзамасова, В. А. Бростремa, Н. А. Буше и

др. -М. : Машиностроение, 1990.

[3] Марочник сталей и сплавов/В. Г. Сорокин, А. В. Волосникова, С. А. Вяткин и др. ; под общ. ред. В. Г. Сорокина. -М. : Машиностроение, 1990.

[4] Островский, О. И. , Григорян, В. А. , Вишкарев, А. Ф. Свойства металлических расплавов. -М. : Металлургия, 1988.

[5] Уолтер, А. , Рейнольдс, А. Реакторы-размножители на быстрых нейтронах: Пер. с англ. -М. : Энергоатомиздат, 1986.

[6] Morita, K. , Fisher, E. A. , Thurnay, K. Thermodynamic Properties and EOS for Fast Reactor Safety Analysis. Pt. Ⅱ. Properties of Fast Reactor Materials//Nuclear Engineering and Design. -1998. -Vol. 183-P. 193-211.

[7] Самойлов, А. Г. Тепловыделяющие элементы ядерных реакторов. -М. : Энергоатомиздат, 1985.

[8] Ульянин, Е. А. Коррозионные стали и сплавы: Справочник. -М. : Металлургия, 1980.

[9] Конструкционные материалы ядерных реакторов/Под ред. Н. М. Бескоровайного; в 2 ч. -М. : Атомиздат, 1977.

[10] Транспортные свойства металлических и шлаковых расплавов: Справочник/Под ред. акад. Н. А. Ватолина. -М. : Металлургия, 1995.

[11] Румянцев, В. Н. , Попов, В. В. , Троянов, В. М. , Ефанов, А. Д. Определение теплофизических и физических параметров//Проблемы удержания активной зоны в корпусе реактора: сб. тезисов. -Обнинск: ГНЦ РФ-ФЭИ, 1994. -С. 74-75.

[12] Рощупкин, В. В. , Фордеева, Л. К. Удельная энтальпия и теплоемкость сталей 22К, 08Х18Н10Т, 15Х2НМФА, 10ГН2МФА//Теплофизика высоких температур. -1998. -Т. 26. -№ 5. -С. 1016-1020.

[13] Рощупкин, В. В. , Чернов А. И. и др. Экспериментальное исследование теплоемкости и энтальпин сталей аустенитного класса 12Х18Н9Т и 12Х18Н10Т в интервале температур 300-1678 К//Теплофизика высоких температур. -2001. -Т. 39. -№ 3. -С. 450-459.

[14] Чеховской, В. Я. , Тарасов, В. Д. , Арсеев, И. В. Экспериментальное исследование коэффициента температуропроводности конструкционных сталей в диапазоне температур 700-1450 К//Теплофизика высоких температур. -1988. -Т. 26. -№ 2. -С. 396-397; ibid. -Т. 26. -№ 5. -С. 1016-1020.

[15] Проектирование теплообменных аппаратов АЭС/Ф. М. Митенков и др. -М. : Энергоатомиздат, 1988.

[16] Тепловые и атомные электрические станции: Справочник/под ред. А. В. Клименко и В. М. Зорина. -М. : Издательство МЭИ, 2003. -Т. 3.

第 6.4、6.5、6.6 节参考文献

[1] Конструкционные материалы ядерных реакторов/Под ред. Н. М. Бескоровайного; в 2 ч. -М. : Атомиздат, 1977.

[2] Самойлов, А. Г. , Каштанов, А. И. , Волков, В. С. Дисперсионные твэлы: в 2 т. /Т. 1: Материалы и технология-М. : Энергоиздат, 1982.

[3] Энциклопедия современной техники. Конструкционные материалы/Под ред. А. Т. Туманова. -М. : Сов. Энциклопедия, 1964. -Т. 2.

[4] Машиностроение. Энциклопедия в 40 томах. -М. : Машиностроение, 1999. -Т. 1-2.

[5] Зиновьев, В. Е. Теплофизические свойства металлов при высоких температурах: Справочник. -М. : Металлургия, 1989.

[6] Ершов, Г. С. , Черняков, В. А. Строение и свойства жидких и твердых металлов. -М. : Металлургия, 1978.

[7] Высокотемпературные неорганические соединения: Сборник/под ред. Г. В. Самсонова. -Киев: Наукова Думка. 1965.

[8] Справочник по ядерной энерготехнологии: Пер. с англ. /Под ред. В. А. Легасова. -М. : Энергоатомиздат. 1989.

[9] Основы теории, конструкции и эксплуатации космических ЯЭУ. /А. А. Куландин, С. В. Тимашов, В. Д. Атаманов и др. -Л. : Энергоатомиздат. 1987.

[10] Уолтер, А., Рейиольдс, А. Реакторы-размножители на быстрых нейтронах: Пер. с англ. -М. : Энергоатомиздат. 1986.

[11] Радиационная защита на АЭС/Под ред. А. П. Суворова, С. Г. Цыпина. -М. : Атомиздат. 1978.

[12] Биологическая защита ядерных реакторов: Пер. с англ. -М. : Атомиздат. 1965.

[13] Комаровский, А. Н. Строительство ядерных установок. -М. : Атомиздат. 1965.

[14] Бродер, Д. Л., Зайцев, Л. Н., Комочков, М. М. Бетоны в защите ядерных установок. -М. : Атомиздат. 1966.

[15] Егер, Т. Бетоны в технике защиты от излучений: Пер. с нем. -М. : Госатомиздат. 1960.

[16] Тепловые и атомные электрические станции: Справочник/Под ред. А. В. Клименко и В. М. Зорина. -М. : Издательство МЭИ, 2003. -Т. 3.

[17] Материаловедение жидкометаллических систем термоядерных реакторов/Грязнов Г. М. и др. -М. : Энергоатомиздат, 1989.

附录 A　一些量的单位换算表

长度	1 英寸(in)=0.025 4 m，1 英尺(ft)=0.304 8 m，1 码(yd)= 0.914 4 m
	1 英里(法定)=1.609 km，1 海里=1.852 km
面积	1 in^2=6.451 6×10^{-4} m^2，1 ft^2=9.290 3×10^{-2} m^2
体积	1 桶=0.159 m^3，1 加仑(英制)=4.546×10^{-3} m^3
	1 加仑(美制)=3.785×10^{-3} m^3
	1 in^3=1.638 7×10^{-5} m^3，1 ft^3=2.832×10^{-2} m^3
时间	1 年=3.155 7×10^7 s，1 天=86 400 s
温度	兰氏度 1°R=0.556 K，华氏度 1°F=1.25 K，摄氏度 1℃=1 K
速度	11 英里/小时=1.609 km/h
质量	1 原子质量单位(u)=1.660 56×10^{-27} kg，1 磅(lb) =0.453 6 kg
密度	1 g/ft^3=3.53×10^{-2} kg/m^3，1 lb/ft^3=16.02 kg/m^3
力	1 达因=10^{-5} N，1 千克力(kgf)=9.806 65 N
	1 磅力(lbf)=4.448 N
压力	1 at=9.806 65×10^4 Pa，1 bar=10^5 Pa，1 kgf/m^2=9.806 65 Pa
	1 mmH_2O=9.806 65 Pa，1 mmHg=133.3 Pa
功，能	1 Wh=3 600 J，1 kWh=3.6×10^6 J，1 hp·h=2.648×10^6 J
	1 lb·ft=1.355 8 J，1 erg=10^{-7} J，1 kgf·m=9.806 65 J
	1 kcal=4 186.8 J，1 Btu=1.055 06 kJ
功率	1 cal/s=4.186 8 W，1 kgf·m/s=9.806 65 W，1 hp=734.499 W
	1 kcal/h=1.163 W，1 kW=860 kcal/h
热流密度	1 kcal/(m^2·h)=1.162 8 W/m^2，1 Btu/(ft^2·h)=3.153 4 W/m^2
热导率	1 kcal/(h·m·K)=1.163 W/(m·K)，1 Btu/(s·ft·F) =6.23(10^3 W/(m·K)
动力黏度	1 泊(P)=0.1 Pa·s，1 kgf·s/m^2=9.806 7 Pa·s
运动黏度	1 斯[托克斯](St)=10^{-4} m^2/s

附录 B　BBЭP 反应堆的基本特性

核动力装置技术特性	测量单位	BBЭP-440 俄罗斯	BBЭP-1 000 (B-392) Гидропресс 俄罗斯	BПБP-600 OKБM 俄罗斯	EPR 法国，德国	KNGR 韩国	ABB CENP (系统 80+) 美国
核动力装置净输出功率	MW(电)	408	1 000	630	1 750	1 300	1 350
反应堆输出热功率	MW	1 375	3 000	1 800	4 900	4 000	3 914
净效率	%	29.7	30.7	35	35.7	32.5	34.5
反应堆冷却系统							
冷却环路数		6	4	4	4	2	2
包括稳压器在内的一回路容积	m^3	—	—	—	380+75	448.40	454.7
一回路冷却剂流量	kg/s	8 290	18 040	10 140	22 240	20 891	20 800
反应堆工作压力	MPa	12.5	15.7	15.70	15.50	15.50	15.5
反应堆压力回路冷却剂进口/出口温度	℃	269/300	293.9/323.3	294.8/325	292.5/330	291.1/323.9	291/323.9
燃料元件束内冷却剂最高速度	m/s	4.6	6.5	—	—	—	—
反应堆堆芯							
堆芯高度	m	2.5	3.53	3.53	4.2	3.81	3.81
堆芯等效直径	m	2.88	3.16	3.04	3.80	3.65	3.658
堆芯内热交换面积	m^2	3 150	4 957	4 465	7 975.0	6 359.0	6 590.0
平均线功率	kW/m	—	16.67	10.8	17.86	18.14	18.1
平均燃料功率密度	kW/kgU	—	45.81	32.9	—	—	34
平均体积功率密度	kW/L	84	107.5	69.4	103.0	98.4	95.5
热流密度 F_q	kW/m^2	—	605.2	403.10	598.00	2.35	602.00
燃料组件							
燃料组件数量		349	163	151	241	241	241
装载燃料的质量和类型	t	42 UO_2	80 烧结 UO_2	— 烧结 UO_2	124 烧结 UO_2	— 烧结 UO_2	烧结 UO_2 或 PuO_2
堆芯初装料富集度(分区)	重量%	—	1.6/3/4.4	1.0/3.6/ 4.0/4.4	≤5.0	1.8/2.9/3.7	1.9/2.8/3.3
平衡堆芯内添装燃料的富集度	重量%	3.3	4.4	4.0/4.4		4.7	

续表

核动力装置技术特性	测量单位	BBЭP-440 俄罗斯	BBЭP-1 000 (B-392) Гидропресс 俄罗斯	BПБР-600 OKБM 俄罗斯	EPR 法国,德国	KNGR 韩国	ABB CENP (系统 80+) 美国
燃料组件							
工作循环期间(换料周期)	月		12	18～24	18	18	18～24
平均燃耗	MWd/t	28 600	43 000	52 000	65 000	60 000	31 700
燃料组件类型		六角形 有套管	六角形 无套管	三角形	正方形 17×17	正方形 16×16	正方形 16×16
燃料组件总长度	mm	—	4 670	4 800	4 800.0	4 127.5	4 350
燃料组件总重量	kg	—	—	—		662.7	662.7
燃料元件活性段长度	mm	—	3 530	3 530	4 200	3 810	3 810
燃料组件内燃料元件数量		126	311	287	264	236	236
控制棒导管数量		—	18/1	18	25	12 或 4 每个燃料组件	5
控制棒数量			121	139	89	93	93
定位栅格数量					9	11	11
燃料元件包壳材料		Zr+1%Nb	Zr 合金	Zr-4	Zr-4	Zr-4	Zr-4
燃料元件包壳厚度	mm	0.60	0.61	0.65	0.625	0.635	0.635
燃料元件外径	mm	9.1	9.1	9.1	9.5	9.7	9.7
吸收棒数量		—	18	18	24	4 或 12	4 或 12
反应堆压力容器							
内径	mm	3 560	4 070	5 440	4 870	4 630	4 630
壁厚	mm	140	190	265	250+7.5	230	229
总高度	mm	—	19 100	23 960	13 105	15 280	15 280
容器质量	t	500	850	—	—	—	—
设计压力/温度	MPa/℃	—	17.65/350	18/350	17.6/351	17.2/343.3	17.2/343.3
圆柱形外壳材料		—	15X2 NMFA	15X2 MПA 钢	16MND5/20MnMoNi55	2 级和 3 级 SA508 低碳钢	SA509 低碳钢
输运重量(容器下部)	t	—	417	880	405	—	508
输运重量(容器顶盖)	t	—	—	—	115.5	—	81.2
蒸气发生器							
类型		卧式 U 形管	卧式 U 形管	立式 直通	U 形管 热交换器	立式 U 形的	立式,带组合水分分离器和节热器的 U 形管
数量		—	4	12 组中之一	4	2	2

续表

核动力装置技术特性	测量单位	ВВЭР-440 俄罗斯	ВВЭР-1 000 (В-392) Гидропресс 俄罗斯	ВПБР-600 ОКБМ 俄罗斯	EPR 法国，德国	KNGR 韩国	ABB CENP (系统 80+) 美国
蒸气发生器							
热交换表面积	m^2	2 510	5 130	13 930	8 171	—	14 460
换热管数量		—	9 157	66 400	5 980	12 580	12 580
管子尺寸(外径/厚度)	mm	—	16/1.5	13.1/1.5	19/	19.05/1.07	/1.07
正常工况下的蒸气流量	kg/s	829	1 633	950	2 276	1 079	2 200
蒸气温度/压力	℃/MPa	—	/6.27	305/6.38	289/7.36	285/6.9	285/6.9
给水温度/压力	℃/MPa	—	220/	230/	230/7.36	232.2/	232/7.2
最大外径	mm	—	4 300	—	—	6 172	5 890
总高度	mm	—	9 500	3 800	—	22 987	23 000
蒸气发生器管子材料		—	0KHI8N10T	钛合金	Incoloy800 或 Incoloy690	Incoloy690	SB 163 NiCrFe 合金
安全壳							
外壳类型和材料			干式，双层安全壳：钢/钢筋混凝土	干式，单层	预应力混凝土	预应力钢筋混凝土	干式，双层安全壳：钢球和钢筋混凝土外壳
总的形状(球形/圆柱形)		—	圆柱形	纯混凝土内的圆柱形	圆柱形	圆柱形	球形
尺寸(直径/高度)	m	—	53/61.6	40/36.51	1/	45.7/70	61
自由容积	m^3	—	7 500	60 000	80 000	91 180	96 300
设计压力/温度(在设计事故水平下)	kPa/℃		500/	200/	4	480/	365/143.3
设计泄漏速率	容积%/d		0.3	0.3	<1		<0.5
汽轮发电机							
一个反应堆的汽轮机数量		2	1	1	1	1	1
汽轮机类型		—	—	凝汽式 K-600-5.9/500		6 级连续串联	联合串联
每个机组的缸数(例如 HP/LP/LP) HP——高压缸，LP——低压缸				1HP/2LP	1HP/3LP	1HP/3LP	1HP/3LP
汽轮机转速	rpm	—	—	3 000	1 500	1 800	1 800
高压缸进口压力/温度	MPa/℃	4.41	6.0	—	—	6.9/285	7.2/287.8

本表根据国际原子能机构的下列报告编制：

Review of Design Approaches of Advanced Pressurized LWRs: Report IAEA-TECHDOC-861,-Vienna: IAEA,1996.

Status of Advanced Light Water Reactor Designs: Report IAEA-TECHDOC-1391,-Vienna: IAEA, 2004.-779P.

附录C　液态金属冷却剂(除了 БРЕСТ-ОД-300 反应堆中用铅以外，所有反应堆都用钠)的快中子反应堆的基本特性

特　　性	单位	实验堆			示范堆				商用堆			
		БР-10	БОР-60	CEFR	БН-350	БН-600	Monju	БРЕСТ	БН-800	БН-1 600	SPX-1	EFR
一般特性												
热功率	MW	8	50	65.5	750	1 470	714	700	2 100	4 200	2 990.0	3 600
电功率	MW_e	8	12	23.4	130	600	280	300	800	1 600	1 242	1 580
一回路类型		回路型	回路型	池型	回路型	池型	回路型	池型	池型	池型	池型	池型
中间热交换器进口一回路冷却剂温度	℃	470	545	514	430	550	529	540	544	550	542	545
蒸气发生器进口二回路冷却剂温度	℃	380	480	495	415	520	505	420	505	515	521	525
正常工况下新蒸气的温度/压力	℃/MPa	—	430/8	480/10	410/4.5	500/13.2	483/12.5	520/25.5	490/13.7	495/13.7	487/17.7	490/18.5
堆芯												
外堆芯等效直径	mm	206	460	605.8	1 580	2 050	1 800	2 232	2 560	4 450	3 700	4 051
增殖区高度	mm	400	450	500	1 000	1 030	930	1 100	880	780	1 000	1 000
燃料		UN	PUO_2-UO_2	PUO_2-UO_2	UO_2	UO_2	PUO_2-UO_2	UN-PuN	PUO_2-UO_2			
内/外堆芯富集度	%	90/	45～75/	49/	17 UO_2/16 UO_2	17 UO_2/16 UO_2	16/21	—	19.5/24.7	18.2/21.1	16/19.7	18.3/26.9
堆芯内燃料质量 U235/Pu239	kg	113	95/53	97.6/93.2	1 220/75	2 020/110	13.5/870	—	30/1 870	80/5 400	142/4 054	81

续表

特　　性	单位	实验堆			示范堆				商用堆			
		БР-10	БОР-60	CEFR	БН-350	БН-600	Monju	БРЕСТ	БН-800	БН-1 600	SPX-1	EFR
堆芯												
钚总装量	kg	—	58	121.6	77	112	1 400	2 080	2 710	7 900	5 780	8 808
堆芯体积份额 燃料 钠 钢		 0.445 0.287 0.218	 0.48 0.29 0.23	 0.381 0.397 0.207	 0.380 0.33 0.22	 0.375 0.34 0.215	 0.335 0.400 0.245	—	 0.340 0.390 0.220	 0.415 0.306 0.229	 0.37 0.34 0.24	 0.361 0.329 0.235
体积释热率，最大 平均	kW/L 燃料	2 182 1 588	1 940 1 615	1 867 1 132	1 195 1 155	1 587 940	—	—	1 796 1 152	1 130 670	1 250 785	1 100 670
燃耗，最大 平均	MWd/t	62 300 45 500	260 000	62 300 45 500	97 000 58 000	97 000 60 000	—	12% 6.6%～8.8%	—	—	80 000 50 000	—
中子注量率，最大 平均	$\times 10^{15}$ n/(cm^2·s)	0.86 0.63	3.5 2.5	2.97 1.76	5.4 3.5	6.5 4.3	6.0 3.6	—	8.8 5.6	5.5 —	6.1 3.6	5.3 3.5
燃料组件												
燃料组件数量，内区 外区	个	86～90 0	96～100 0	82 0	61 113	136 139	108 90	137 —	211 198	258 216	193 171	207 72
燃料组件内燃料元件数量	个	7	37	61	127	127	217	160	127	331	271	331
燃料元件外径 厚度	mm	8.4 0.4	4.42 0.305	6.00 0.40	6.9 0.4	6.9 0.4	6.5 0.47	9.6 —	6.6 0.4	8.8 0.55	8.5 0.56	8.2 0.52
燃料元件长度	mm	615	1 100	1 622	2 445	2 445	2 800	—	2 410	2 500	2 700	2 645
燃料元件包壳材料，钢类型		Cr16Ni1 5Mo3Nb	Cr16Ni1 5Mo3Nb	316Ti (20%CW)	Cr16Ni15 Mo2Mn TiSi(CW)	Cr16Ni15 Mo2Mn TiSi(CW)	316 钢	不锈钢	Cr16Ni15 Mo2Mn TiSi(CW)	Cr16Ni15 Mo2Mn TiSi(CW)	Cr17Ni13 Mo2.5Mn 1.5 TiSi	AlM1 或 PE16
堆芯内燃料元件最大线功率	kW/m	44	44	43	40	47	36	—	48	48.7	48	52
燃料元件包壳最高温度	℃	565	710	620	600	695	675	—	693	675	620	635
在工作温度和最大燃耗下燃料元件内气体压力	MPa	5.0	4.0	3.46	4.4	5.0	6.9	—	5.0	—	4.0	6.2

附录C 液态金属冷却剂(除了 БРЕСТ-ОД-300 反应堆中用铅以外,所有反应堆都用钠)的快中子反应堆的基本特性

安全棒/控制棒数量	个	2/2(Ni)	3/2	2/2	3/2	6/2	6/3	达到 40	12/2	12/2	24/21	— 5+12
传热系统												
环路数量 一回路 二回路	个	2 2	2 2	2 2	6 6	3 3	3 3	4 —	3 3	3 6	4 4	3 6
冷却剂装量 一回路 二回路	t	1.7 5	16 25	260 48.2	470 450	770 830	760 760	$740m^3$ Pb	820 1 025	2 600 2 700	3 200 1 500	2 200 1 300
冷却剂总流量 一回路 二回路	kg/s	48 50	270 220	396 274	3 950 4 400	6 600 6 090	4 250 3 090	$3.8\ m^3/s$	8 600 8 400	19 500 17 800	15 700 13 100	19 300 15 300
堆芯内冷却剂最高速度	m/s	4.0	8.0	5.0	7.4	8.0	6.9	1.7	7.3	5.7	7.7	7.8
一回路冷却剂温度,热环路 冷环路	℃	470 350	545 330	514 360	430 280	535 365	529 397	540 —	547 354	550 397	545 395	545 395
二回路冷却剂温度,热环路 冷环路	℃	380 270	480 210	495 310	415 260	510 315	505 325	—	505 309	515 345	525 345	525 345
蒸气发生器出口新蒸气温度 进口水温	℃	—	430 200	480 190	410 158	505 240	487 240	520 340	490 217	495 240	490 237	490 240
二回路蒸气发生器模块数量 蒸发器 过热器 预热器	个	—	1 1 0	1 1 0	2 2 0	8 8 8	1 1 0	—	10 10 0	2 — 0	1 — 0	1 — 0

续表

特 性	单位	实验堆			示范堆				商用堆			
		БР-10	БОР-60	CEFR	БН-350	БН-600	Monju	БРЕСТ	БН-800	БН-1 600	SPX-1	EFR
传热系统												
蒸气发生器冷却剂(钠)温度 蒸发器进口/出口 过热器进口/出口 预热器进口/出口	℃	—	— 300/450 —	—/463 310/495 463/—	391/260 417/319	449/328 518/449 518/449	469/325 505/469	—	451/309 505/451	—/345 —/515	345/ —/525	345/ —/525
过热器出口蒸气压力	MPa		8.8	10.0	4.9	13.7	12.5	—	13.7	13.7	18.4	18.5
蒸发器/过热器管子材料			2.25Cr-1Mo 和不锈钢	9Cr1Mo/9Cr1Mo	2.25Cr-1Mo/2.25Cr-1Mo	2.25Cr-1Mo/Cr18Ni19	2.25Cr-1Mo/奥氏体钢	10X9HCМФБ		2.25Cr-1Mo/	Ni33Cr21TiAlMn/	9Cr1MoVNB/9Cr1MoVNB
反应堆容器												
内径	mm	338	1 400	8 800	6 000	12 860	7 100	—	12 900	17 000	21 000	17 200
壁厚	mm	7	20	50	50	30	50	—	30	25	60	35
总高度	mm	4 500	6 200	8 340	11 900	12 600	17 800	—	14 000	14 000	17 300	15 900
安全壳												
外壳的型式和材料			混凝土方形建筑	混凝土和钢								
自由容积	m^3	—	—	17 000	—	—	130 000	—	—	—	6 500	136 000
设计压力	MPa	—	—	0.1	—	—	0.03	—	—	—	0.3	0.05

本表根据下列文献制定：

Fast reactor Datebase:Report IAEA-TECHDOC-866.-Vienna:IAEA,1996.

Белая книга ядерной энергетики / Под ред. Проф. О. Е. Адамова; Минатом России.-М.: Изд-во ГУП НИКИЭТ2001.

Adamov,E. O. et al. Conceptual Design of Brest-300 Lead-Cooled Fast Reactor // Proc. of ARS'94 Topical Meeting; 17-21 April 1994. Pittsberg. USA.-ANS,1994.-Vol. 1.-P. 509-515.

Fast Reactor Datebase: 2006 Update // Report IAEA-TECHDOC-1531.-Vienna:IAEA,2006.

附录D　PБMK型反应堆基本特性

特　　性	单位	PБMK-1 000	PБMK-1500
电功率	MW	2×500	2×750
反应堆热功率	MW	3 200	4 800
(净)效率		31.3	31.3
反应堆冷却系统			
通过反应堆的冷却剂流量	m^3/s	10.4	8.9
堆芯进口/出口冷却剂温度	℃	270/284	270/284
蒸发孔道出口平均质量含汽量	%	14.5	30
反应堆产汽量	kg/s	1 560	2 450
分离器内蒸气压力	MPa	6.9	6.9
汽轮机前蒸气压力/温度	MPa/℃	6.4/280	6.4/280
反应堆堆芯			
堆芯高度	m	7.0	7.0
堆芯等效直径	m	11.8	11.8
堆芯体积	m^3	760	760
热交换面积	m^2	9 070	8 850
平均线功率	kW/kgU	17.8	25.4
平均功率密度	kW/L	4.2	6.3
燃料元件单位面积平均热流	kW/m^2	350	540
蒸发工艺管的最高功率	kW	3 000	4 500
反应堆径向释热不均匀因子		1.2～1.33	1.4
反应堆轴向释热不均匀因子		1.25～1.35	1.4
释热组件			
装载燃料的质量和类型	t	192 金属铀	189 金属铀
初始富集度	重量%	1.8	1.8
工作循环周期	d	1 080	690
平均燃耗深度	MWd/t	18 500	21 000
工艺(蒸发)管数量	个	1 693	1 661
工艺管内燃料组件数量	个	2	2
燃料组件内燃料元件数量	个	18	18
燃料元件外径	mm	13.6	13.6

续表

特　　性	单位	PБМК-1 000	PБМК-1500
释热组件			
燃料元件包壳厚度	mm	0.9	0.9
燃料元件包壳材料		锆合金	锆合金
控制棒数量	个	179	235
核蒸气发生装置			
循环蒸发环路数量	个	2	2
联箱外径/壁厚	mm	1 025/62.5	1 025/62.5
主循环泵数量	个	8	8
汽包-分离器数量	个	4	4
汽包-分离器蒸发量	t/h	1 450	2 200
汽包-分离器出口容许蒸气湿度	%	<0.1	<0.1
汽包-分离器尺寸(直径/长度)	m	2.3/30.7	2.6/34
汽包-分离器质量(在干状态下)	t	216.5	292
反应堆应急冷却系统空间内的压力	MPa	10	10

本表根据下列文献编制：

Доллежаль，Н. А. Емельянов，И. Я. Канальный ядерный энергетический реактор. -М.：Атомиздат，1980.

Маргулова，Т. Х. Атомные электрические станции. -Изд. 3-е. Перераб. И доп. -М.：Высшая школа，1978.

The Power of GE Technology at Work. Fuel. Services. New Plants//Nuclear Engineering International. -2002. -Vol. 47. -N. 578. -P. 24-26,28,29.

后　　记

众所周知，在核工程中，为了确保高效和安全，必须要有精准的热工计算。而这种计算的基础，乃是所用各种材料精准的热物理性质。

在核工程中，特别在核反应堆中，碰到的材料非常多，如核燃料、冷却剂、慢化剂、吸收材料、结构材料、屏蔽材料等。它们的特点是：(1) 种类繁多，而且大部分是特殊材料，在常规工程中很少应用；(2) 气态、液态、固态都有；(3) 涉及的温度范围广，甚至超过熔点。因而它们的热物理性质不仅数量多，而且测量难度大，要求的精准度也十分高。

为此，在所有发展核工程的国家，几乎都开展相应材料的热物理性质测量工作，经常发表测试数据，并有广泛的国际合作，以取得比较一致的结果。但是，这些数据分散在各种文献中，为了寻找所需的数据，设计人员往往耗费大量精力。

本书编者基里洛夫(П. Л. Кириллов)是俄罗斯著名的反应堆热工流体力学专家，在该领域有很深的造诣。他在科研和教学之余，收集和整理了国内外几乎所有核工程材料的热物理性质数据，编纂了本书，堪称“大全”之作。虽然编者谦虚地把本书称为“教学参考书”，但实际上对一般工程设计已经完全够用！

中国实验快堆已经建成发电，并准备在此基础上开展科研工作、研究闭式燃料循环，并研发商用快堆。由于过去基础工作开展不够，我国对快堆所用材料热物理性质缺乏系统的测定，本书的出版，将给有关人员以极大方便，对中国快堆发展必将有所裨益。

本书译者有深厚的俄语功底，又有在快堆领域长期工作的经验，译文正确无误、文体流畅。

本书中的术语都按照中华人民共和国国家标准 GB 3100～3102—93《量和单位》加以统一，符号也按该标准改写。这些都十分有利于国人使用。

中国实验快堆工程部顾问

2011.9